東京臨海論

港からみた都市構造史

渡邊大志

Taishi Watanabe

東京大学出版会

Tokyo's Coastline:
A History of the Urban Structure Formed by the Distribution of Warehouses on the Port of Tokyo
Taishi Watanabe
University of Tokyo Press, 2017
ISBN 978-4-13-061134-3

東京臨海論　目　次

朝潮埠頭
豊洲埠頭
晴海埠頭
隅田川
辰巳埠頭
12 号地
月島埠頭
竹芝埠頭
佃
越中島
日の出埠頭
芝浦埠頭
東雲
夢の島
11 号地
有明
新木場
東京ヘリポート
品川埠頭
15 号地
若洲
10 号地その 1
多目的埠頭
10 号地埠頭
青海埠頭
第二航路
勝島
大井埠頭
第三航路
中央防波堤外側埋立地
平和島
城南島
第一航路
中央防波堤
外貿雑貨埠頭
昭和島
京浜島
中央防波堤内側
ばら物埠頭
東京国際空港
N

東京港埋立地位置図

序章　東京港という舞台

1　東京の〈みなと〉

東京港は江戸時代には存在しなかった。

〈みなと〉を港湾と呼ぶのは近代になってからのことであり、港湾は〈みなと〉の時限的な姿を指す言葉に過ぎない。その意味で江戸湾[1]はそのまま東京の港湾となったわけではない。それは江戸と東京を単純に接続できない日本の近代の特殊な事情とも関係がある。

今や東京港と聞くと、台場のフジテレビ本社やレインボーブリッジを頭に思い浮かべる読者が少なくないであろう。あるいは晴海や豊洲の広大な埋立地や超高層集合住宅群、はたまた江戸情緒残る佃島から戦前の月島へ続く街並みを想起する人もいるかもしれない。それらの心象は確かに東京港のある側面を表しているが、それが東京港の本質かと問われるとどれもどこかそうとは思えない節が付いて回る。それら東京港の心象風景を検めてみると、その大半は東京という都市のイメージの断片であって、東京港という〈みなと〉の姿ではないことに気がつかされる。意外と思われるかもしれないが、このように私たちは東京港という言葉から東京をイメージしがちである。

現在の東京湾には東京港を含めて六つの港がある[2]。それらは互いに連続する線状に東京湾の海岸線を形成しており、東京湾に面する都市はこれら六港に囲まれていると見ることもできる。その中で東京港は、唯一東京に対して凸に入り込む入り江状に形成された港である。近接する川崎港、横浜港、千葉港のいずれもが東京湾の海岸線の形状に沿って摩擦なく築かれたことに対して、東京港はそうはならなかった。そこに日本の首都であるが故の特殊な政治性が潜んでいる（図0-1）。

江戸は水の都とも言われる[3]。それだけ人工の小運河が充実し、無数の小型木造船が江戸の河岸を行き交っていた。

江戸湊という江戸の〈みなと〉の一部を指す名称はあったが、こうした水運の領域全体の呼称はなかった。江戸の人々にとってそれは江戸前の一部であり、東側半分の江戸の都市のイメージは生活の中に水運が入り込む〈みなと〉の姿そのものであったと言える。それだけ彼らにとって水運とその水域は都市生活と密着したものであった。

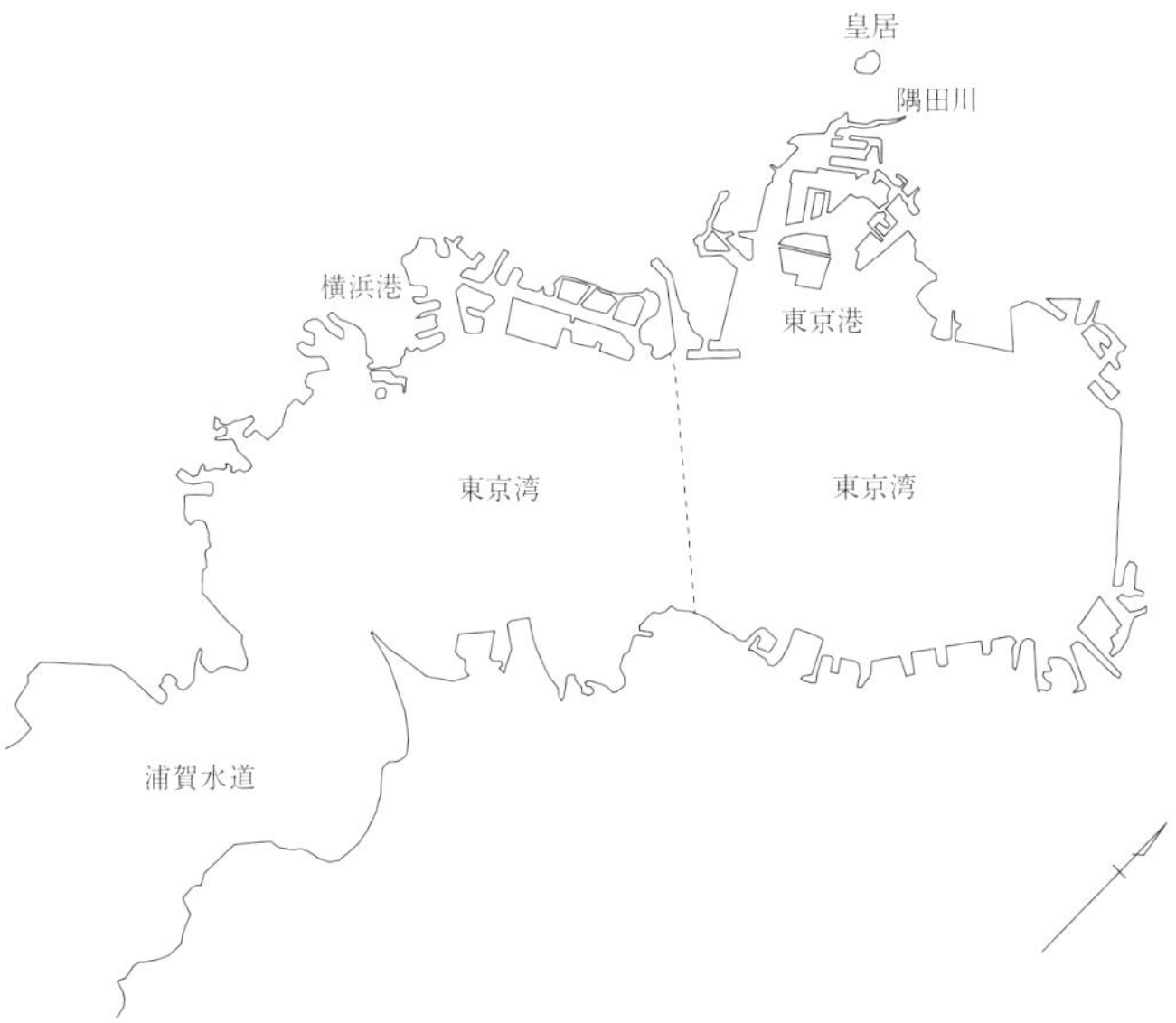

図 0-1　東京湾における東京港の位置

しかし、現在の私たちが東京港に東京のイメージを抱くことは江戸の人々とは逆転した発想であるし、しかも水運の印象は限定的である。これはどういうことか。

東京港には島や洲を一つとみなすと全部で一五の埠頭がある。これらを大きく二つに分類するならば、内港地区とそれ以外に分けて考えるべきである。内港地区とは隅田川の河口域であり、霊岸島、越中島以南から品川埠頭、晴海埠頭、豊洲埠頭によって東西に切られる水際線までを範囲とする。すなわち、内港地区は隅田川を主たる流通域とした河川港の名残りである。この内港地区の外域線は幕末の台場砲台によって破線状に作られた江戸の防衛線とほぼ一致する。現在の台場公園はそのうちの第三砲台跡である。内港地区には確かに江戸末期にすでにあった海岸線を引き継いでいる部分はあるものの、明治から戦前にかけて建設された埠頭が少なくない。

これに対してそれ以南、以東に築かれた港域は内港地区を含めて現在の東京港の港域全体を海港と位置づけることによって整備された。その埠頭の多くは戦前から戦後に渡って築かれた。

このように東京港の過半は明治時代以降の埋立て地であり、江戸から東京へ続く〈みなと〉の姿を通時的に捉えようとする一般的な港史の手法によって単にその埋立て年代による時代区分を追うことでは、東京港の本質や他港と比して特筆すべき性質を捉えることは困難である。

そのため東京湾全体を俯瞰して東京の〈みなと〉の姿をあぶり出そうとするとき、少なくとも埋立て年代よりも河川港か海港かという〈みなと〉の性質によって東京港の歴史を分類していくことから迫るべきである。このとき、河川港の名残りである内港地区に加えて、とりわけ大井埠頭と青海埠頭が東京の〈みなと〉に占める位置は大きい。それは、それまでの河川港としての歴史を脱して海港として外洋に開こうとしたのが大井埠頭建設の目的であり、紆余曲折を経ながらもその目的を東京の〈みなと〉に貫徹させたのが青海埠頭の供用であったために他ならない。

以上を要するに、私たちが東京港をして〈みなと〉ではなく都市の様相を示しがちなのは、偏に東京の港湾を時代区分によって分類して認識する無意識に由来するのであり、そのことは同時に東京港に東京の〈みなと〉の姿を見出す際に最も注意すべき点であろう。

そして江戸という都市が水の都とみなされたことと同様に、時代区分よりも〈みなと〉の性質から東京港を細分類していくことは、現在の東京という都市も依然として東京の〈みなと〉によって形作られていることを明らかにするための道標の役割を果たしてくれる。そのようにして初めて私たちは江戸と東京を〈みなと〉という連続した都市構造の中で捉えていくことができるのではないか。

本書ではその前提に立って東京港から東京の〈みなと〉を扱うに当たり、一貫して港湾に立地する倉庫群を重要な因子とみなしている。

2　水と陸の境界を越えるインフラストラクチャー

主に営業倉庫や倉庫業のノウハウについて論じ、又は技術的側面から扱う研究は経済学や経営学などにおいて一翼を築いている。(4) 一方で都市史、建築史において倉庫に着目した研究は極めて少ない。そこで広義の歴史学へとその視野を拡げてみる。

深沢克己らによる港町の都市史研究は日本の中世、近世に触れながら広く世界の港町を空間社会と捉えた類型論である。(5) その水際線に立地する倉庫の特質とその海岸線から都市を考えたF・ブローデルの研究は倉庫が物資＝資本を呑み込み吐き出す都市のストックとして機能し、商品が倉庫に運び込まれてから市場で消費されるまでの時差の確保によって都市そのものが成立していたことを検証した。(6) またこうした世界交易の中心を担った覇権都市をヘゲモニー都市と呼び、その移動の変遷から世界システムの歴史地図をウォーラーステインは描いた。(7) サスキア・サッセンは金融市場における資本の交通を主とした情報通信技術の発達がもたらした人口や経済活動の分散が、逆に世界を統合する推進力を生むグローバル都市論を唱えた。そして、そのセンター機能が集積する三極の「グローバル・シティ」を社会学的見地から実証的に解き明かした。(8) さらに都市のインフラストラクチャー（以下、インフラと略）を広義な概念として捉え直す伊藤毅の一貫したスタンスは、網羅的に都市を覆う基幹的施設という二〇世紀までの都市インフラ像から脱却し、その古層に伏在し続けてきた都市イデアや、あるいは小さく分節されたインフラの複層と連続から新たな都市像を呈示しようとする。(9)

特に、本書では伊藤の提唱する広義のインフラ概念を都市の〈みなと〉に重ね見ようとする態度が、分節構造と伝統都市というメタフィジカルな都市インフラ論と、港湾労働などの形を変えつつも歴史の中で継承されていく身体性をともなう空間論の両義性を持って倉庫群を眺める動機となっている。

その中で、倉庫を経済都市の資本の表徴とみなして物質経済によって成り立っている現代生活の関係性の中で眺めることは、わが国の明治・大正期にすでに外国から移植された視点であり、そのこと自体は目新しいものとは言えない[10]。このような唯物史観における倉庫の概念は確かに一九世紀的インフラである。しかしながら、それは専ら物資を出し入れさせる倉庫単体の機能においてのことであった。本書における水と陸の境界の倉庫群をめぐる筆者の関心は、一九世紀にK・マルクスが〈交易＝貨幣の交通〉の端緒とした「地球上の位置による差異[11]」の実像を世界中の倉庫群を「配布」する構造に見出すことにある。その上で、海を渡ってもたらされる資本の表徴である倉庫を資本主義社会の情報時代における都市を形成するメタフィジカルなインフラへ昇華したいと考えた。その際には、倉庫の性質とともにこれを「配布」するに至る様々な根拠が織り重なってできる構造とこれが立地する港湾空間の近代化過程を重ねながら検証していくことが必要である。そこで本書においては、従来の社会共通資本としての都市基盤の概念を拡張し、社会制度、権益や情報媒介による資本の世界的交通などによって生じる、都市空間を規定していく骨格に至るある種のネットワーク構造を含めて「インフラ」と改めて総称する。

その上で本書は、港湾空間の持つ水と陸の接続域という、都市と寄り添って初めて意味を持つ地勢上の固有性に着目しつつ、その都市形成上果たす役割を明らかにしていく。そのとき「インフラ」は港湾空間を作動させる、システム、社会、物流などの有意な基盤と言える。そのため、ここで改めて定義した「インフラ」は必ずしも固定された特定の形象によって視認されるものとは限らず、埠頭や倉庫といった港湾機能の間に働く相互関係を生み出す根本的な原動力とみなされる。

そして、本書全体から見出される「インフラ」は、地政学上の集合体のみならず、情報の集合の形式を「都市」と再定義した世界においてでさえも、依然として港湾という特殊空間に留まって作動し続ける。そのときこの「インフラ」を見出す最も有効な導標として「倉庫の配布」をみなすことは、倉庫群の配置の状況を「インフラ」であると短絡することとは異なることを最初に記しておきたい。

さらに、この「インフラ」を倉庫群の立ち並ぶ港湾空間に見出そうとするとき、同じく「配布」という用語の意図するところを明確にしておく必要がある。すなわち、群あるいはネットワークという空間構造の形式が形づくられるとき、個々の人間や社会のある意図・思惑などが上部から働いて一つひとつの位置を規定する場合に、微小なものを含めたそれぞれからなる集団意志を含めて「配布」と総称する。つまり、本書で重要視するものは、結果として現在見られる「配置」ではなく、そこに至るまでの過程の中で見出されたすべての企図によってもたらされる配布にある。そのため「配布」には、そこに至る歴史的視点が含まれており、本書において扱う隅田川口、大井埠頭、臨海部（一三号埋立地および青海埠頭）は倉庫の配布において重要なのであって、その配置を問題としているわけではない。

また倉庫の配布の史的研究は世界の都市史においても希少である上、国内では地理学、経済学などに留まり空間論にまで降下したものはない。そこで本書全体では、わが国の首都・東京の近代に絞り、海と陸の境界線が持つ性質の変化がどのように東京港の港湾空間、ひいては埠頭の倉庫群の配布過程にヒエラルキーをもたらしたのかを検証することで、その配布構造を空間論としても明らかにしようとするものである。これによって示される港湾空間の実像は、その背後に控える都市を形成する重要な因子とみなされる。

わが国の近代が明治維新によってもたらされ、御雇い外国人と呼ばれる西洋人技師たちを中心に市区改正計画などの首都の近代化が図られていく中で、東京港はついに壮大なマスタープランを描くことが許されなかった港である[12]。すなわち、首都・東京の主港である東京港の歴史は国内最大の国際港である横浜港との相克の歴史であった。

一八八〇年(明治一三)に「東京中央市区画定之問題」において松田道之第七代東京府知事が東京築港説を立てて以降、極めて険しい東京の築港史が始まった。松田道之、星亨、直木倫太郎といった、明治期に東京築港を目指し奮迅した者たちが残した成果は、結局は隅田川口改良工事という小さな護岸工事にしかならなかった。これを端緒とせざるを得なかった戦前の東京港は、隣港である横浜港に交易を中心とした首都の中央市場を譲り、内港に徹してきた。一方で、一九七〇年前後にコンテナリゼーションの導入を運輸省が主導すると、これを契機に大井埠頭を新設した東京港の取扱貨物量は飛躍的に伸び、現在ではわが国でコンテナ貨物取扱量第一位の港となるまでに国内での地位を高めている[13]。

3 世界／国内の港の中での東京港

世界的にみても、東京港ほど首都の港でありながら長く虐げられてきた歴史を持ちつつ、現在では世界有数のメトロポリスを支える主港として国際的な交易を担う国策の場となっている港は極めて稀である。単なる港湾行政史としてではなく、その港湾と都市の相関関係を倉庫群の配布がなされるまでに働いた力学の歴史から繙いていく。これによって、倉庫群の配布を介して海から世界の近代メトロポリスを形成していったモデルを見出す。

このことは、様々な事象や事物が情報によって監理される都市の近代にあっても、人間と都市の関係をより唯物的方法によって捉え直し、その空間的核心にむしろ高度に抽象化された都市の未来としてのイデアが潜んでいることを見据えているためである。その点に、世界のメトロポリスの中でも東京を選択し、国内の国際港の中でも東京港に絞って論じる意義と根拠がある。

そのため、結果として本書は現在の東京港の現状を肯定的に捉えようとする視座に立っている。それはロンドン、ニューヨークといった経済的、制度的に世界を制覇し、その他の港に較べて成功しているとみられている資本主義下の港に対して、その評価軸をややもすれば書き換え、警鐘を鳴らす役割を東京港が果たす可能性を持つと考えるためである。つまり、たとえば東京港が釜山港や上海港などにアジアを代表するハブ港の地位を譲ったとしても、近代メトロポリスの構造を読み解くために倉庫の配布から都市のインフラをみようとする上での東京港の価値を貶めることにはならない。同様に、確かに東京港の未来は予測不能であるが、本書で扱う明治期から二〇〇〇年代初頭までにすでに現れた東京港の特質は将来その特異性を失う方向へと向かう事変が生じた場合においても、その都度その事態を自らの歴史に胚胎させて都市の〈みなと〉という全体の問題と為してしまうほどの総合性を十分に示している。すなわち、これ以降の東京港の未来においてもはやその事象のみを取り上げて扱おうとする各論は成立し得ないと思われる。

なお、本書では東京港を現在の港湾管理者が東京都である範囲と定義している。東京港を京浜港や京葉港と区別した独立した港として扱うことは、一都市一港という構図を明晰にし、ひいては東京圏と横浜圏、そして首都圏を区別し、細部を含めて歴史事情の異なる港を一括りにして雑多に扱う事態を避けるためである。これによって首都を明瞭に定義し、その都市構造をより鮮明にすることを意図している。

4　海の都市インフラ論

コンテナリゼーションや港湾倉庫を技術面、経営面から扱う研究は土木学、経済学、経営学などの分野に一定の蓄積がある(14)。しかし、これらの諸研究は埠頭や埠頭に立地する倉庫群と都市形成過程を接続しようとするものではない。一方、都市史、建築史において倉庫に着目した研究は極めて少ない(15)。本書の主筋を担う、倉庫群の配布の歴史にみる都市への唯物史観は、わずかにある次の研究が参考になる。

北見俊郎は一連の港湾論で港湾の持つ都市機能を究明し、港湾史を巡る社会構造を経営学的観点から論じた(16)。また安積紀雄は営業倉庫の立地状況を地理学的観点から配置図にまとめた(17)。これらはいずれも港湾および倉庫を都市へとつなげていくための重要な視角を提供したが、埠頭の性質・埠頭空間の持つ意味の歴史的検証を欠いているため、倉庫の立地から都市史へと接続する回路を示すには至っていない。

そのため、広義の港湾へとその対象を拡げてみる。倉庫が主として舞台とする場の史的研究には港湾史研究がある。特に本書にかかわる各時代の東京港について、次の研究が参考になる。東京都発行の『都史紀要』では、明治期の築港計画の一端を政治的背景から復元した(18)。一連の『東京港史』はこれを含めて現代に至る外郭をまとめている(19)。この行政資料は東京港を継続的視野から眺めた基礎的なものだが、港湾管理者の視点から記述し、結果として生じた事態に至る構造が捨象されていることから、一港湾内の一側面を述べるに留まっている。藤森照信は明治期の東京計画として築港計画に触れ、港湾と都市を国家の土木的事業によって横断した(20)。これはインフラ観点から港湾を扱う重要な視角を提供したが、主として市区改正計画などの陸上の計画に重きを置いた。東京港の昭和期については、主にコンテナリゼーションなどの港湾機能の技術的側面についての倉庫業観点の研究が大半を占める。そのため、都市史へ接続する回路を見出すことは困難である。その後一九八〇年代の一連の東京論で、陣内秀信はウォーターフロントに着目し、江戸期から現代に至る東京の水辺空間の接続回路を示した[21]。これらの諸研究は通時的に港湾を都市と接続する重要な回路を示したが、主として港湾を都市空間とみなしているため、港湾空間に生じた港湾機能から都市史を記述する方法を欠いている。筆者の瞥見した範囲では、東京港の港湾史研究からも、海上の交易を目的とした倉庫に代表される、港湾機能から港湾を都市史的観点で論じた研究は見当たらない。

5　依拠する資料

本書は東京港の各時代について主に次の資料に依拠する。

東京港の明治期

・一連の『市区改正回議録』　東京都公文書館所蔵資料、一八八〇年前後。
・『東京市区改正品海築造審査顚末』　東京都公文書館所蔵資料、一八八一年。
・『東京府臨時区部会議録』　東京都公文書館所蔵資料、一八八三年。
・『回議録第一類』　調査課　東京都公文書館所蔵資料、一八八五年。
・『庶政要録』　土木課　東京都公文書館所蔵資料、一八八五年。
・『明治三三年五月起　東京湾築港一件綴』　市区改正課　東京都公文書館所蔵資料、一九〇〇年。
・『東京湾築港調査常設委員会日記』　東京都公文書館所蔵資料、一九〇五年。

・『明治三九年第壱種第五類議事第一節市会全九冊ノ四』　東京都公文書館所蔵資料、一九〇六年。
・東京築港調査委員会『隅田川口改良工事ノ義ニ付東京築港調査委員意見書』　東京都公文書館所蔵資料、一九〇六年。
・東京築港調査委員会『隅田川口改良工事計画概要』　東京都公文書館所蔵資料、一九〇六年。
・『東京市会決議録』第八七号　東京都公文書館所蔵資料、一九一一年。
・「埋立地処分ノ件」　東京都公文書館所蔵資料、一九一八年。
・東京港港湾管理者「東京港港湾計画資料」　東京都港湾局内部資料、一九六一年（一次改訂）、一九六六年（二次改訂）、一九七六年（三次改訂）、一九八一年（四次改訂）、一九八八年（五次改訂）、一九九七年（六次改訂）、二〇〇六年（七次改訂）。
・東京市役所編『東京市史稿』港湾編第三、第四、第五　東京市役所、一九二六年。
・田口卯吉『鼎軒田口卯吉全集』第五巻　吉川弘文館、一九九〇年。

東京港の戦後

・一連の「海運造船合理化審議会答申」　国立国会図書館所蔵資料。
・一連の「港湾労働等対策審議会答申」　国立国会図書館所蔵資料。
・一連の「東京港港湾審議会議事速記録」　東京都港湾局所蔵資料。
・一連の「東京都港湾審議会議事録」　東京都港湾局所蔵資料。
・東京港港湾管理者「東京港港湾計画資料」　東京都港湾局内部資料、一九六一年（一次改訂）、一九六六年（二次改訂）、一九七六年（三次改訂）、一九八一年（四次改訂）、一九八八年（五次改訂）、一九九七年（六次改訂）、二〇〇六年（七次改訂)。
・東京都品川区編『品川区史　通史編下巻』東京都品川区、一九七四年。
・「東京都埋立地開発規則」第四条、一九七八年二月六日公布。
・東京都港湾振興協会編『東京港ハンドブック』東京都港湾振興協会、一九八一―二〇〇九年。
・見坊力男編『日本港運協会三十五年の歩み』日本港運協会、一九八三年。
・東京都規則第七五号「東京港港湾用地の長期貸付けに関する規則」一九八三年一二月二八日公布。
・「運輸省港湾局外貿埠頭公団説明資料」(東京都港湾局編『東京港史』第二巻　資料　東京都港湾局、一九九四年に収録)。
・一連の『航空住宅地図帳　東京都全住宅案内図帳　品川区』東京住宅協会。

東京港の一九八〇年代、それ以降

・一連の日本経済新聞記事。
・一連の雑誌記事(『世界』岩波書店、『地域開発』一般財団法人日本地域開発センター、など)。
・一連の『建築雑誌』日本建築学会。
・一連の「東京都港湾審議会議事速記録」東京都港湾局所蔵資料。
・一連の東京都議会各委員会議事録　東京都所蔵資料。
・東京港港湾管理者「東京港港湾計画資料」東京都港湾局内部資料、一九六一年(一次改訂)、一九六六年(二次改訂)、一九七六年(三次改訂)、一九八一年(四次改訂)、一九八八年(五次改訂)、一九九七年(六次改訂)、二〇〇六年(七次改訂)。
・東京都港湾振興協会編『東京港ハンドブック』東京都港湾振興協会、一九八一―二〇〇九年。

・日本港運協会「事業報告書」日本港運協会、一九八五年。

6 東京港の二つの画期——目的と構成

本書の主題は、東京港の倉庫の配布の歴史から東京の都市構造を明らかにしていくことにある。そのためには、江戸から東京への転換期である明治期の築港計画の都市史的位置づけを明らかにしてから始める必要がある。このことは、単に通時的に港湾の変遷を復元するためではなく、現在の首都の港あるいは首都そのものを形成する築港概念とは本来何であったかを改めて検証することを目的とする。その中で、港湾空間を主として占めてきたものは倉庫に他ならず、少なくとも戦前までの港湾の風景は倉庫群とその眼前に荷役の順番を待って停泊する船舶群の風景であった。

東京港は横浜港とのせめぎ合いから、自発的な計画よりも外からの圧力によってその更新が行われてきた港である。世界有数の人口を誇る都市・メトロポリスが背後に控えるにもかかわらず、戦後においても東京港はやはり外圧によってしか発展を遂げることができない。ただし、このときは国際的な外圧であった。すなわち米国発のコンテナリゼーションの来航である。その次に訪れた外圧は世界都市を冠した臨海部開発の潮流であった。東京港にもたらされた外圧の多くは、経済至上主義を根とするものである。都市を近代化していくことは、国際的な都市の構造が資本の交通であることをわかりやすく表現した。中世より海の向うから運び入れられた富を蓄積する器であり、象徴であった倉庫は、少なくとも情報通信技術と結びついた埠頭空間の概念が発生する端緒となったコンテナリゼーションの導入（コンテナ化）までは都市の富を視覚化するメディアであった。

その一方で、埠頭をはじめとして都市の周縁に位置する港湾空間は、交易によって利益を得る人びとの利権闘争の場であり続けてきた。埋立地建設の発案から始まり、航路（海路）の選定と深さの決定は埠頭に接岸できる船舶の大きさを決定づけ、埠頭の管理と運営そして背後地倉庫の割当と所有の権利など、港湾は徹頭徹尾利権の固まりと言ってよい。それらが空間として展開したものを港湾と呼称している。そして、高度に情報化された商品を扱う現代においてもなお、倉庫が港湾に立地し、何よりも空間を伴う形式で埠頭空間に展開している事実は、都市の未来から唯物史観が失われることがないことを暗示しているようにも思える。

築港における航路の整備、埠頭の建設とその陣容の配布、その上に立地する倉庫群の配布過程は、今なお近代の資本による都市構造をわかりやすいかたちで表現しており、国際的な経済都市の構造の縮図とみなすことができる。港湾空間やそこに配布される倉庫群を介して近代都市の構造を読み解こうとする所以は、この点に集約されると言ってよい。

これらのことを踏まえた上で都市史の観点から東京港を眺めるならば、大きく二つの画期があったとみなされる。一つはコンテナリゼーションの導入にともなう大井埠頭の新設期であり、もう一つは臨海副都心構想の頓挫後の青海埠頭における港湾機能の展開期である。

大井埠頭の新設期に定められた近代港湾としての海岸線の特質とその必要を知るためには、その原動力となった前史として明治期における東京築港史を知る必要がある。大井埠頭新設は戦後のことであり、明治期と時差があるが、東京港が港湾管理者である東京都によって独自の港湾計画を立てられるようになったのは戦後の港湾法に基づくものであり、それ以前の東京港の占める都市史的位置は専ら明治期に定められた。

また、青海埠頭における港湾機能の展開による都市史上果たした役割を知るためには、同様にその前史として臨海部における臨海副都心構想と世界都市博覧会の試行と頓挫の歴史を知る必要がある。

このように、本書は二つの画期に対してそれぞれその原動力となった前史を添える構成となっている。その上で、明治期における築港の概念を検証することで倉庫にみる都市史観の基盤（①）を整え、その上に大きく三つの柱（②〜④）を立てた。すなわち、

①築港
②コンテナ（国際標準の倉庫）
③世界都市
④分節と配布

を見えない都市のインフラとして、その架構によって新たな都市モデルを構築しようと試みている。

第1章は、本書が主題とする倉庫群が配布される港湾の都市構造上の位置を明らかにすることを目的として、明治期の築港計画のいくつかを扱う。市区改正計画の骨子を担っていた最初の築港計画から、次第にその本義を失っていく過程を復元した。築港概念を含む港湾計画の本分を確認すると同時に、東京港の戦後が始点とせざるを得なかった隅田川口の積極性を見出すことで、倉庫にみる都市史観の基盤をなすものとしている。

第2章では、それまで陸と海の接続ラインであったわが国の埠頭の転形構造から、戦後の大井埠頭建設の都市史的位置を示す。そして大井埠頭空間の形成過程に入り込み、倉庫群配布の背景となった構造とその空間論的展開から、大井埠頭空間を東京港の都市空間の中に位置づける。その上で、都市の近代化過渡期において港湾が果たした都市構造への寄与を明らかにする。

第3章では、コンテナリゼーション導入以降の港湾の転換期となった一九八〇年代における言説史の中の臨海部を

復元していく。世界都市博覧会の中止を契機として更新された世界都市概念が港湾に展開されなければならなかった理由を明らかにし、港湾空間を都市空間化しようとした臨海副都心構想の断念の果てに新たな都市のフロンティアが見出せることを示す。

そして、第4章において世界都市博覧会と臨海副都心構想の主舞台とされた青海埠頭の都市博中止以降の時代に着目し、ふたたび港湾機能が空間的に展開する埠頭における倉庫の配布構造の近代化過程を明らかにする。これによって導き出される都市モデルは、世界都市博覧会以前の世界都市概念を分節構造と伝統都市の視角から大きく書き替えたものと捉えることができる。

以上の一つの基盤（第1章）と三つの柱（第2章から第4章）によって、高度に情報化された都市の未来においても港湾空間が依然として果たす都市構造上の特質を明らかにする。

（1）　江戸湾という呼称は江戸時代には存在しないため、現在の東京湾の江戸期を指して便宜的に用いられる造語である。同様に、当時の江戸湊もまた現在の東京港とはその領域を異にする。江戸湊の領域と働きについては、吉田伸之「流域都市・江戸」『水辺と都市（別冊都市史研究）』（山川出版社、二〇〇五年）に概要が述べられている。

（2）　ここでは京浜港を東京港、川崎港、横浜港の三つに区分し、それらに横須賀港、千葉港、木更津港を加えた六港を指す。

（3）　中江克己の一連の江戸風俗の研究や「水の都「江戸」の風趣（一―一二）」（『公評』五二巻五号―五三巻五号）の研究があるなど、水の都として江戸に着目した研究は一分野を築いている。

（4）　そのうち本書で主題とするわが国でのコンテナリゼーションの導入については、清野馨・堂柿栄輔「コンテナ輸送システムの導入と港湾運送事業法に関する史的研究」（『土木学会論文集』七一六号、二〇〇二年、二三―三六頁）がある。

（5）　歴史学研究会編『港町の世界史①　港町と海域世界』（責任編集村井章介）、『港町の世界史②　港町のトポグラフィ』（責任編集深沢克己）、『港町の世界史③　港町に生きる』（責任編集羽田正）（青木書店、二〇〇五―〇六年）。

（6）　ブローデル、F『物質文明・経済・資本主義――一五―一八世紀（Ⅲ-1　世界時間1）』（みすず書房、一九九六年、三〇四―三二一頁)。さらに中継倉庫ができることで発生する貨物の滞留時間が都市の変革をもたらしたことを示した(『物質文明・経済・資本主義――一五―一八世紀(Ⅱ-1 交換のはたらき1)』みすず書房、一九八六年)。

(7) 川北稔編『ウォーラーステイン』(講談社、二〇〇一年、三八―六八頁)。世界経済の進展が都市のあり方を変えていく中で、一港湾の問題ではとけない覇権の問題があることを示した。

(8) サッセン、サスキア『グローバル・シティ――ニューヨーク・ロンドン・東京から世界を読む』(筑摩書房、二〇〇八年)。

(9) 吉田伸之・伊藤毅編『伝統都市① イデア』、『伝統都市② 権力とヘゲモニー』、『伝統都市③ インフラ』、『伝統都市④ 分節構造』(東京大学出版会、二〇一〇年)。特に伊藤毅「序 都市インフラと伝統都市」(『伝統都市③ インフラ』所収)。

(10) たとえば、『唯物弁証法と唯物史観』や『マニュファクチュア史論』を著した服部之総の実践的研究などが挙げられる。服部は近代資本主義の導入過程において秋田木綿工場を介して労働と生産の契約関係における「マニュファクチュア」の歴史を見出そうとするなど、一貫した唯物史観から西洋から輸入されたわが国の近代を形作った不可視の構造を粘り強く抉り出そうとした。また、羽仁五郎は『都市の論理』において、国土全体を近代化していったわが国の近代における田舎の消失を指摘し、農本主義を基盤とする民俗学とマルクス史観を結びつけようとした。こうした視点は、本章において倉庫という唯物をメタフィジカルな存在として扱う上で共有すべきものである。すなわち、倉庫が資本の表徴であるという意味で依然として一九世紀的インフラでありながら、その配布構造に情報化時代の技術を拠とした構造によって成立するネットワークを基盤としている意味で、一九世紀的ではない。このことは倉庫にストックする対象貨物の変化に拠るところが大きい。その詳細は本書において順次述べていく。

(11) マルクス、K・エンゲルス、F『ドイツ・イデオロギー』(合同出版、一九六六年、一〇四―一二四頁、一五四―一五八頁)。鈴木博之・石山修武・伊藤毅・山岸常人編『シリーズ都市・建築・歴史一〇 都市・建築の現在』(東京大学出版会、二〇〇六年、一―一一頁)。

(12) 東京都編『都史紀要二五――市区改正と品海築港計画』(東京都、一九七六年)。

(13) 二〇〇七年の国内主要港の外貿コンテナ取扱個数は、東京港が三七二万四六二TEUで第一位、第二位の横浜港が三一八万二〇八九TEUであった。第三位以降は、名古屋港、神戸港、大阪港の順であった。

（14）わが国でのコンテナリゼーションの導入については、清野馨・堂柿栄輔「コンテナ輸送システムの導入と港湾運送事業法に関する史的研究」（『土木学会論文集』七一六号　一二三―一三六頁）がある。

（15）筆者の瞥見した範囲では建築分野において倉庫建築の研究はあるが、倉庫と都市を結ぶ研究はほとんどない。横浜港における倉庫に関係する研究が一部あるが、これは一港湾内の倉庫立地分析である安積紀雄の地理学的観点からの研究に類型される。深沢克己らによる港町の都市史研究も、他の港湾を渡る関係から倉庫と都市を結ぶものではなく、制度や政治的背景を含む力学を復元するものでもない。

（16）北見俊郎『港湾研究シリーズ①　港湾総論』（成山堂書店、一九八〇年）、『都市と港――港湾都市研究序説』（同文館出版、一九七六年）他。北見は人間社会や文化形成の在り方を港湾都市という構造にみようとした。

（17）安積紀雄『営業倉庫の立地分析』（古今書院、二〇〇五年、八〇―一四〇頁）。営業倉庫が港湾部に集中し、それらが内陸倉庫とのネットワークを伴うことを読み取ることができる。

（18）前掲注12を参照。

（19）東京都港湾局編『東京港史』第一巻　通史・各論、『東京港史』第二巻　資料、『東京港史』第三巻　回顧（東京都港湾局、一九九四年）および『東京港史』第一巻　通史・総論（東京都港湾局、一九九四年）がある。

（20）藤森照信『明治の東京計画』（岩波書店、一九八二年）。

（21）陣内秀信『東京の空間人類学』（筑摩書房、一九八五年）が一連の東京論を代表する研究成果と言える。

第1章　築港理念の頓挫と再生

——隅田川口の明治

従来の港湾の消失を新たな築港と読む

隅田川口改良工事は首都東京の近代で初めて人工的に海岸線の造成を行ったものとして注目に値する。(1)しかしながら、一般的に当時の出来事として切り取られた歴史の中で検証されることが多く(2)、それは東京港築港が矮小化された結果とされて積極的に評価されてこなかった。必然的に、東京港築港計画において目指された築港概念も頓挫し、失われたものとされてきた。

確かに、江戸から東京へ大きく近代化を遂げるべく次々と国家的土木事業が実行に移されていった当時からすれば、それは一河川口の土砂浚いに過ぎないものでしかなかった。その一方で、明治期最初の「東京市区画定之問題」で唱えられた都市のインフラとしての築港の概念が失われていったとされる過程は、同時に初期の近代都市形成の過程であったこともまた事実である。東京湾澪浚渫工事、第一期から三期に渡る隅田川口改良工事といった、築港というよりもはや隅田川口の土砂の堆積を凌ぐ応急処置に過ぎなかったものが、結果として月島を始めとした埋立地群を形成し、現在の東京港の根幹を築いていった。(3)

つまり、従来の研究に於いては明治期の築港概念は一連の東京港築港計画の頓挫とともに失われたとされるのが通説であるが、実はそれらは現代の東京港に至るまで脈々と東京の港湾に潜み続けていることを明らかにするところに本章の狙いがある。

そして、陸と海の接続域である港湾は様々な政治的経済的企図が交差する舞台でもあり、地勢とそれらが一体となった総合が都市の現実を形成していく一端を担っている。

そこで本章では、隅田川口改良工事がその後の近代港湾の形成に果たした役割から明治期の築港概念を眺め直すことによって、現在の東京の港湾に依然として潜み続ける都市イデアとしてのそれらの都市史上の普遍的な価値を逆照射し、再評価するものとした。

明治期の東京築港計画についてその概要が記述された研究はいくつかある。[(4)] それらは松田道之東京府知事による市区改正計画における築港計画の発案から、星亭の刺殺による頓挫までに焦点を当てたものである。その中で最も広く研究の素地とされるものに東京都編纂『都史紀要二五——市区改正と品海築港計画』[(5)] が挙げられる。これは歴代の港湾行政史に通史としてまとめられた東京港史の[(6)]一節を詳述したものであり、そのため事実の列挙に考察も留まっている。石田頼房は実現しなかった東京計画から現在に活かすべきヴィジョンを発見しようとする重要な視角を提供したが、その一節に採り上げた東京築港計画の記述は『都史紀要』に記載された範疇を出るものではない。[(7)] 藤森照信は明治期の数々の建築計画と都市計画を挙げ、都市を横断可能な土木事業の視点からこれらを融合していく重要な成果を上げた。[(8)] しかし同研究は銀座レンガ街計画など、主として陸上の市区改正計画に焦点を当てているため、築港計画の概念的検討は限られており十分に港湾と都市を接続する回路を示すに至っていない。

先行する多くの研究が時系列的に事実を列挙するに留まっていることに加えて、星亭の死を東京築港計画の終焉と結論づけていることに対して、その後の一連の河川工事を詳らかにすることで明治期の築港のヴィジョンが現在に至る東京の港湾に潜んでいることを明らかにする。

結論を先取りするならば、一連の東京築港計画から隅田川口改良工事へその方策が移行していったことは、この工事が荒川放水路工事および東京湾浚渫工事と併せて考えられていくことで、後の港湾法のモデルに河川法を位置づけることを促した。すなわち、河川の近代的な管理化の歴史の中で作られた水際線をその右岸と左岸の境界線とみなす考え方が、陸と海の接続ラインである港湾に導入された。そこには隅田川口改良工事に至る以前の、それぞれの築港モデルの特質が融合した姿を認めることができる。

このことを明らかにするために、本章では以下の三つの柱を立てた。

まず明治期の東京の築港計画から港湾を近代化する築港概念について三つの類型を見出す（第1節）。すなわち、①陸上のインフラ計画としての築港、②メディアの中の築港、③埠頭の配布によって分節された築港、である。この三類型を経た上で、これらが融合していく姿を見据えつつ、都市と港湾を剝離させた根本から隅田川口改良工事を読み直していく（第2節、第3節）。これによって従来積極的に評価されて来なかった同工事に代表される東京築港の衰退を、現在に至る近代港湾の骨格を形成した過程として評価する視点が生まれる。そして、先の三類型を引き継ごうとした隅田川口改良工事の実践は、従来整理されるような東京港築港が挫折していく過程ではなく、水際線をその両側を構成する都市イデアの境界線とみなす第四の近代築港モデルをもたらしたことを示す（第4節）。

以上により、本章は従来明治期当初の築港概念が失われていった結果とされる隅田川口改良工事を、現代に至る近代築港の新たな類型を生んだ原動力とみなし、明治期の築港モデルを現代の東京港に依然として潜むイデアとして都市史的観点からその評価を改めようとするものである。

1　断念の中の築港三類型

インフラ計画としての築港

東京の明治期において、築港計画は大きく二度立てられている。それらはいずれも同時期に首都の近代都市計画として考案、実行された市区改正計画の一環として計画された。

そもそも築港計画の必要性が唱えられた当初の理念とは、築港すなわち都市のインフラ計画であることにあり、そのため道路と鉄道計画を旨とした市区改正計画と一体的に考えられなければならないというものであった。

一八八〇年（明治一三）六月一六日に東京府議会へ提出した松田道之東京府知事の諮問案の経緯は、築港と都市の結びつきをよく表現している。そこには、松田の主眼が①市区改正の一環として築港を考えることであったこと、そして②新たな近代都市東京の構築のために築港を必要としたこと、の二点がみてとれる。

松田の最初の意図をあぶり出すため、一八八〇年（明治一三）六月一六日の市区改正回議録の二片に注目する。[9]一片には「東京府市区画定港湾築造ノ議有リ」とした上で、明治一三年に府庁内に委員会を設けて築港のための調査を開始したことが記載されている。もう一片には「東京市区画定之問題」について松田の議会での言及が記されている。同回議録によれば、このとき松田は元来の市区改良の目的をもって後々憂うことのない計画とするためには、一刻も早く東京港を開港する以外にはないことを縷々述べている。その理由は当然東京港の開港によって市場を設け、背後に控える首都圏の商業貿易の源を占めることである。しかし、これをもって百年の計と成すにはまず東京築港の地勢が将来の趨勢に大きくかかわる。新港の位置には東京の中央市区との位置関係が重要であり、これに着眼して新港の位置を決める必要がある。仮に築港の位置を隅田川口から品川沖に展開するとすれば、商業貿易の中心を占めて当初の主眼に沿ったものとなると予測される。こういう主旨のものであった。

しかしこれには、先立って市区改正回議録に載せられている東京府会議長福地源一郎宛の明治一三年五月二一日付けの草案があった。議会での松田の言と草案段階のものを比較すると、松田の本来の意図はむしろ当初の草案より削除された部分にあることがわかる。[10]

それを見れば松田が当初から横浜港の有する利権を標的にしていたことは明らかであり、都市の骨格と経済に、いかに築港が影響を与えるものであるか松田が充分に理解していたことを表している。それは松田がこの草案および諮問案に「東は隅田川より深川の幾分に及び南は金杉川筋を画して、西は狙橋辺りに及び、北は浅草蔵前辺りを画せば中央市区を制する」のに適しており、百年の規模を定めるに足るという主旨を添付したことで「市街の改造と築港が、一つになってとりあげられ、切り放すべからざるものとの見地に立っていた」[11]ことを証明してもいる。

つまり松田は築港における配置から中央市区の構成を考えようとしていたとみなすことができる。

松田のこうした提言を鑑みれば、松田の意図する築港計画とは横浜港が当時実践していた、経済都市の資本を担う交易の主インフラとしての港の概念を横浜から東京へと移行し、かつ、進行中の市区改正計画という地上のインフラ整備計画と結びつけた相乗効果を狙ったものであった。最初の築港計画に都市のインフラとしてのヴィジョンを描いていた松田は以降この理念の下、計画の実行に奔走する。

松田は一八八〇年（明治一三）に先の諮問案を提出し、同年一一月市区改正取調委員局を設置する。「故東京府知事松田道之治績」によれば、ここで松田は市区改良の大計を定めて永遠の礎となることを目指そうとした[12]。

この時はまだ鉄道の敷設は未定であり、レンガ造りなどのような堅牢な家屋は多くなかった。そして上下水道や電線なども埋設は完備されていなかったため、これを逆手にとれば市区改良の目的を果たすには好機会であったと言える。そこで松田は一八八〇年（明治一三）一一月に東京府に市区取調局を設けてその委員を赤松則良・浅井道博・荒井郁之助・大鳥圭介・肥田浜五郎・福地源一郎・平野富二・渋澤栄一・野中萬助・莊田平五郎等を嘱して自らも委員となっている。

その上で市区改正回議録には「東京湾築港幷ニ東京中央市区改正之件」として、「築港之事」と「中央市区改正の事」が併記されている[13]。

この二点の文書を並べてみると、築港計画を市区改正計画における鉄道や水道、電気などの陸上のインフラ計画とまったく等価に扱おうとする松田の姿勢が読み取れる[14]。この観点から、松田は東京築港の調査に乗り出した。最初の諮問案の提出から調査の実施まで一年半しか経過していないことを考えると、この時期までの松田を中心とした築港の推進は極めて順調であったとみなされる(15)。

ここにおいてなされた東京築港調査は、先の松田の明治一三年五月二一日付けの諮問に続けて明治一三年一一月三〇日出で示された計画に基づいて行われた(16)。その計画の内容は佃島の南岸および芝金杉新浜町から現在の御台場に当たる旧砲台までの間に海を隔てる堤防を設けるものであった。この部分の水深は無数の船舶が錨を下ろして停泊するのに適しており、そこに三〇〇間の航路を設ける。さらにその左右に多くの船渠を設けて荷物の運送拠点とする。そのため、港の上方に当たる佃島の西岸に沿って隅田川の末端部の流れを閉鎖して石川島の東澪に流れを向けるというものであった。このように松田は幕末に設けた台場を都市のゲートとする一大築港を考えていた。それは台場から日本橋近辺の隅田川口内陸部に至るまでの陸海を一体的な港とみなすものであった（図1-1）。

そして、この都市のインフラであることを前提とした築港計画を具体的に作成するに当たり、松田の意志を汲んだ市区調査委員会はその前提から調査内容と箇所を決定した上で、調査結果をもとに計画案の策定に取りかかった。

しかしながら明治一三年一一月三〇日出の同文書にある「抑モ該地築港ニ注目スル者多々アリテ、其規格スル所亦一様ナラズ。加フルニ怒濤岸ヲ拍チ奔潮沙ヲ捲テ、海ノ深浅、旧時ニ異ナル者アリ」の傍点部から読み取れるように、実際の築港となると市区調査委員会は統一の見解を示すことができず、調査を終えた以後も依然としてどの位置に築港を行うかは決定をみることはなかった。松田の実践は東京湾の現状を調査するまでは極めて順調に進んだが、その位置をめぐって肝心の築港を実現する段階までは容易に進まなかったのである。

それは築港の位置に二つの対案が出、どちらとも決めかねたためである。

松田は一八八〇年（明治一三）五月に測量調査を終え、市区改正委員会に築港の方案を送付していた(17)。このとき委員会に送られた方案に対して結局「川口に吐き出される土砂の問題などが取り上げられ、（……）別に海港案を主張する

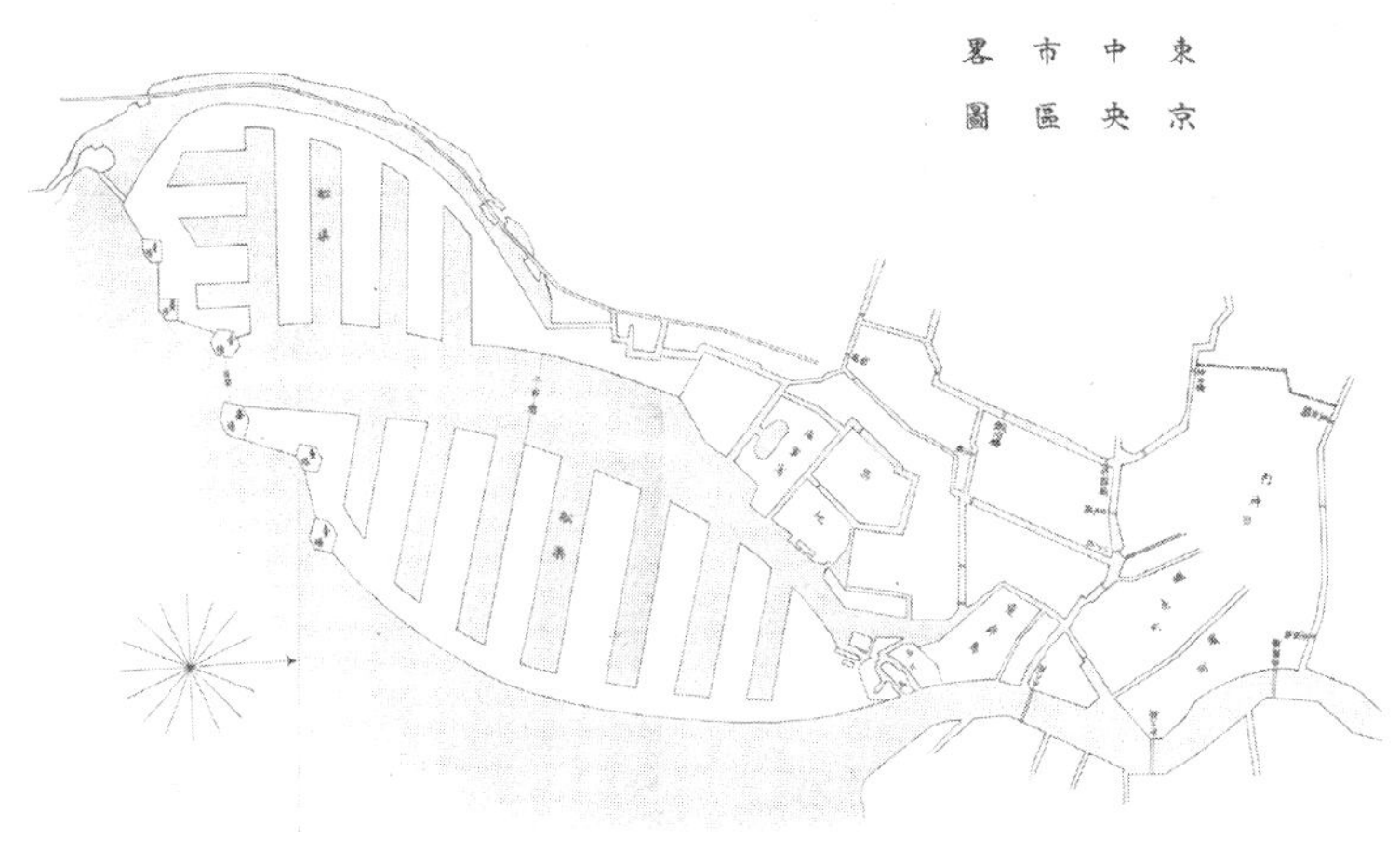

図 1-1 「東京市中央区略図」

『市区改正回議録』1880 年（明治 13）5 月 21 日（東京都公文書館所蔵）.

者が出た[18]」とあるように、市区調査委員会は隅田川口下に港を設ける案を提出し、調査が終わった後も最終的な結論を出すには至らなかった。そのため、松田は内務省土木局のお雇い外国人技師であったオランダ人のムルドルに隅田川口の築港の是非を諮問することにしたのだが、諮問を受けたムルドルもまた川港案と海港の二案を新たに作成し松田の諮問に対して決断を下さなかった。川港案と海港案の二案はいずれも明治一三年の松田の諮問を前提としたものである限り、どちらとも決定しかねるものであったのである。

このときムルドルは東京府土木局長石井省一郎宛に次のようにその計画について答えている[19]。

すなわち、第一には隅田川を東京を中心とした貿易拠点として活用するに至らせる方法があり、第二には隅田川を利用せずに大船が寄港するに十分な港を新設する方法がある。既知の状勢（ここでは主に財政問題と隣接する横浜港との政治関係を指している）を考えれば、どの計画を最良とするかは即決しかねる問題である。日本の首都である東京にあって、大型商業船と軍艦の出入りができる良港を備えることは重要であり、また現状の海と交通の不便にもかかわらず東京を背後に拡張する商運流通、そして一〇〇万を有する人口と背後地の広さを考えれば第一、第二の方法を密に結するべきである。その財政上の困難は新港の誕生によってもたらされる貿易その他の利益を考えれば補償するに余りあるため、その実行を決断すべきである。

このようにムルドルは結論として川港と海港の両策を段階的に行うことを示唆した。事実、後に東京は本来の意図とは遠い形ではあったが、隅田川口の改良工事から築港を始めることになる。

しかしながら、この川港と海港のせめぎ合いがこれまで順調に進んできた松田の築港計画を結果的に足踏みさせてしまった。予算の関係や横浜との政治的理由などの現実的な理由から、「まずは川港への配慮」を思慮してしまったことは、近代都市のインフラとしての築港を、一地方港の整備にすぎないものへと貶めてしまう。

松田の考えでは、築港もまた陸にある都市を形づくるためのものであり、築港無しでは近代都市を現実のものとすることはできなかった[20]。一八八二年（明治一五）七月六日に松田道之が現職のまま突如死去したことを考えれば、結果としてこの時点での結論の先送りは東京の築港史にとって致命的な痛手となった。

その後、松田の後の府知事を引き継いだ芳川顕正以下、益田孝らの尽力によってムルドル案を中心に築港の実現は目指されたが、横浜港の計画する港湾計画に対して東京港の経費がかかり過ぎることが問題であった。芳川はこれを打開すべく一八八五年（明治一八）三月二日付けで内務卿山県有朋に対して「市区改正及び築港に関する入府税法新設」の上申書を提出するなどして問題を克服しようとした。しかしながら、太政大臣制から内閣制への移行をめぐる三条実美との関係など、当時の山県の政治的位置から芳川の案は有耶無耶になってしまった。そして、芳川の品海築港計画は目下の課題解決が優先されるかたちで、一八八五年（明治一八）に廃案となってしまう。

メディアとしての築港

一方で、松田の動きと連動するように、言論によって府知事派の築港世論を作り出そうとする動きがあった。その代表的なものが田口卯吉の「東京論」である。

一般に、松田の築港論は田口の考えが松田に伝播したものとされている[21]。しかし経済自由主義と言われる田口の思想が経済都市としての東京を優先する視点を持つという性質から考えてみれば、メディア・コントロールの中でなされる経済の〈みなと〉としての築港にこそ本質的な田口の実践があったと考えてみたい。すなわち、松田の実践が都市のハードを扱う唯物的な築港の実現の試みであることに対して、田口卯吉は世論を動かすメディアの中に築港の本義を実現すると同時に、あわよくばその成果を回収してしまおうと考えた。その「東京論」の特質を次に明らかにしていく。

「余は東京を以て日本の中心市場となさんことを欲するものなり。（……）横浜の営む所を以て東京に移さば東京の繁栄現今に数倍すること論ずるを俟たざるべし[22]」と田口が「東京論」で語ることによる経済至上主義による実践は、あくまで新たな都市のインフラの構築を考えていた松田の実践と互いに立体的に交差しながらも、その成立する土壌を異とするものであった。

松田の築港が実を結び結果的に同様の経済的効果を生んだとしても、それは田口の考える築港の概念ではなかったに違いない。言説として表現された「東京論」が世論となり、具体的な事実として築港がなされるか否かにかかわらず東京湾を介した経済の方向性が東京中心へと向くこと、つまり経済上の築港が田口にとっての実践であった。

そのため、田口の品海への築港はより体験的視点によって「東京論」というメディアの中に構えられていく。それは「東京論」の第三項目として挙げられた「船渠を開築するの方法」の記述方法に表現されている[23]。そこで田口は、その築港を速度を持って海面に近い視点の高さで低空飛行する鳥の目から海、陸を自由に見たような港の内観風景の記述の連続によって行っていく。そこには俯瞰する視点から都市を網羅的に抑えていくこととは異なる築港のイデアが存在する。それを追体験してみれば、田口が「東京論」の読者の中に築港を体験として成してしまう巧妙さが理解される。次に、これを復元する(24)。

両国川の末流石川島に至りて二となり、一は越中島に沿ふて流れ、第七御台場に向ふ、其水甚だ浅し。一は築地に添ふて流れ浜離宮の辺に至りて迂回して南向し二の御台場を過ぐ、其水稍々深く常に船舶東京に入るの通路となる。

内陸から品川沖を眺める視点はまず海底を透視する。両国の脇を流れる現在の隅田川の水面沿いに飛んでいくとやがて正面に石川島が見えてきた。ここで眼下の流れは二手に分かれ、一つは越中島から第七御台場に、もう一つは築地方面に流れていく。築地方面へ右にカーブを描きながら進むとやがて浜離宮に達し、ここで迂回して南へとすすみ第二御台場を過ぎる。このルートが航路となり、船舶入港のための海底の深さは充分である。

両国から台場に至った視点は次に海側からこの航路を眺める。

品川沿いに奥行きを増していく航路周辺を見渡してみると二股に分かれた隅田川の間は浅瀬が多いことに気づく。ここから停泊している飛脚船まではまだ一里程あり、東風のためにそこに至るまでに台場の岸壁に吹き付けられる危険もある。蒸気船は第一、第四の台場間を通過することは困難である。第一、第五の台場はわずかに深所もあるが、十分とは言えない。どのように水運の便を図ればよいだろうか。田口は次のように語り続ける。

余の見る所を以てするに、両国川の末流を以て飛脚船を陸地に接せしむるの望は到底無効に属せずんばあらざる

> なり。何となれば其水量甚だ少きを以て、仮令川幅を狭くするも、水潦の沙を吐くや必ず常に其入口を浅くして以て巨船の入津を防ぐべきの恐れあればなり。故に余は此川を以て特に之を風帆船若くは小蒸気の水運に供して、而して飛脚船の運輸は之を他法に求むるを可なりと為す也。

つまり、両国川（現隅田川）の末流によって飛脚船を陸地に接するのは困難極まる。その水量が極めて少ないため、仮に川幅を狭くしても川口から吐く土砂がその入口を浅くしてしまい巨船の入港を防いでしまう。そのためこの川は帆船もしくは小蒸気船の運用に専念させ、飛脚船の運輸は他の方法をとるべきであると田口は結論づける。

品川沖で航路を眺めたままの視点は海から陸へとふたたび動き始める。しかし、今度は隅田川から下って来た水のルートではなく、新港沿いに船渠をさかのぼっていくシークエンスを描いていく。

> 第五第一の御台場の間に於て水を包み底を浚ひ船渠を造りもって飛脚船をして直に之に出入するを得せしめ、其傍に巨倉を建連ねて以て貨物の貯蔵に供し傍烈風の防障と為し、而して第五の御台場より芝陸軍省御用地の辺まで両国川の末流に沿ふて土手を築き鉄路を通じて以て倉庫の貨物を東京に運搬するを便にすること是なり。

すなわち、第五第一の台場の間に船渠を設けてここを飛脚船の寄港地とし、防風を兼ねて倉庫群をここに設ける。船渠群をつなぐ第五御台場から隅田川口へはらむように伸びる埠頭沿いに土手を配し、そこから鉄道によって貨物を東京へと運び入れる。貨物を載せた鉄道は船渠を左手に見ながら進んでいくと、石川島、霊岸島を経て永代橋付近へ至るといった具合である（図1-2）。

こうして両国から始まり、築地、浜離宮を迂回して台場へ通じ、そこで周囲を眺めた後埠頭沿いに陸路で隅田川口へ戻るという「東京論」の中で築かれた田口の東京港のシークエンスはその円環を閉じる。そして東京論の最後は「世若し此事業を企つるの紳士あらば幸に余が言を聞け」の一言で締めくくられている。

この表現にみられるように、田口卯吉の「東京論」は「横浜の繁栄を奪い、それを東京へと移すために品川沖に船渠を設けるべきである」ことを半ば啓蒙的に世論を誘導することに目的があった。つまり、都市のインフラ計画の観点を含んだ包括的な都市の実現よりも、経済上の利益を横浜から東京へ移す経済の築港を目的としていた。田口にとって、この言説のメディア上での効果によって「東京論における築港」はその役割を終えている。

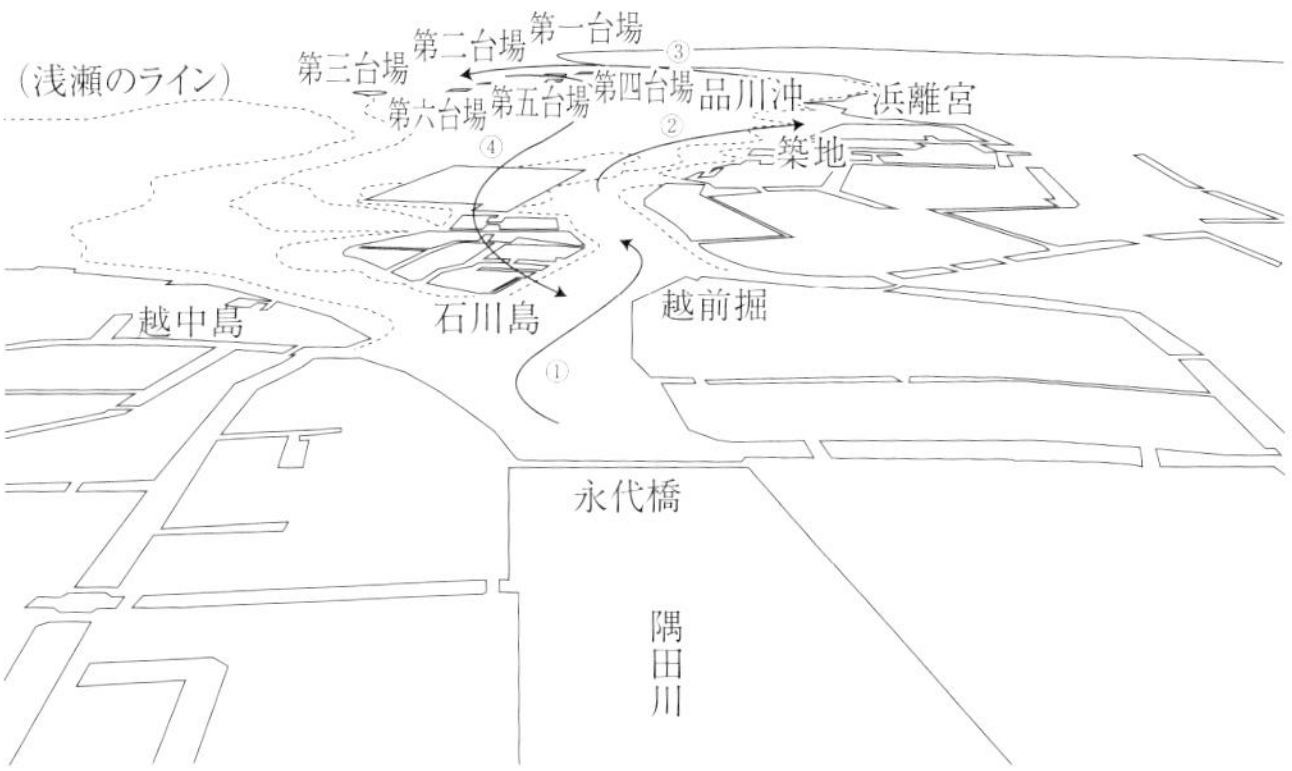

図 1-2　田口卯吉「東京論」に描かれた築港のシークエンス（筆者作成）

この点において田口の実践と松田の実践は一線を画している。それは松田にとっては、いかに東京が経済の中心として横浜を凌駕しようとも、現実に築港が都市を形成しなければ意味がなかったからである。

その後、松田の死とその後を引き継いだ芳川の品海築港計画の失敗によって東京築港の気運は一旦萎んでしまう。そこで、田口は一転して横浜港拡張を叫び、再度メディア上で経済の築港を行おうとした。しかし、その真意は別のところにあった。すなわち、田口は横浜に早急に桟橋を造らなければ、その商業的恩恵は東京に吸収されるだろうとしたが、横浜を東京にけしかけ東京の築港の機運を刺激しようとしたのである。(25)

そして田口は一八九〇年（明治二三）にふたたび東京築港を唱えた。これは、ムルドル以降、松田のヴィジョンを諦めなかった市区改正委員会を中心とした様々な者たちがデレーケ、ルノーと立て続けにお雇い外国人技師たちに案を諮問したことによって世論がふたたび東京築港を叫びはじめたことに拠る。

この一連の動きは、田口がメディア・コントロールに長けていたことをうかがわせる。

その一方で、明治を代表する経済人でもあった田口の優先事項が当時の経済の活性化と市場（マーケット）の拡大にあったことは、横浜港拡張によってそれがなされたとしても構わないとさせたところがあった。このことは、当然横浜港による東京築港反対運動を勢いづけることに寄与した。一九八九年（明治二二）四月九日「内務省は神奈川県知事に訓令を発して、横浜築港の工事着手を許可した」[26]のである。

こうして当時の世論の一端を制御していた田口が横浜港拡張を唱え、現実として横浜港拡張工事が進行する。田口の過激な挑発に応えるかのように、ふたたび東京築港の重要性を理解する人物が現れるのは、一八八〇年（明治一三）の松田道之の諮問から二〇年後のことであった。

近代築港の萌芽

松田のあくまでフィジカルな都市インフラとしての実践と、田口が為したメディア上での築港の交差は、その後の星亭によるシステムとしての築港という第三の類型を生む呼び水となった。

東京市議会議長を務めていた星亭が築港の考えを述べたのは、一九〇〇年（明治三三）六月八日の市会協議会においてであった。

すなわち、東京港の築港は東京全体の公益にかかわるものであり、まず何よりも着工してしまうことが重要である。その上で、調査を並行して行いつつ、随時変更を加えていけばよい。財源には国家の補助を当てるべきである。つまり、国策として東京の築港を考えよ、という主張であった[27]。

この演説で星はまず何を差し置いても着工の事実を作ることとの必要性を説いている。このとき星が強力に推進していた築港計画は、東京市長松田秀雄が古市公威、中山秀三郎に、以前にお雇い外国人技師ルノーによって作成された案を修正させた芝浦本港案であった。その考えは、松田道之によるムルドル案の後に芳川に引き継がれ、その後紆余曲折を経ながらも当初の松田の意志を受け継いでいたと言える。

その芝浦本港案の概要を次に述べる[28]。

品川湾（東京湾）は全体に水が浅く海底の斜面も緩いため、現在の御台場から三海里以上離れなければ五尋（約九メートル）の水深に達しない。そこですでに一万トン以上の商船が横浜に寄港していることを考えれば、東京港は少なくともその一部は二三〇尺（六～九メートル）の水深を保たなければならない。つまり結局は大掘削工事を必要とすることは避けることができない。

この掘削による築港の計画では狭小の水面になるべく多くの船舶を繫留できるように考案されなければならず、掘削によって生じた土砂は埋立地の造成に最大限有効に利用するものとしなければならない。これらのことを勘案して、東京築港の計画について経済上も適当と認められるのは海面を掘削したその付近を埋設して繫船所を設けることである。繫船所は鉄道との連絡が容易であり、市街と水陸の交通の便をよくする必要がある。品川湾においてこの条件を満たすのは芝浦をもって第一とする。そのため、浜離宮から第五砲台を経て品川砲台まで結ぶ直線の内側に繫船所を設けて充分な面積と形状を確保するべきである。

次に港門の入口を定めなければならない。これは羽田がよい。羽田にも繫船所を必要とする。

これらを総括すれば、東京の港は（一）羽田の船溜まりを前港とし、（二）運河、（三）芝浦の繫船所を本港とする三段階の構成とする。これが星亨が強く推した芝浦本港案の概要であった。

古市らが芝浦本港案を実務的な立場から計画した一方で「東京築港計画報告書」にはその前提となった東京の築港

に対する認識が記されている。

芝浦本港案を推進した星亨の考えは、本港を芝浦として羽田に前港を設け、それらを運河にて結ぶというものであった。この考えは松田道之の時代に議論となった川港か海港かの議論にようやく結論を出すに至ったものである。そして「東京築港計画報告書」の中で隅田川を川港として大船に供しようとするのは空想に過ぎないと断じている。すなわち隅田川を拡張し、川港として築地に築港することを退け、海港として芝浦を本港として大船をここに繋留しようと決するものであった。ただし、従来の隅田川で行われていた小船の貨物量と船数は当時としては未だに無視できないものであったため、大船専用の芝浦、小船は隅田川、と港湾に求められる機能を初めて東京湾上に配布しようとした。

この芝浦と隅田川という機能による港の性格の仕分けは、荷揚げ後の陸上の運送とも相まって、星のモダニストとしての港湾の考え方を反映した機能合理主義的なものでもあった。つまり、川港か海港かのいずれかを選択するのみが築港の主筋ではなく、東京湾という海全体に港の性格を異にする機能を埠頭という形式を用いて配布しようと考えたのである。

これは単に築港の手法を述べたものではなく、現在では通例となっている近代埠頭という概念を初めて述べたものであった。すなわち、ここに現在の港湾における専用埠頭の概念の原型を認めることができる。もっとも、このときはまだ大船と小船という区分でしかなく、取扱貨物などによる現在のような完全な埠頭化はなされていない。しかし戦後のコンテナリゼーションの導入に匹敵するほどの港湾の定義そのものに触れる概念は、それ以前に遡ればこのときの埠頭概念の導入にまで遡行することができる。一八八二年（明治一五）の松田の死と一八八五年（明治一八）の最初の築港案の廃案から一九〇〇年（明治三三）までの一五年を経て、ようやく東京の築港はその築港概念を更新することができたと言える。

ここに、第一の類型として挙げた松田によるフィジカルな都市インフラとしての築港、そして第二の類型として挙げた田口が言説の中に構えた経済の〈みなと〉としての築港、の二つを併せた第三の築港が初めて示されたと言える。松田は都市インフラとしての築港概念を提唱し、それを受けた星はさらに埠頭概念の導入によって港湾の概念定義にまで踏み込んだ。その二つの築港をつなぐ媒介（メディア）として田口卯吉の「東京論」の中に構えた経済の築港モデルがあった。これによって都市を主体的に形づくることを意図した松田の築港概念の直喩的な方法は、埠頭という近代システムとして星によって昇華され、結実したと言える。

この明治期における三類型によって描かれた本質は、近世の江戸を延長して東京という近代都市へ導くための転換のインフラとして港湾を扱おうとした歴史である。

本節は、近代都市への転換の過渡期であったためにわかりやすく表現された東京のインフラとしての築港概念を三つに類型化した。以降、現在の東京港に通底するイデアとしてこれらが今も潜み続けていることについて縷々述べていく。

2　港湾の骨組みと築港の形式

近代化黎明期における港湾行政の構造的欠陥

東京の築港計画を都市全体のインフラ計画として捉えようとするとき、その管理と主導権を誰が担うのか。たとえば横浜港との既得権をめぐる応酬からもわかるように、港湾には「誰のものか」という問いかけがついてまわる。そして、それは都市のインフラと呼ぶときの都市とは何を指すのかを同時に問うものでもある。

明治期に築港を唱えた人物二人、松田道之は東京府知事であり、星亨は東京市議会議長であった。そして東京府、東京市の上に立つのは内務省であった。戦後に地方自治法が制定される以前は、東京府や東京市は内務省に管轄された出先機関の性質が強く、現在の東京都のような地方分権の要素は薄かった。しかし、それでもこの三行政間で築港問題がやり取りされる際には、それぞれの立場からの企図が絡み合っていた。それはもともと東京府の市区改正計画であったという事実を根拠として築港の主導権を東京府が主張することに対し、東京市はその誕生の経緯から東京港の築港は東京府から予算と同時に譲渡されたものであると主張したためである。さらに、内務省は首都の港は国策によって為されるべきものであるとの原則論を主張した。こうした三行政間の築港をめぐるやり取りは、その事態を苦慮した古市公威の演説からもうかがい知ることができる(29)。

古市は東京市から築港計画作成の依頼を受け、過去の東京築港計画を調査していた。そこで、東京港をめぐる計画実行の脆弱性の一端が内務省以下、計画の主体性がはっきりしないことにあると指摘している。一八八〇年（明治一三）の松田の主導のときも内務省は直接築港の調査に当たることはなかった。しかし、その一方で市区改正審査会では内務省のお雇い外国人技師ムルドルを用いて意見を述べさせている。このことは、実質的には内務省の総意であったと推量される。さらに、内務省はデレーケという他のお雇い外国人にも計画を作らせている。それでも内務省は直接東京の築港を主導する方式を避け、あくまで一つの審査委員会の内事として行うやり方をとった。古市の演説によれば、あくまで市区改正を目的とする内務省は、中央政府として築港に正面から介入する気はなかった。

一方、後に土木局長を務める西村捨三という人物が東京築港の建議を発議し、土木局が主となってこの建議に対しての所信を内務大臣に送付しようとしたことがあった。このように、一八八〇年（明治一三）頃の築港全体の責任の所在、つまり最終決定権を握る人物が誰であるか不明瞭であった。

古市はこのような三行政の立場とそれぞれが作った築港計画の経緯を端的に述べている。この時期の築港論議が、誰が主体かという議論にほとんど終始したことは築港の進行を遮る大きな要因となった。松田道之、芳川顕正の時代を経て、星亨を中心とする築港推進の時代でもそれが解決されることはなかった。多くの人間にとって近代都市としてのあり方よりも権益の確保が優先したのは仕方のないことではある。そしてそれぞれの企図が働く中での相克が、それぞれが本来の目的としていたはずの市区改正計画と一体となった港湾計画を事実上不可能なものへと追いやっていった。

つまり近代都市としての東京、そしてイメージとしての東京圏とは、具体的な行政区分上では東京市を指すのか、東京府を指すのか、あるいは内務省という国家主導下の首府を指すのかを明らかにする必要がある。本来は、そのすべての総合であるという理念を共有しつつ、現実の築港事業を進める上では常に「東京」の定義が問題とならざるを得なかった。

最も困難であったことは、予算編成の名義であった。予算編成は各行政間を跨ぐことができない。事前の調査と実際の築港に要する膨大な予算を、地方行政である東京市だけでは当然負担することはできない。すると東京府が参入するようになるが、東京府は内務省のお雇い外国人技師に諮問しなければ、自ら計画の妥当性を判断することは困難であった。

これに合わせて予算も東京市から内務省までを往復することになる。しかし、一行政内で決定された予算の割り振りを他の二行政が追認するとは考え難い。特に東京市はもともと東京府から一五区をまとめる形で設けられたという経緯があるにもかかわらず、内務省の管轄下にあることは変わらなかった。しかしながら、東京市の市税は東京府の収入の多くを担っていたため、その摩擦関係は一層強まっていた。

このように「東京」の築港を進めるためにはまず、「東京」の定義を明らかにしなければならなかった。このことは、築港を都市のインフラとして扱うことを事実上不可能にした大きな要因であった。

「東京」の東京港

東京が内務省管轄の首府であるにもかかわらず、東京を東京府や東京市と一元化して定義することができなかった理由は、当時の行政構造そのものが未だ近代化の黎明期にあったことが大きい。たとえば、次に示す一片の文書にその構造を見出すことができる。

東京市区改正及品海築港審査結了ノ儀ニ付伺

東京市区改正品海築港審査ノ義ハ、曩ニ御裁令ノ旨ニ随ヒ、会議ヲ開キ審案討議セシメ候所、今般会長内務大輔芳川顕正ヨリ審査結了ノ趣ヲ以テ、別紙目録ノ通差出申候。依テ至ニ熟閲一候所、其考案適実ニシテ修正宜キヲ得、其経費ハ之ヲ東京府知事ノ原案ニ比スレバ、通計二千六百六拾余万円ヲ増加セリト雖モ、右ハ修正上避クベカラザルノ会費ニ有レ之、殊ニ其市区改正局ヲ置クノ議ノ如キハ、後来実施上ニ於テ緊要ノ儀ト存ゼラレ候間、速ニ御允裁相成度、別冊竝図面共相添、此段相伺候也。（別紙別冊之ヲ略ス）

明治一八年一月一二日　内務卿伯爵山県有朋　太政大臣公爵三条実美殿(30)（傍点部は筆者による）

同文書は先に述べた松田道之の後を受けた芳川顕正が築港計画を提出し、それを受けた内務卿山県有朋がこれを太政大臣三条実美に提出したものである。ここで注目すべきことは、まず「今般会長内務大輔芳川顕正」という文言であり、そして明治一八年という年に内務卿山県有朋が太政大臣三条実美に宛てたという事実にある。

「今般会長内務大輔芳川顕正」とは、この時の芳川がすでに東京府知事の任期を終え、内務大輔（現在の事務次官）に就任していること、そしてそれ以降も市区改正委員会の会長職にとどまっていたことを示している。これは当時の東京府と内務省の関係をよく示しており、内務卿から太政大臣へと一貫した縦の構造で「東京」が直轄されていたことがわかる。

もう一点は、この文書が提出された一八八五年（明治一八）に内閣が制定され総理大臣のもとに政権を運営する体制が導入されたことである。つまり、それまでの太政官制度がすべて廃止されたのが明治一八年であった。これによってほとんどの草案は伊藤内閣のもとで再検討されることとなったが、築港計画も例外ではなかった。太政官制度から内閣制への移行期に内務卿から太政大臣に上げられたこの草案が却下された経緯には、それまで太政大臣―内務省―東京府という縦の構造で管轄されてきた「東京」という概念が、新しい内閣制の下で改められていくことを示唆している。それは必ずしも従来の縦の構造によらない、地方自治の芽生えのようなものであった。

このような理由から、太政官制が廃止されるまで行政府の最高首脳であった三条実美が一八八五年（明治一八）にこの山県有朋の上申を承認しなかった理由は、単に横浜港と較べた東京港の整備費用が破格であったことだけではなかったと推量できる。

近代国家としての仕組みのあり方そのものが確立されていなかった時代の歪みは、首都のインフラ計画であるからこそ築港計画の扱いに大きな影響を与えていく。

この四年後の一八八九年（明治二二）に東京市の誕生をめぐり、より具体的な「東京」をめぐる行政構造の築港計画への弊害が露わになる。すなわちそれは「明治二十二年四月、市制及び町村制の施行により、十五区を以て東京市が成立したが、市制特例によって、大阪、京都と共に、府知事が市長を兼任するといった妙な形の、市役所のおかれない東京市が誕生した」(31)ことによるものであった。

そもそも東京築港の費用が問題視されていたのは、一連の市区改正計画と同時並行で築港もまた進められなければならないという、計画の前提があったためである。つまり幹線道路計画や水道改良事業と組み合わせて築港計画は進めなければならないという本来の意図が、かえって築港そのものの予算を圧迫していたと言える。さらに、東京市の誕生は築港の予算を東京市単独で賄うことを意味し、その東京市の予算規模を考えれば築港計画が後回しにされてしまうことは必然であった。

案の定、市区改正計画の目的が近代都市形成のためであることを鑑み、まず上下水道の整備による衛生環境の確保は港湾計画よりも実務上の優先事項とされた。四年前に三条実美が山形有朋の上申を却下した表向きの理由もこれと同様のものであった。

ここで「東京」すなわち東京市であるならば、築港計画は水道改良事業よりも優先順位が低いという上下関係が発生することが明確になった。

東京市誕生当初は市役所も設けられておらず、東京市長は東京府知事が兼任していた。しかし星亨のように市議会議員は選出されたため、これ以降の東京一五区のことに関しては東京市が重点的に進めていくことになった。これはそれまでの縦の管轄から東京市が一地方自治体として事実上独立した道を歩み始めたことを意味する。それはすなわち、築港計画の主体が東京府から東京市へ移譲されたこともまた意味したのである。

そして太政官制度の廃止と内閣制の導入に伴って、一八八五年（明治一八）に市区改正委員会もまた再組織され東京市区改正委員会が発足する。名称の頭に東京市と付けられたことの意味に政治的な企図が働いたことは明らかである。

その一方で、内務省は東京府知事から内務大輔（次官）に転じていた芳川を委員長とすることで東京市区改正委員会の実態を内務省の外郭組織と化すことを意図してもいた。東京市、東京府、そして内務省と橋渡し役となるはずの芳川の委員長人事は同時に三行政が権利を行使するための諸刃の剣でもあったのである。

その一つが、東京府や東京市区改正委員会とは無関係に、内務省がお雇い外国人技師デレーケに築港計画を諮問したことであった。これに対してデレーケは一八八九年（明治二二）、「東京湾築港計画ニ付上申」を土木局長西村捨三に提出している。土木局長宛ということは、内務省宛であることを意味する。その目的は当時一応の結論をみようとしていた品海築港案を牽制することにあった。

一八八九年（明治二二）のデレーケの「東京湾築港計画上申書」には品海築港案の危惧すべき点が述べられている。海岸図を一見するだけでその川口に広大な砂州があり、その大半はこの川（隅田川）から流れ出た土砂が堆積したものであることは明らかである。もしこの川を画然と隔離しないで隅田川を新港に取り込もうとするなら、格別の配慮が必要である。デレーケを介した内務省の主張はこのようなものであった(32)。

明治二二年当時、東京市区改正委員会の芳川以下大半が品海築港案に傾いていたところに内務省がデレーケを介してこのように反対し、芝濱本港案を示すことでその動きを止めようとしたのである。それは内務省が自身の監督なしに事態が進むことを恐れ、自己の存在を示すためのものでもあった。デレーケが示した内容の是非はともかく、これによりまたも築港の決断が鈍る事態となってしまった。

このように何をもって「東京」とするかという議論に終始した結果、その「東京」の定義の数だけ東京港案が複数存在する事態が生まれてしまった。そして、行政の境界を横断する唯一の東京港を見出すことは遂にできなかった。内務省、東京府、東京市の三行政が互いに牽制している間に横浜築港に許可がおりてしまったのは一八八九年（明治二二）四月九日のことであった。

特に東京市は市区改正をめぐって東京府とさらに対立していった。すでに述べたように、当初は東京市長を東京府知事が兼ねて市役所も置かれないものであったため、実質的には東京府が東京市を主導するという縦の構造に変わりはなかった。しかしながら、市区改正計画の優先事項とされた水道改良事業にかかわる一八九五年（明治二八）の鉄管事件が東京市のあり方の問題を指摘し、それが築港計画の主体の問題にまで影響を与えることとなる。

世界に恥じない近代都市として衛生という概念が導入された東京では、動物の死骸や糞尿などが上水道である玉川上水などに混入される等を防ぐため、上水道の鉄管化が緊急の課題であった。

東京都水道歴史館「近代水道の完成」の明治の鉄管事件についての説明によれば、水道改良事業を急いだ東京市会は、当初予定していた純国産品の納期が間に合わないことからベルギーやオランダなどの外国製品の鉄管導入を決定していた。そこで、国産品の受注を受けていた日本鋳鉄会社が納期遅延問題を解決しようと、検査不合格品の鉄管を合格品として納入するという事件が起こったとある。この事実が明るみに出た一八九五年（明治二八）一〇月三〇日時点では、すでに納入された鉄管の埋設は逐次進められており東京中のすべての管を再度掘り起こして検査する必要にせまられたのである。

東京が近代都市であるための新たなインフラ整備という性質は、この鉄管事件から都市行政そのものに連鎖的に影響を与えていった。事態は刑事事件として立件され、さらに行政の責任問題は政治問題へと発展していった。時の東京府知事三浦安の不信任案が可決され、東京市参事会員の辞任、同年一二月には内務大臣野村靖によって東京市会そのものに解散命令が下された。

そして再選出によって組織された東京市会は東京市政の独立を目指し、ついには一八九八年（明治三一）一〇月一日に東京府の特別市政制度の撤廃、東京市役所が設置された。これによって、それまで東京府の役人が務めていた東京市政は、東京市の役人による東京市役所によって指揮が執られるようになる。そして新たな東京市長には松田秀雄が選出された。ここに初めて東京市は東京府知事とは異なる市長のもとに独自の議会と役所を構えたことになる。それは東京市の東京府からの行政的独立であった。つまりこれは「東京」＝東京市を目指す最初の地方自治の動きであったとみなすことができる。

この事態は当然、東京市区改正委員会の体制に影響を与えた。芳川の委員長人事に見られるように、それまで実質的に内務省の外郭組織となっていた市区改正委員会は、河港関係の事務から順に東京市が次第に主体となっていった。築港の主導権を握ろうとする地方自治の運動が、築港計画のみからの視点からみれば予算規模の制約による遅滞を招く遠因となってしまったことは皮肉な結果であったと言える。

「東京港」の東京

独立した東京市の最初の市長となった松田秀雄が東京市独自の東京湾築港設計を依頼した一人が、先に触れた工学博士古市公威であった。先の古市の演説はその際に過去の築港計画の履歴を調査しようとした際のものである。要するに、古市の演説の一連の文句は築港の主体を東京市へと移行させる意図からなされたものであった。次のいくつかの事実からその根拠がうかがえる。

①一九〇〇年（明治三三）の「東京築港の義」には古市が述べた計画主体の経緯とともに今後東京市が主導したい旨が記されている。

②松田秀雄が内務大臣西郷従道に宛てた同文書には、一八八五年（明治一八）当時の内務卿山県有朋が東京市区改正審査会に付した審議以降、今日に至るまでなお経費の問題によって事業の進展をみることができなかったこと、そして一日でも早く築港をなさなければ東京市百年の大計を誤り他日必ず悔やむことになる、とある。[33]

③また同年五月の「東京築港計画書」にはこのときの調査の結果、芝浦本港案へ至ったことが述べられている。[34]

松田秀雄が牽引し、古市が実践する体制を組んだ東京市による東京築港の気運は一九〇〇年（明治三三）いよいよ高まり、着工を待つばかりであった。しかも前述の通り、古市は内務省が自己の管理権を主張するために諮問したデレーケの芝浦本港案を採用したが、東京市の誕生には先に述べたような経緯があったため同案は松田秀雄市長を担ぐ形で東京市が主導権を握ることになったのである（図１‐３）。

図1–3　「東京港港湾計画平面図古市案」1900年（明治33）6月

東京都港湾局編『東京港史』第1巻　通史・各論（東京都港湾局, 1994年）.

そして松田秀雄による古市への東京市主導の動きによる指示を始めとしたこの計画の背景には、実質的な権力者として東京市議会議長星亨がいた。星は政治的にも東京市主導というかたちで実質的な作業を指導できる立場にあったのである。

つまり近代築港を提唱した星亨の存在は、東京市誕生までの築港とその主体性をめぐる歴史が生んだと言える。そこには一貫して「東京港は誰のものか」と問うてきた歴史があり、星はこれを東京市とすることで築港の実利と政治的側面の両面において首府である東京に影響力を持とうと考えたのであった。

その結実した形が、前述の古市の計画書の大要に記された。これが、本港を芝浦として羽田を前港としながら、隅田川口は小船専用埠頭とするという近代埠頭概念の導入であったことはすでに述べた通りである。

一八八五年（明治一八）以降の様々な経緯と東京市、東京府、そして内務省という三行政間のせめぎ合いの歴史を経て、ようやく一九〇〇年（明治三三）に芝浦本港案に行き着いた「東京築港計画」であった。そしてこの「東京築港計画」は芝浦を軸として、小船、大船を前後に仕分けて埠頭を配布する「東京港」という陣組みを構えることによって東京を形作ろうとしたものであった（図1-4）。

図1-4　「品川台場位置図」1892年（明治25）

東京都港湾局編『東京港史』第1巻　通史・各論（東京都港湾局，1994年，875頁）．

ようやく港湾の所有権を含む議論に終止符を打ち、港湾ネットワークの原型とも言える埠頭の配布による第三類型のマスタープランを東京市が手にすることになった。これによって東京築港を実現しようという気運が最高潮に達したと言ってよい。

そして、一九〇一年（明治三四）には、それを旨とした築港のなにがしかにいよいよ手がつけられるはずであった。しかしながら、星亨はその「東京築港計画」とともに一九〇一年（明治三四）六月二一日凶刃に倒れてしまう。そして、この事件は単なる一築港計画の頓挫を意味しただけではなかった[35]。

それが真に意味したことは、築港の主体を東京市が担うということ、つまり東京市区改正の一部として築港を扱い、それによって東京という新たな近代都市の形成をなそうという理念の喪失を意味していた。

近代埠頭の概念の発明者であり、松田秀雄東京市長と共に芝浦本港案による築港を企てた星亨の存在は、明治維新以来三十余年に渡って「東京」とは何か、そして東京港という都市インフラは誰によるものであるべきかを問い続けた歴史の一つの成果であった。こうして内務省―東京府―東京市の縦の関係から、紆余曲折を経て東京市は一八九八年（明治三一）に地方自治体としての独立性を獲得するに至る。

このような行政体制自体が近代性を模索していた黎明期において、築港上での一つの特質は、計画主体が誰であったとしても常に都市と港湾は切り離せぬものとして一体的に考える点を共有していたことにある。このことは、この後都市の近代化が進行するに従って、都市と港湾が切り離されていく未来を考えれば、築港の本義がどこにあるべきかを物語る重要な事実である。本節では、その経緯を行政体制をその相互に働く力学の視点から復元し、港湾計画上の築港概念の性質と不即不離の関係にあることを明らかにした。

しかしながら、星亨の暗殺によって古市公威が具体化した芝浦本港案は、都市と港湾を相互補完性を持った一つの有機体として機能させるシンクロニシティと共に葬られていくのである。

3　築港理念の消失過程

「東京築港」から「東京港築」へ

「東京」の定義と計画の主導権をめぐる紆余曲折を経て、築港計画の現実は次第に都市と港湾を剥離させていく。ここではその過程を復元しつつ、現在の東京港に続く根を明らかにしていく。すなわち、星亨の死をもって明治期の築港概念の頓挫とする通説を背景としながらも、その後の直木倫太郎の実践の中にこれまでの築港の三類型を重ねてみていく。

その大きな流れは次の通りである。まず最初に隅田川口改良工事における直木の本来の意図を生んだ背景を明らかにする。その上で東京湾澪浚渫工事が東京の築港に果たした功罪を明らかにする。この流れを踏まえて、復元した隅田川口改良工事から現在の東京港に至る都市と港湾を剥離させた原理を抽出し、これを直木の本来の企図の裏返しと読むことで第四の築港概念を生み出した基盤を鮮明にすることができる。

一九〇一年（明治三四）六月二一日、東京市参事会議室にて星亨が刺殺される。享年五二歳。ようやく東京港による東京の形成という松田道之の意志を継ぐ形で芝浦本港案が着工間際まで漕ぎ着けていた矢先のことであった。この事件により、「東京築港計画」は頓挫を余儀なくされる。

星亨は伊藤博文が会長を務める政治団体政友会の主要メンバーであり、このときいくつかの疑獄事件を抱えていた人物でもあった。主犯の伊庭想太郎はそのために星を国賊と名指して殺傷に及んだと供述している[36]。星亨の殺傷事件そのものも十分に衝撃的であるが、ここでは星の死が与えた築港計画への影響に絞って述べていく。

星の死後、東京市はその方針を改め、東京築港計画の速成の足を止めてしまった[37]。その上、東京築港調査委員会の委員長を務めていた金子は、まず港門となる防波堤、運河、繋船所のうち急を要する部分のみを開始する程度で止め、東京の将来の発達に従って適時事業を拡張していけばよいとした[38]。このことは東京が無差別に膨張するたびにその都度港を考えていくと宣言したに等しい。築港が東京という新たな近代都市を建設するための構造の一端を担うことを大前提とした莫大な予算への費用対効果が確約できない以上は、その都度場当たり的な対応によって必要なものをパッチワーク状につなげていけばよいとは、これまでの紆余曲折の歴史からしてみればまったくの本末転倒であると言わざるを得ない。調査委員会の委員長の立場である金子がこのような認識であったことは東京築港が都市構造として語られる機会を奪ったと言える。すなわち国政に通じ、東京市政の実力者でもあった星の死後、東京市は内務省の意が強い管轄の下から抗うことができずに内務省―東京府―東京市のいわゆる縦の構造の傘下にふたたび入ったことが金子の発言をもたらしたのである。

この金子発言は、これまで松田道之東京府知事の築港の提唱以降の紆余曲折を無為に帰すものに他ならない。都市構造と完全に切り離して、ただ経済や荷積み荷下ろしの実務機能の必要のためだけに沿岸整備を考えるということであれば、初めから築港の理念を議論をする必要はなかった。

都市建設のインフラとしての築港観点からは、このとき東京は考えられる中で最悪の結論を下したと言える。これ以降、近代都市を形作っていく主体として築港が語られる機会は、第二次世界大戦で明治期に作り上げた東京がふたたび焼け野原になった後の再始動期に至るまで失われてしまう。星亨の死から、わずか三か月後のことであった。

その後東京市は、一九〇二年（明治三五）三月に古市らに東京築港計画追加報告を提出させている。その目的は先の金子発言を受けて、目下の事態に応急的に対応する施策を講じるためであった。つまり、このとき東京築港調査委員会から築港の意志は完全に失われたとみなされる。追加報告書には次の一文が明記された。

> 第一著ノ工事ハ、緊急施設ヲ要スルモノニ限リ之ヲ実行シ、其ノ他ハ後年ニ譲リ、必要ニ応ジテ漸次拡張改善ノ方針ヲ採ラントスルノ議アリ(39)（傍点は筆者による）。

この追加報告書は推進派に一定の配慮を形式的に示すために過ぎなかった。なぜならば、もし星の死後も築港を可能な限り実行する意志があるならば、まずは限られた予算上実行可能な範囲を示すように古市に指示するのが自然である。しかしながら、追加報告書にその仔細を一切求めなかったことは、始めから実行する意志がなかったことを示している。そして近代都市東京の築港を応急処置の積み重ねで行っていくという、築港とはもはや呼び難い単なる沿岸整備として進める方針が決められてしまった。東京港史上、このときに東京を築く港である「東京築港」は、単なる東京港を築く「東京港築」へと問題の次元がまったく異なるものに読み替えられたと言える。

こうしたことは、当時いかに星が唯一築港の意義を理解し、またそれを実践するに十分な能力を有した希少な存在であったかを物語っている。結局のところ現実の東京港において実行されたことは、品海築港案やそれまでに考えられたいくつかの築港案ではなく、隅田川口の土砂浚いのみであった。この事実は、東京の近代化の初期において築港はなされなかったという通説を導いている。

しかしながらこの事実は、このとき隅田川口の土砂浚いのみに終わったことが、かえってその後の（特に戦後の）東京港においてわが国のその他の港を含めて港湾を広義なインフラとみなしていく視点を促したと読むこともできる。そして、東京の近代において東京港築港計画とともに失われたとされてきた三類型の築港概念は、むしろ融合しつつその形式を変質していったのであり、その果てに第四の近代港湾のモデルを認めることはできないであろうか。つまり、「築港計画が頓挫していくことが第四の築港概念を強めていった」という仮説を確かめることを目標としつつ、隅田川口改良工事を中心とした東京港築港の矮小化過程を復元する。

星は非業の死を遂げるが、東京市役所が、「星亭が生前から頼みにしていた直木技師を欧米に派遣し、築港調査をさせていた」[40]。技師直木倫太郎が派遣されたのは一九〇一年（明治三四）七月であったから、星の死の翌月に当たる。そして直木は二年後の一九〇三年（明治三六）一二月に帰国している。星の死後一か月で東京市が直木を派遣したことは、確かに星の遺志の下に視察を命じられたとみることができる。その一方で、直木が二年後に帰国したときにはすでに東京市役所内部で築港方針はその都度の必要とされる最低限の工事のみ行なうものと決定されており、その間、星の片腕であった直木を遠ざけておくという意図があったとみることもできなくはない。

帰国後、直木は視察してきたロンドン、パリなどの西欧列強のメトロポリスの港を参考に、時の市長尾崎行雄に築港計画の意見書を提出する。しかしこうしたことから、視察に出ている間にそれは到底実行されるものではなくなってしまったことを直木は知っていたはずである。すると直木に残された道は、断片化されつつある築港計画であったとしても最低限でも星の考えを実行に移し、それを足がかりとしてふたたび築港の本分を取り戻す機会を作ってみせることであった。そのため、直木倫太郎はこのとき築港計画の意見書とともに次善の策を提出していた。それが当時竣成を迎えたばかりの東京湾澪浚渫工事を端緒とした隅田川口改良工事であった。

東京湾澪浚渫工事の功罪

東京築港計画の次善の策として直木が隅田川口改良工事の足がかりとした東京湾澪浚渫工事は、一八八三年（明治一六）にその遂行が決議されている。松田道之による築港計画の始まりが一八八〇年（明治一三）であったことを考えれば、河川からの土砂の堆積などにより海底が浅くなっていくことへの緊急の対応が必要不可欠であることは、築港推進の如何にかかわらず見解の一致をみていたとみなすことができる。そのため東京府区部会は一八八三年（明治一六）九月一〇日に臨時会を開き、「東京湾澪浚及び入港金の収支を鑑みた予算の策定、また東京湾の入港金の課金」案を付議した(41)。つまり、一〇年計画でこの入港金を徴収することで工事の財源を賄おうとした。これに東京府は合計で金七万九三一五円の支出を澪浚竝入港銭取集費として計上し、またこの財源として「区部共有金ヲ以テ支弁スルモノトス」(42)としている。明治一六年度（一八八三）から明治二四年度（一八九一）までの九年度間の分割計上が比較的即決されていることは、議会の共通意識がここにあったことを示している。つまり、東京の築港をどのように扱うにしても東京湾の海底に土砂が堆積していく問題があり、船舶航路の確保のための深度の確保は必須の工事であった。

ここで航路確保のために堆積した土砂を浚うことは、浚った土砂をどこかへ移す埋立て計画に他ならない。東京湾浚渫工事が航路の設計に伴った東京湾を線状に浚った土砂をその側へ移す埋立て計画でもある以上、本来は築港計画と密接に関係したものであった。

しかしながら、その予算が計上された一八八三年（明治一六）から一八九一年（明治二四）には、松田による築港概念の提出以降松田の死と共に芳川らの尽力がなかなか結実されていかない経緯があった。そのため、芳川東京府知事は松田前府知事の築港案を引き継ぐために、この東京湾澪浚渫工事の予算計上を図ったと推量される。芳川が最初の築港案を内務卿山県有朋に提出したのは一八八五年（明治一八）のことであった。芳川は自身の築港の布石として、当時から共通の認識であった東京湾澪浚渫工事の予算の議決と速攻即決による工事着手による築港への動きを既成事実としておきたかったのであろう。この裏付けとして一八八五年（明治一八）三月二六日に、時の内務卿山形有朋が東京市区改正審査会に品海築港案を付議し、同年四月一七日に東京府会は東京湾澪浚費を可決している。『東京市区改正品海築港審査顚末』には山県の付議が市区改正委員会で東京府知事からの上申であったことが述べられており(43)、芳川が山県と議会に働きかけたことを示している。

その後、この山県の付議が太政官制度の廃止をめぐる政治的事情によって暗礁に乗り上げてしまった。このときやむを得ず東京湾澪浚渫工事を築港計画とみなしていくしかなかった。その布石として実務的に築港の既成事実とすべく同工事を進めたことで、芳川が引き継ごうとした松田道之前東京府知事の都市インフラとしての築港概念は頓挫してしまう。そのため、東京湾澪浚渫工事は東京港築港計画との分断が余儀なくされてしまったという事情があった。

一八八三年（明治一六）の予算計上から工事竣成を迎える一八九六年（明治二九）まで、一三年の歳月があった。芳川はこの一三年の間に田口卯吉らと共に世論を味方につけて東京築港の気運を高め、また東京湾澪浚渫工事を着々と進める事によって議会には最短での築港実現を迫るという戦略を立てていた。そのためには、築港案提出の二年前に澪浚渫工事の予算を議決しておく必要があったのである。

芳川が澪浚渫工事を府政の最優先としていたことが東京都公文書に残された一八八五年（明治一八）『回議録第一類』の文書から窺い知ることができる。[44] そこには澪浚渫事業の施工を当初の予定より繰り上げ、急がせたとある。また同年の『庶政要録』においても第一にこの東京湾澪浚渫工事を議題とした記録が残っている。[45] それによれば「東京湾澪浚工事之義伺　金八千百七拾弐円」の東京湾澪浚渫工事の予算が土木課において付議されている。

東京府は同年四月一日の区部会で『庶政要録』に記された八一七二円の澪浚費を付議したことが記されており、同月一五日に次会を開いたとある。このように芳川は各課を挙げて東京湾澪浚渫工事を進める体制を東京府内に作り上げていったが、工事費用が共有金のみで賄われるべきではないという常置委員須藤時一郎の意見が報道されたということがあった。これは東京府の共有金だけではなく、群区の支弁事業に移行し予算もまた各々に負担させるべきであるとの主張であった。そのため、須藤はさらなる予算削減のため工事の内容も次の通り修正することを付したのである。

すなわち、品川台場から佃島に至る澪筋の屈曲を直し、その幅二〇間（約三六メートル）を深さ四尺（約一・二メートル）ほど浚って、干潮のときで六尺（約一・八メートル）以下の水量とする。さらに年々この澪筋を通行して東京府下に入る貨物は、八二〇万石（約一五〇万立方メートル）あり、当時としてもその運送の便に十分供していたとは言い難い。特に霊岸島近辺に荷揚げする船舶が多かったため、接岸した船自体がこの近辺の船舶の通行を妨げるとともに、隅田川筋の水流を妨げていた。この二つの問題を解決するためにも、澪幅一〇間（約一八メートル）を幅三〇間（約五四メートル）とし、台場の入口も二〇間（約三六メートル）を浚渫して四〇間（約七二メートル）として霊岸島および浜町沿いを浚い、繋船所とすべきであると述べた。この須藤の提案は可決されて府議会に付議されることになった。

これによって、当初東京府の共有金からの支出とされた八一七二円の土木費は一割減として六九七二円を群区支弁として地方税支出予算とされた。

このことは東京湾澪浚渫工事における東京府の主体性および、何を本義とするかという工事の性質にかかわる重要な出来事とみなされる。結果として応急的に必要な規模以上の築港を不可能なものとしていった。

こうして着手されることとなった東京湾澪浚渫工事について、このとき削除された区部共有金の支出についても一八八七年（明治二〇）には、同年から一八九六年（明治二九）までの各年につき一律、金五万円の支出を府議会は再度付議している。この付議はこのときも区部常置委員による再度の抵抗にあうが、結局東京湾澪浚費として一〇万円の区部共有金の支出が議決された。

一八八七年（明治二〇）の『東京府令第三十九号』[46]によれば、当初一〇年計画であったものを五年に短縮し、そのための工事費を一〇万円としたとの記述がある。本工事は当初は東京府の手によって普請するつもりであったが、さらに二〇万円を増して二年度分の二〇万円を前借りし、これを事業費に充てようとしたため、一八八七年（明治二〇）一一月の区部会にて区部共有金の支出として一〇万三〇〇〇円を要求して同月二九日に決議されている。

結果として東京府はこの工事を継続事業として八年間で四五万円を投じ、霊岸島から第四砲台に至る長さ四五〇間（約八一〇メートル）、幅三〇〜七〇間（約五四メートル〜一二六メートル）の航路を造成し、霊岸島の干潮面から水深一二尺（約三・六メートル）まで浚渫した。

これだけの規模の工事を行うためには、当時の東京府は群区の共有金からの出資を求めるしかなかった。芳川とすれば、そのことは自身の一括した権限による強力な主導を規制していくことを意味した。しかし芳川はこの時点で、松田の築港計画を継ぐためには、その一部でも足がかりとなる実際の工事に着手して築港の既成事実を作り上げることを優先したと言える。これにより、一八八五年（明治一八）より一八九六年（明治二九）にかけて東京湾内の澪筋の土砂を浚うという名目で継続して航路という海上のインフラ整備が行われることになった。

しかしながら、東京の築港計画が挫折していった原因は、澪浚という名目でどうにか行ったこの航路整備計画を地上の都市インフラ計画に接続する回路を示せなかったことにある。

東京湾澪浚渫工事の先に隅田川口改良工事を見据えた直木倫太郎が考える港湾計画は、川口の土砂浚いの副産物として生み出される埋立地の配置計画に過ぎないものへと変わっていた。このとき造成された埋立地は、意図せずとも東京という近代都市の生成期においてその概形を形づくる大きな要素となった。それにもかかわらず、市区改正計画などの陸上のインフラ計画という見地からは、この東京湾澪浚渫工事がおよそ見直されることはなかった。

東京港から剥離する隅田川口

直木倫太郎にとって隅田川口改良工事の実施は、海と陸を隅田川の近代河川化によって結びつけようとした結果であった。

このことは、直木が欧米視察に出る前の一九〇〇年（明治三三）の東京市土木部市区改正課の公文書に、直木の受領署名が残されている一八九六年（明治二九）までの東京湾澪浚渫工事依頼のための「築港調査ニ関スル書類」の引継ぎ目録から推し量ることができる。そこには明治三三年時点で直木が築港計画に関する細部を含む書類を如何に把握し、東京湾澪浚渫工事をその後の築港計画の布石として扱おうとした意志をみることができる。『明治三三年五月起　東京湾築港一件綴』にある直木に引き継がれた目録には以下のものが挙げられている。[47]「東京湾築港図面其他諸表類」一袋、「東京湾築港略図」二部、「肥田浜五郎氏築港図」一袋、「築港調査用備品明細簿」一冊、「小蒸気船雇上ノ件」、「技手俸給支出方ノ件」、「港湾巡港案内書一覧」、「築港工事ニ関シ浅草総一郎ヨリ出願書処分ノ件」、「東京湾築港調査ニ関スル書類」一括（以下内訳略）。

直木は技手の俸給に至る細部まで情報を把握し、築港に関する権限の逐一を押さえた上で、隅田川口改良工事に望もうとした。

しかし、工事内容はまったく変わらないにもかかわらず、同計画の理念は異なる意図のものへと読み替えられていく。すなわち、隅田川口改良工事を直木の意図に従って積極的に捉えるならば、川口という陸（都市）と海（港湾）の境界線上の領域を近代化していくことによって、陸海一体となった都市そのものの近代化に一石を投じようとしたと言える。それは陸にとっては河川の近代化による近代都市化であり、海にとっては川口という港湾の奥の近代化による都市の新たな周縁（海岸線）の形成であった。

一方で、隅田川口改良工事を築港の予算削減のための実利的な方策として消極的に捉えるならば、それは松田以来の港湾計画が矮小化され続け、わずかに残った一片の切れ端に過ぎない。同様に、川口の浚渫は半永久的に流れ出る土砂を応急的に浚うものであり、埋立地は浚った土砂を放置したものに過ぎない。

現実には、隅田川口改良工事は予算編成と行政間の軋轢によって築港を最小限必要な部分において取り繕うための格好の落としどころとされたと言える。その結果、隅田川口改良工事を東京湾澪浚渫工事の延長として考えることは共通していたにもかかわらず、築港を見据えた港湾の浚渫よりも、その副産物に過ぎない埋立地の経済利用に重点をおく考えがこれ以降の港湾行政の主流を成していく。これによって明治期の成果である近代東京港の築港概念、すなわち、航路計画を軸として海から陸へ向かって段階的に埠頭を構えていく星の築港モデルは遂に実を結ぶことはなかった。

こうして実施された隅田川口改良工事の実態は次の通りであった。

第一期隅田川口改良工事は、一九〇五年（明治三八）に実施設計討議、一九〇六年（明治三九）に議会で承認され、一九一一年（明治四四）まで継続的に行われた。東京都公文書『明治三九年第壱種第五類議事第一節市会全九冊ノ四』によれば一九〇九年（明治四二）までの四か年の継続事業とされているが、実際には随時継続更新された[48]。現在、東京都港区海岸と住居表示された芝浦一帯の埋立地は、この工事によって造成されたものである。第一期と呼ぶのは、この工事の後にすぐに同地域の再工事の必要が発生したためである。第一期工事の内容は、同公文書の議事の別冊として添付された『隅田川口改良工事ノ義ニ付東京築港調査委員意見書』に説明されている。次にその内容を要約する。(49)

そもそも隅田川は将来の築港と相まって東京市の海門を形成するものとし、築港計画に属す芝浦の繋船所は専ら大船の用に供するものとして、小型船舶は依然として隅田川を港として利用するという方針であった。澪筋および隅田川は将来も川港としての効用が大きいことも明らかである。そして隅田川口の改良は築港と比較すればそのことの大小軽重は語るまでもない。東京はまず最も重要とする築港事業に着手して、その後隅田川口改良に及ぶのが妥当な順序である、とある。つまり、当初の直木の意図は築港事業に取りかかった後の、あくまでも次善の策として隅田川口改良工事があったことがわかる。しかしながら、同文書でその前提の実質的な変更が唱われている。

隅田川口は東京府および東京市が明治二〇年度（一八八七）から明治二七年度（一八九四）にわたる八年度間に四五万円を投じた東京湾澪浚工事を行った以降は、いわば自然のままに放置されてきていた。その結果、ふたたび土砂の堆積によって航路は漸次埋没し、船舶の往来や荷揚げはまたも不便な状況に陥っていた。そして芳川の描いた新港が着手されないままであった当時の東京湾においては、東京に直結した海の玄関はこの隅田川口の一か所だけであった。それでも当時の荷揚げ量は三〇〇万トンを超え、隅田川口での物流の滞りは直ちに東京市の商工業の全般にわたって影響を与えるものとみられていた。そのため、一八九四年（明治二七）の東京湾澪浚工事以来ふたたび隅田川口を浚渫する必要が生じ、同地の改良工事を築港事業よりも優先せざるを得ないと判断したのであった。つまり、調査委員会はまず最初に築港、それから隅田川口の改良という順序が妥当であることを認識してはいるものの、東京湾澪浚渫工事以降隅田川口にはふたたび土砂が堆積しており、現在の使用上甚だ不都合であるからこれを優先せざるをえない、と結論づけたのである。

ここで、隅田川口改良工事を優先することは、その二〇年程前に芳川が東京湾澪浚渫工事を優先させた動機とまったく違っていることに留意する必要がある。かつて芳川が築港の既成事実を成してしまうことを目的としたことに対して、今回の隅田川口改良工事は単に応急的な実利の要求から築港より優先されたに過ぎない。この文書は、東京築港意見書に添付された隅田川口改良意見書を直木の意図とは異なる意図で築港事業と切り離した因となった。そしてこのとき隅田川口の澪浚の副産物として造るべきとされた埋立地は『隅田川口改良工事計画概要』に記述されている。[50]すなわち、「第一号・芝区浜崎町前　四一五〇〇（坪）」、「第二号・同区浜崎町地先　二五〇〇（坪）」、「第三号・同区金杉新浜町前　三六〇〇〇（坪）」、「第四号・同区金杉新浜町地先　六六〇〇（坪）」、「第五号・同区本芝一丁目地先三五四〇〇（坪）」の「計一二二〇〇〇（坪）」であった。

図１‐５に示した『第一図　隅田川口改良工事計画平面図』には航路の浚渫によって発生した土砂を移す形で浜離宮の南側にこの第一から第五号地までの埋立地が計画されていることがわかる。その南には、まだ一八九六年（明治二九）時の築港計画のガイドラインが点線で表記されている。このことは、当時の品川海岸線と隅田川口改良によって設けられた航路との間に、一九〇六年（明治三九）時点では前港の計画実施の余地がかろうじて残されていたことを示している。

この一九〇六年（明治三九）の『第一図　隅田川口改良工事計画平面図』（図１‐５）と、その一〇年前の東京湾澪浚渫工事俊成時である一八九六年（明治二九）の『東京湾築港設計全図』（図１‐６）を比較すると、一八九六年（明治二九）時の築港計画で示されていた現在の大井埠頭の位置に当たる付近に導くように設けられていた航路よりもさらに東に寄せて、浜離宮の東を通り現在の羽田沖辺りから隅田川口まで航路（図１‐５の黒塗りで記載）が設けられていることがわかる。

このように、隅田川口改良工事の副産物として発生した埋立地の計画は一八九六年（明治二九）の『東京湾築港設計全図』のように、まったくの白地図に築港のマスタープランを描くことを次第に制約していく。

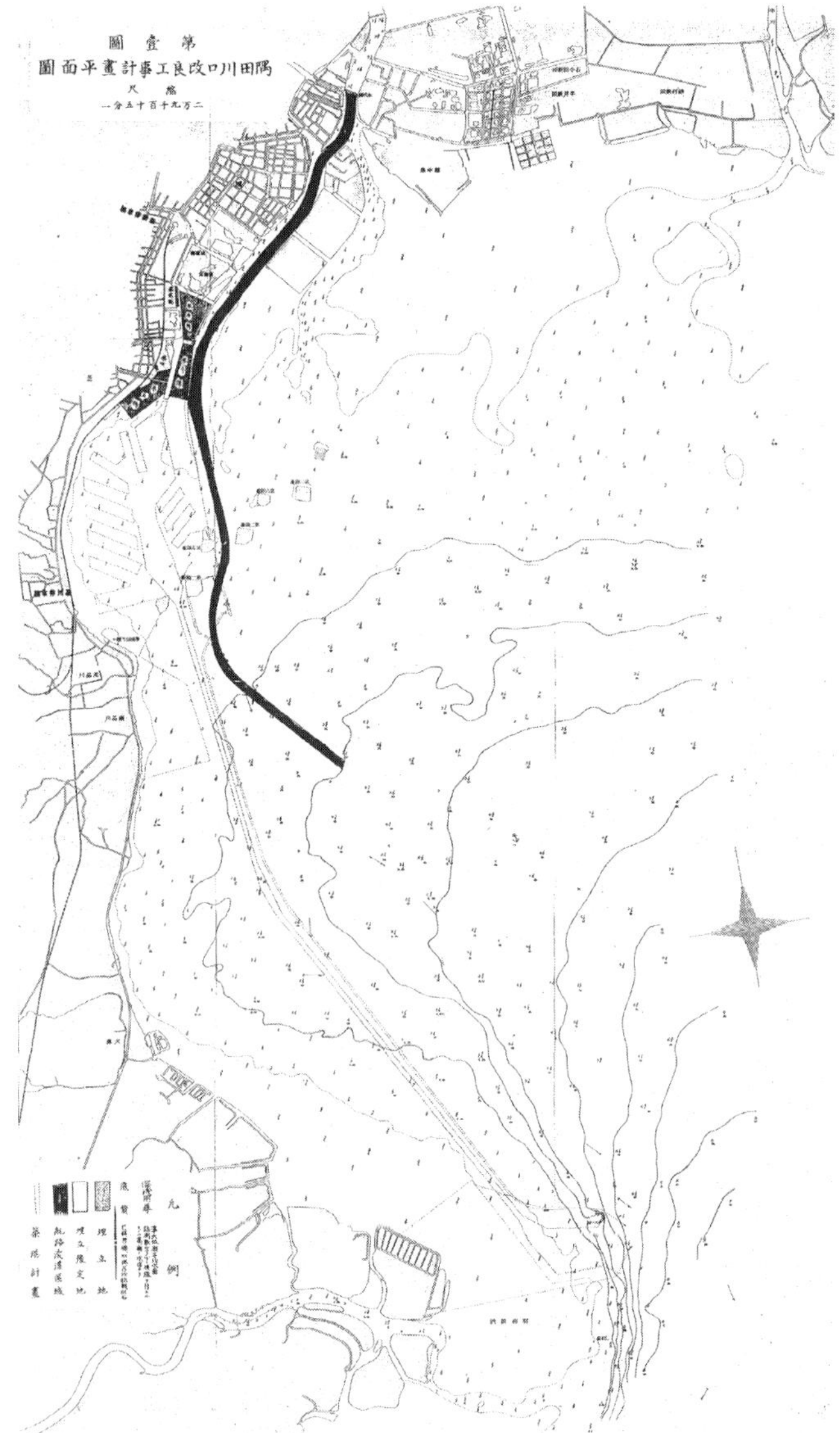

図 1-5　1906 年（明治 39）「第一図　隅田川口改良工事計画平面図」

『隅田川口改良工事計画概要』（東京都公文書館所蔵）．隅田川口から帯状に伸びる浚渫痕の西側，浜離宮の南に 5 つの埋立地が計画されているが，その南には「東京湾築港設計全図」における芝浦前港案の残滓が認められる．

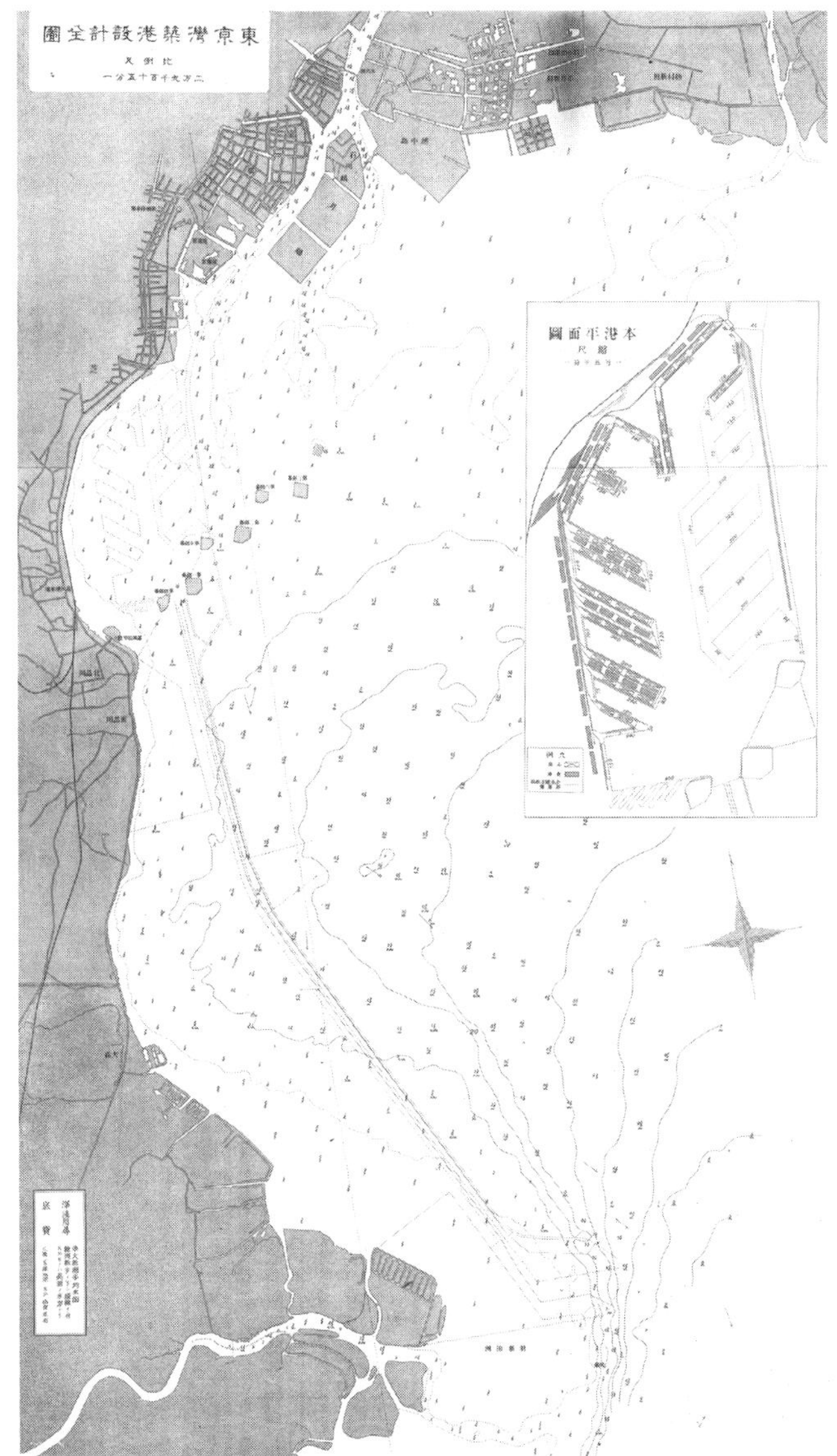

図 1-6　1896 年（明治 29）「東京湾築港設計全図」

東京市市役所編『東京市史稿　港湾篇第四』1926 年（大正 15）（東京市，1926 年，636 頁）．隅田川口改良工事はこの築港案の既成事実化のための次善の策でもあったが，実際には川口の浚渫は埋立地の建設を伴うため，自由な築港とは裏腹の関係にあった．

さらに、東京湾澪浚(みおさらい)工事で造成された月島や隅田川口改良で造成された芝浦埠頭は、ともに最初から築港概念の下に計画されたものではなかった。つまり、築港のために必要とされた埋立地ではなく、湾に土砂が堆積することを防止した結果でしかない。そしてその後に発生してしまった埋立地を経済的に処理する方法を考える。そうした末に、この第一期隅田川口改良工事の副産物である五つの埋立地のために、品海築港案はその海域を失い、戦後になって大井埠頭が建設されることになる。

澪浚いがもたらす埋立地の造成は、戦後の東京港港湾計画に至る東京港の構造を決定づけていく。このことは、一大築港を展開する機会を東京から奪い続けていった。それは直木が明治期に最も避けようとしたことに他ならなかった。その上でこの第一期改良工事がいかに本来の意図から外れた応急工事でしかなかったかは、工事の竣成後すぐに第二期工事の必要が生じたことからもわかる。

延長無策の第二期工事

第一期工事直後の一九一一年(明治四四)から一九一七年(大正六)まで進められた第二期隅田川口改良工事においてなされたことは、第一期工事において五〇〇トン級の船舶の入港が可能となった隅田川口を、さらに最小限の国際貨物船クラスである一〇〇〇トン級の入港を可能としていくことであった。そのためには、第一期工事の浚渫工事において造成された船舶航路の水深をさらに深めていく方法と、幅員を拡幅していく方法の二つの選択肢があった。当然ながら水深確保と拡幅の両方が為されるべきであったが、港湾行政の主導権を握るために東京市という一地方行政で総予算を賄うことを選択した政治判断がふたたび予算を圧迫した。そのため東京市は第一期隅田川口改良工事の際に建造した浚渫船等八〇隻を使い回すことを前提とした計画を立てなければならなかったのである。

その結果、第二期隅田川口工事は航路の拡幅工事のみとなり、ふたたび築港を主眼とすることには至らなかった。

その様子を一九一一年（明治四四）五月の『東京市会決議録』第八七号は「隅田川口改良第二期工事施行ノ件」として伝えている[51]。

それによれば、隅田川口改良第二期工事計画の要領は川内において浚渫区域を拡張し、船舶の停泊できる範囲を広げるとともに、芝浦沖以下の澪筋の幅員を倍に拡幅して航路の便を図ることとされた。明石町地先から第一砲台までの澪筋を幅員一〇〇間（約一八〇メートル）とし、また第一砲台以外の水深一二尺（約三・六メートル）を確保できるまでの航路の幅を一二〇メートルとする。また、永代橋と相生橋の間において水面三万五〇〇〇坪を浚渫して大潮干潮の平均水面から九尺（約二・七メートル）の水深を有した繋船所を設けるものとする。

これは第一期工事による応急の護岸計画に続いて、土砂浚いのついでに最低限必要な繋船所を全体の築港とは無関係に作ることに他ならない。第一期において都市から切り離された港湾が第二期へ無作為に継続していったことは疑いない。

そもそも直木が「築港の次善の策」として考案した隅田川口改良工事は、第一期工事において築港の機会を奪うものへと読み替えられ、直木の意図に反したかたちの東京港形成のメカニズムを生んだ。すなわち、海上のインフラ整備であるはずの航路計画は、応急処置的な土砂浚いとされ、埠頭配布による近代港を構えるはずの埋立地は、土砂浚いの処分場所と読み替えられた。当初その用途が持て余されていたが、この埋立地群はその後の経済的な成立を念頭に用途が決定されていった。その構造はさらに第二期工事に延長され、既定路線とされるに至った。それは海と陸を切り離して構成されていく明治から戦前までの東京港の構成の原初を示している。

本節では、明治期に作り上げられた東京という近代都市から隅田川口を剝離させていった構造を復元して明らかにし、これが戦後の一連の東京港港湾計画に至るまで一貫して都市から港湾を無関係に剝離させていく根本的な原因となったことを明らかにした。

4　境界線としての築港

実行家直木倫太郎

直木の築港へ向けた本来の意図を明らかにしていくことを目的として、第一期から第二期に渡る隅田川口改良工事の細部に入り込んでいく。そのためには、まず直木が最初に添付した原案の動機とその主旨を改めて見る必要がある。

一九〇三年（明治三六）一二月に欧米視察から帰国した直木は、一九〇四年（明治三七）六月七日「東京築港ニ関スル意見書」を東京市長に提出している。その中で直木は、築港計画が遅々として進まない理由を次のように分析している[52]。

①その工費が巨大なことに加えて当時の財界の不振が甚だしかったこと、②最大の理由は築港の主張に対して未だに明確な説明を得ないため多くの一般の熱意を得られていないこと。さらに③築港の必要や利益収支関係の検討は当然ながら、その位置について統一の見解を得られず、横浜との関係に対して多くの疑惑があること。

財界の不振、築港の気運の不発、横浜港との既得権による軋轢の存在という当時の状況認識から直木は「故ニ海外視察報告ノ如キハ、暫ク他日ニ譲ルモ、寧ロ先ヅ如上ノ諸点ニ就テ一二ノ卑見ヲ縷述シ[53]」、東京築港の意見書に隅田川口改良意見書を添付した。その第一章は、なぜ隅田川口を改良しなければならないのかを論じている[54]。

工事前の隅田川口は航路の埋没と川内の欠乏の大きく二つの問題があった。一つめの航路の埋没については、一八八七～一八九五年（明治二〇～二八）にかけて、工費四五万円をかけて三〇～七〇間（約五四～一二六メートル）幅員で霊岸島での干潮面から一二尺（約三・六メートル）の深さまで浚渫したため、もしこのときの水深が確保されれば一〇〇トン前後の船舶を永代橋付近まで自由に通航させることは可能であった。しかしながら、実際には川口から吐き出され続ける土砂によってふたたび航路は埋没し続けており、その水運に支障が出ていた。二つめの水面の欠乏については、専ら川内の船舶の混雑によるものであった。つまり川口を停泊、往来するに十分な水面積が不足していた。そのため川口の適当な位置に繋船所を新設して川内の水面の拡大を行い、航路の再浚渫と併せた川口の改良が必要であると直木は東京市長尾崎行雄に説いている。

ここから明らかになることは、直木はあくまで隅田川口改良工事を東京築港の次善策として東京湾澪浚渫工事と結びつけて考えていたことである。そして「本工事ヨリ生ズル必然ノ結果トシテ、二十万坪近キ新埋立地ヲ築造シ得ベキ」[55]とあるように、その直接の利益として東京湾内の航路の形成と埋立地による市街地の増加、新設とを結びつけ、一体として考案するものとした。隅田川口から始め、次第に東京湾全体に拡張し、松田や星の築港概念と同じ成果が得られることを直木は期待していたと言える。つまり東京を東京港から考える視点を松田道之以来ふたたび見出すことに、直木の狙いはあった。

しかしながら、東京湾澪浚渫工事と築港計画を分断しつつあった当時の政治的状況が、この隅田川口改良工事を直木の意図を現実のものとすることを許さなかった。築港の意図が隅田川口の応急処置に矮小化されてしまうことは、政治的示唆によるところが大きい。その際、矮小化の実態はその計画の規模よりも、築港による都市形成への視点がどれほど包含されているかをみるべきである。

そもそも直木が隅田川口改良工事を『東京築港計画』の次善の策としたことは、本港である前港の芝浦を先に見据えていたためであり、直木はその後の手を思案していった。

まず、第一期工事を終えた一九一一年(明治四四)に直木倫太郎は再度『東京築港新計画』を提出している。直木は調査委員会が施行の目的として挙げ、また、自身も一九〇五年(明治三八)の設計討議の際に説明の名目として述べた

『隅田川口改良工事計画概要』冒頭の「適当ト認ムル程度ニ於テ同川口ノ改良ヲ施シ[56]」と記載された通りのままに、この第一期工事をその場凌ぎの澪浚工事とするつもりはなかったとみなされる。

一九一一年（明治四四）の段階で荒川改修問題の解決（荒川放水路工事を意味する。これについては後に詳述する）は、築港の工費においても工事内容においても恩恵を与えるものであった。直木はこの機会を逃さずに東京築港計画に荒川改修工事による成果を取り込み、合理的な工事内容へと多少の補修を加えてふたたび東京市へ提出した[57]。

ここで直木が提唱した新築港計画は第一期隅田川口改良工事を前年に行われた荒川放水路工事と併せることで築港の契機としようとするものであった。つまり、直木は複数の近代河川計画を組み合わせ、東京湾澪浚工事、隅田川口改良工事、荒川放水路工事を複合した基盤の上にふたたび築港の原型を東京港に取り戻そうとしたのである。それが直木の『東京築港新計画』の狙いであった。直木は「東京築港新計画説明書」において次のように述べている[58]。

東京市を貫流する隅田川は荒川改修工事の完成によって、洪水氾濫の害を脱し土砂が流出する厄災から免れることができる。これによって最初の『東京築港計画』のうち特に隅田川澪筋を本港区域外においていたことは最早必要がなくなったことになる。つまり、従来隅田川が流出する土砂の危険のために西岸に寄せて計画していた本港の領域は、澪筋を挟んでその左右に拡大して構えることが可能になったことを意味する。これによって、市内および隅田川内の水運を介した連絡を目的とする艀舟（はしけ）や荷役の利便性は充実する。そして、その工費は芝浦地先の埋立地の造成地域を増加して賄うものとすれば、一番の壁である予算の問題を解決しつつ、港域全体を横断する自由な東京築港に着手できる。

この計画によって東京市全般の需要を満たし、広大な背後消費地区との連絡を保つことができる。これは東京市水運の全部を形づくるものであって、東京築港計画上無視することはできないことと、直木は考えていたに違いない。

直木はこうして「今ヤ隅田川問題ハ既ニ根本的解決ヲ告ケタリ東京港ハ最早該河ヲ顧慮シテ是ヲ回避スルノ要ナシ

否寧ロ該河ヲ中心トシテ其左右ニ自由ニ展開経営シ得ヘキニ至レリ」[59]と宣言する。具体的には、これまでのような岸壁を主体とした計画に固執するのではなく、まず艀舟、荷役に対する市内在来の諸設備機関の視点からの利便を最優先とし、その上で水陸連絡を目的として別に斬新な岸壁荷役の方法を採用するべきであると直木は主張した。

直木は第一章の総説でこうした内容を述べた後、第一に本港の位置、第二に本港の設備、そしてそれに付随する諸工事に予算書を付けて提出している。

河川工事を組合わせて築港を成すことの弊害

このような意欲溢れる直木の東京築港新計画は、なぜまたもや苦肉の第二期隅田川改良工事へと築港の問題は棚上げされてしまったのか。

その直接的な原因は結局、予算の捻出と編成の都合に集約される。しかも、直木が基盤としたかった個別の河川工事の事業主の違いが仇となってしまった。そこには河川という古来の連続するインフラに別々の管理者が生まれる近代制度の弊害を認めることができる。

直木がその戦略の端緒とした日東京湾澪浚工事は、その海域を漁業などで日常的に利用している民間組合組織による自治的な対策に過ぎなかった。そしてこのとき隅田川口改良工事の管理主体は、この東京湾澪浚工事の主体である問屋組合などの民間の手から東京市へと渡っていた。これ以降、東京市が事業主となって進めることは、一河岸地の整備計画に過ぎないものであった東京湾澪浚工事期から東京湾全体を見据えた公式の事業へと格上げしたことになる。しかし、その一方で官主導すなわち国策による国有地を含む計画に対して、東京市はその市政が一定の独立を保つように東京港湾行政の主導権を確保しようとした。そのため隅田川口改良工事の予算は市の予算ですべてを賄わなければならなかった。このことは第一期工事の検討時にも常につきまとった問題でもあった。

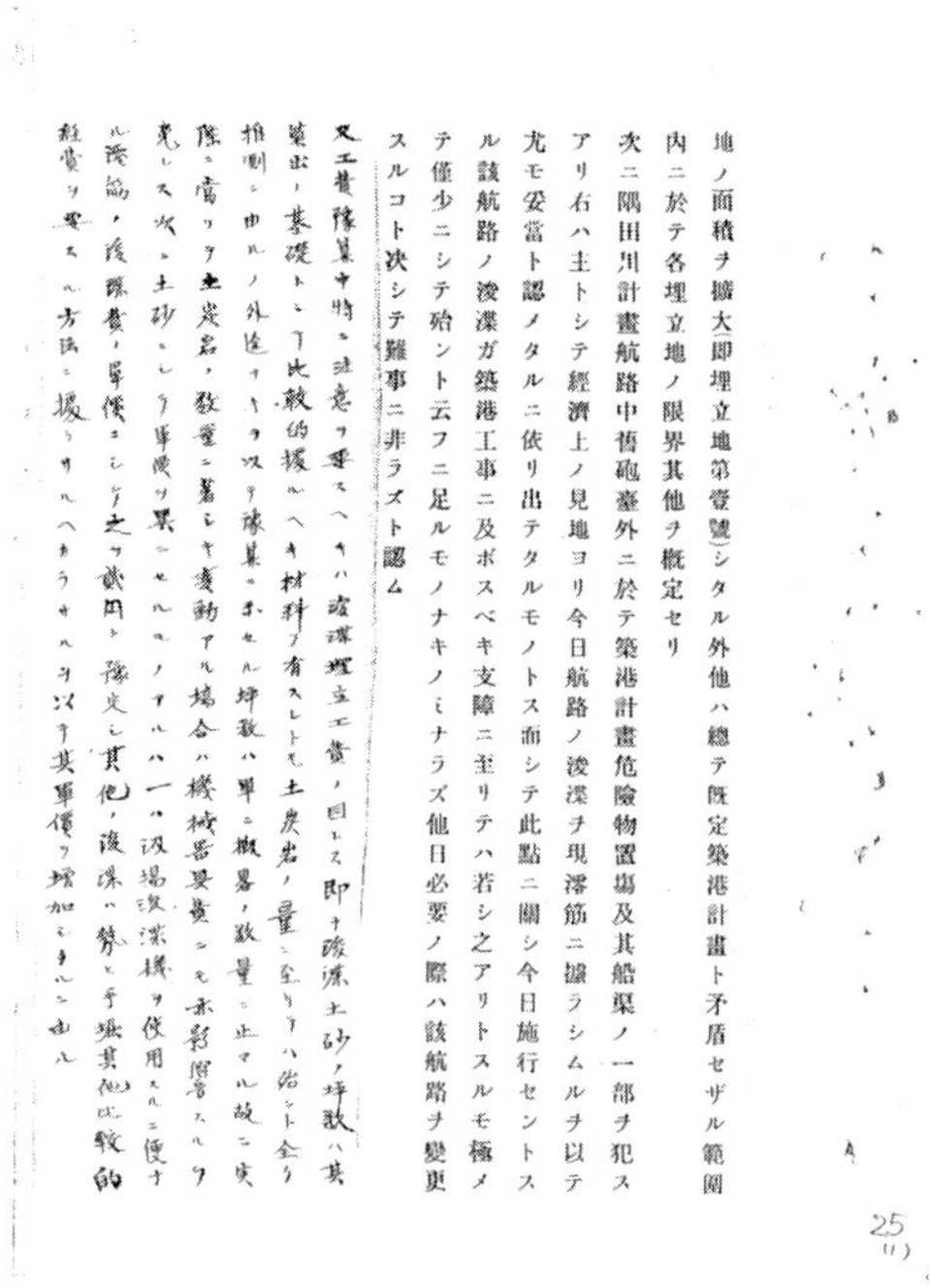

地ノ面積ヲ擴大(即埋立地第壹號)シタル外他ハ總テ既定築港計畫ト矛盾セザル範圍内ニ於テ各埋立地ノ限界其他ヲ概定セリ
次ニ隅田川計畫航路中舊砲臺外ニ於テ築港計畫危險物置場及其船渠ノ一部ヲ犯スアリ右ハ主トシテ經濟上ノ見地ヨリ今日航路ノ浚渫ヲ現澪筋ニ據ラシムルヲ以テ尤モ妥當ト認メタルニ依リ出テタルモノトス而シテ此點ニ關シ今日施行セントスル該航路ノ浚渫ガ築港工事ニ及ボスベキ支障ニ至リテハ若シ之アリトスルモ極メテ僅少ニシテ殆ント云フニ足ルモノナキノミナラズ他日必要ノ際ハ該航路ヲ變更スルコト決シテ難事ニ非ラズト認ム
又工費豫算中特ニ注意ヲ要スヘキハ浚渫埋立工費ノ四トス即チ浚渫土砂ノ坪數ハ其算出ノ基礎トシテ比較的據ルヘキ材料ヲ有スレトモ土炭岩ノ量ニ至リテハ殆ント全ク推測ニ由ルノ外途ナキヲ以テ豫算ニ示セル坪數ハ單ニ概略ノ數量ニ止マル故ニ實際ニ當リテ土炭岩ノ數量ニ著シキ變動アル場合ハ機械器具費ニモ亦影響スルヲ免レス次ニ土砂ニシテ單價ヲ異ニセルモノアルハ一ハ浚場浚渫機ヲ使用スルニ便ナル澪筋ノ浚渫費ノ單價ヲ二ヶ之ヲ貳円ト豫定シ其他ノ浚渫ハ勢ヒ手掘其他比較的経費ヲ要スル方法ニ據ラサルヘカラサルヲ以テ其單價ヲ増加シタルニ由ル

25

図1-7　1906年（明治39）『隅田川口改良工事計画概要』の最後に付された手書き文書

当時の予算についての苦慮をよく表す文書が残されている。第一期工事の『隅田川口改良工事計画概要』の末尾には、活字で綴られた公文書の後に手書きで次の意の文書が墨入されている。

工費予算のうち特に注意を要すべきは浚渫埋立工費と目する。すなわち浚渫の土砂の坪数はその算出の基礎として比較的根拠となる材料があるが、土炭岩の量に至ってはほとんどまったく推測による他ない。予算に示す坪数は単に概略の数量に留まるため、実際の施工に当たっては土炭岩の数量に著しい変動がある場合は機械器具費にも影響するのは免れない。次に、土砂の単価に異なるものがあるのは、浚渫機を使用するのに便利な澪筋の浚渫費の単価を二円と予定し、その他の浚渫は手掘その他比較的経費を要する方法に変わらざるを得ないためその単価を増加して算出したためである[60]（図1－7）。

この手書き文書を加筆した人物が誰であったかは定かでない。しかし予算にかかわる応急の対応が手書きで公式な文書に加筆されなければならなかったことからも、その予算は不確定要素が多くあり、とても工事全般に渡って即決できる環境にはなかったことがうかがえる。

そのため、少しずつ急を要する部分から最小限の施工をし、その都度予算を立てる必要があった。しかしその間に、前工事で浚渫した部分がふたたび埋没するという悪循環がくり返されていった。それは東京市を主体として進めようとしたため、多額の予算を一度に単年度で付けたり、あるいは相当程度の継続予算を付けることができなかったことによるものであった。結局は、こうした予算の捻出に表された東京市による主導権の確保の企図と、一国家の首都である都市港湾の充実という目的の行政管理上での矛盾を解決できないことが、直木の試みをその都度無にしていったと言う他ない。

一九一一年（明治四四）に提出した『東京築港新計画』が実質的な第二期工事としてその部分的な実施のみに限定されていく中で、直木は一九一三年（大正二）に二度目の『東京築港新計画』を提出している。直木は「明治四十四年十月案ヲ具シテ及上申置候処其後経営ノ方針並ニ工費ニ関シテ御垂示ノ次第モ有之乃チ更ニ考量ノ上改メテ別冊計画書調製劉覧ニ供シ候(61)」として前港、運河、本港からなる新案を再度示したのである。

そこには、直木の「東京港ニシテ若シ単ニ本船繋泊地ヲ設備スルノミニシテ足ラシメハ築港ノ問題ヤ其解決実ハ頗ル易々タリ又恐ラクハ今日迄空シク其実行ノ閑却サルヘキ理ナシ(62)」という決意が溢れており、ここで直木が述べたことには、まさに東京築港をめぐる松田道之以降の鬱積が集約して表現されていた。

そしてこの新計画において、直木は「極度ニ其工費ヲ切詰メ然カモ以テ寸毫モ将来拡張ノ素地ヲ損セサランカ為メニ採用セシ方針五アリ何ソヤ」と、五つの予算削減のための提言を自ら含めたのである。すなわち、港内浚渫水深、本港内浚渫区域、本船横付けの設備、前港および運河の工費の四項目に関する削減と、払下げ料確保のための埋立地の拡大であった。

第二期工事最中の一九一三年（大正二）の直木の新計画を経て、一九二二年（大正一一）になって東京市は隅田川口改良第三期工事計画説明書を作成する。第二期工事が終了したのが一九一七年（大正六）であるから、その間五年の歳月を要したことになる。

これは直木の提案に端を発して一九一八年（大正七）の田村与吉による『東京港新計画』などが出、後に述べる荒川放水路工事と第二期隅田川口改良工事を経て、河川流量と土砂堆積の問題が一応の解決をみたことから再度「大東京港計画の可能性」を探る動きがあったためであった[63]。

この動きの最たるものとして一九二〇年（大正九）に東京市が計画した『東京築港計画』がまとめられた。ここにおいて、星亭の死後以降に築港のための次善策と隅田川口改良工事をみなし、その先に再度松田道之以降の築港概念を再考し、東京築港をなそうと見据えてきた直木倫太郎を中心とした一連の築港の流れは結実したと言ってよい。それは二度に渡る東京築港新計画と二期に渡る隅田川口改良工事をめぐる直木の努力の賜物であった。

しかしながら、これがついに実行されることがなかったことは、このときの『東京築港計画』に対して内務省港湾調査委員会で横浜港側の委員が猛反発したためであった[64]。直木は都市と結びついた築港概念の復活を三度実践しようとし、その直前まで漕ぎ着けながらも遂に断念するに至ったのである。その無念はいかばかりであったであろうか。

資本主義世界の海岸線モデル

最終的に、隅田川口改良工事が芝浦一帯の埋立てを中心とした河岸の整備計画に落ち着いた経緯には、前年の一九〇五年（明治三八）に為された設計討議が深く影響している。

予算の算出方法は、このとき計画された埋立地の地価の算定と結びついており、埋立地の価格は荷揚げされた貨物を運搬するための鉄道などの地上インフラとの距離が重要な算出要素とされた。そして、一九〇五年（明治三八）を通じての設計討議はその一端を物語っている。

一九〇五年（明治三八）三月三日の東京湾築港調査常設委員会で、大石正巳委員長が築港調査の継続は従来通り臨時費として置き、築港と隅田川とは相関しているため隅田川口改良に関する調査は築港の一部として調査すべきものと思うと発言した。これによって同年度の築港調査費予算は是認され、隅田川口の改良に関しては築港の一部と認め調査することが確認された[65]。このように、同年三月三日時点で築港と隅田川口改良を結びつけて考えることに大石委員長を筆頭に各委員も賛同し、これが共通認識となっている。ここまでは一九〇四年（明治三七）に同案を提出した直木の理念も残されていたと言える。

それから工事の施工のための具体的用件を検討して行く中で、その共通認識に次第に修正が加えられていく。特に予算に関する築港建議書に表れているのは、工事資金捻出のための構造が「築港と隅田川口改良を結びつけて考える」という理念に取って代わり得る築港の構造となっていく姿であった。その中心は計画によって新たに造成される埋立地の試算にあり、この計画への投資の経済的合理性であった。

三月三日に大石委員長以下原則論を確認した東京湾築港調査常設委員会は、五月二六日の委員会では実際の試算に入っている。同日付けの「東京湾築港調査常設委員会日記」によればその詳細は次の通りである[66]。

埋立てについてはその総坪数は六〇万坪である。この予定価格を見るに、築港海岸一坪当たり六〇円と見積り、高輪品川鉄道線外の埋立地は海岸へは六〇〇～八〇〇間（約一～一・四キロメートル）の遠いところにあり不便な地であるので一坪当たり一〇円と見積り、海岸地とあわせれば七〇円となる。これを折半すれば平均三五円となる。運河が開設した上では、鉄道線路外河岸地の地価は一坪当たり二〇円と見積り、海岸地を六〇円としてあわせて八〇円となる。これを折半してその半額の四〇円となる。すなわち、先の三五円から増金した一坪当たり五円分を六〇万坪分掛ければその金額は三〇〇万円となる。たとえばこういった具合に、五月になると計画される埋立地と陸上インフラとの距離から土地の価格が算出され、採算の可否が検討された。施工費の捻出のためのこうした検討は、市街地、インフラ、河岸地とのそれぞれの埋立地との距離の相関関係が直接金額の出し入れにかかわるため、これが埋立地の配置と面積の決定に大きな影響を与える。

純粋に築港と隅田川口改良工事を結びつけるというだけの理念では工事は実施され得ないことは、すぐに了解されることである。そこにはたとえば埋立地の地価と湾内航路造成の相関関係への配慮があった。このようにして、その他東京湾各所の海底深さの調査やその間に行われた同年八月一〇日の隅田川口浚渫改修建議などと併せて、一九〇六年（明治三九）六月二六日に議決された実施案にまとめられた。そしてこの第一期工事は、一部の埋立地の変更などがあったものの一九一一年（明治四四）の竣成を迎えるまでおおむね計画案通り実施された。

その後の第二期工事による航路拡大の副作用としても、第一期工事と同様に埋立地の造成が発生する。先に述べたように隅田川口改良工事の予算は一切が東京市で賄われなければならなかった。そのため、東京市はこの第一期工事、第二期工事における船舶航路の確保の結果として造成された埋立地を民間に払い下げることによって、その予算を賄わざるを得なかった。このとき払い下げ先の対象となったのは、港運業者や船会社であった。その所有権とそこに建設された倉庫の使用権、そしてその管理権の構造が、現在に至る東京港の構造となっていく歴史の、これが始まりである。

第二期工事が終了した翌年の一九一八年（大正七）に第一期工事分と併せて払い下げの対象となった埋立地と価格の記録が残されている(67)。これを見ると、浚渫する航路の位置に加えて、当時算定された単価の割り振りのヒエラルキーが新たな埋立地配布の根拠となっていることがわかる。つまり、このときの埋立地払下げ価格の検討によって、東京の沿岸地の格付けが行われた。この記録をもとに現在の東京湾にその位置と金額を落とし込んでみれば、東京湾内に占める埋立地の見えない構図が浮かび上がる（図1‐8）。

図1‐8をみると、現在の浜松町近辺の土地が佃島・月島の埋立地の約三倍の価格となっている。埋立地の中でも内港に直接面することの利点はまだ価値が低く、市街地に近いことの方が価値が高いとされたことがわかる。このことは、港湾の価値が認められておらず、そのために港湾が都市形成の主体となり得ていなかった当時の状況を示して

いる。

港湾法のモデルとしての河川法

大正に入り、再度直木に『東京築港新計画』を描かせた端緒には、一九一一年（明治四四）の荒川放水路の完成による既往の諸問題の解決があった。この荒川放水路は、現在荒川の本流となっている人工河川である。これによって旧荒川部分は正式に隅田川と名称が変更された。

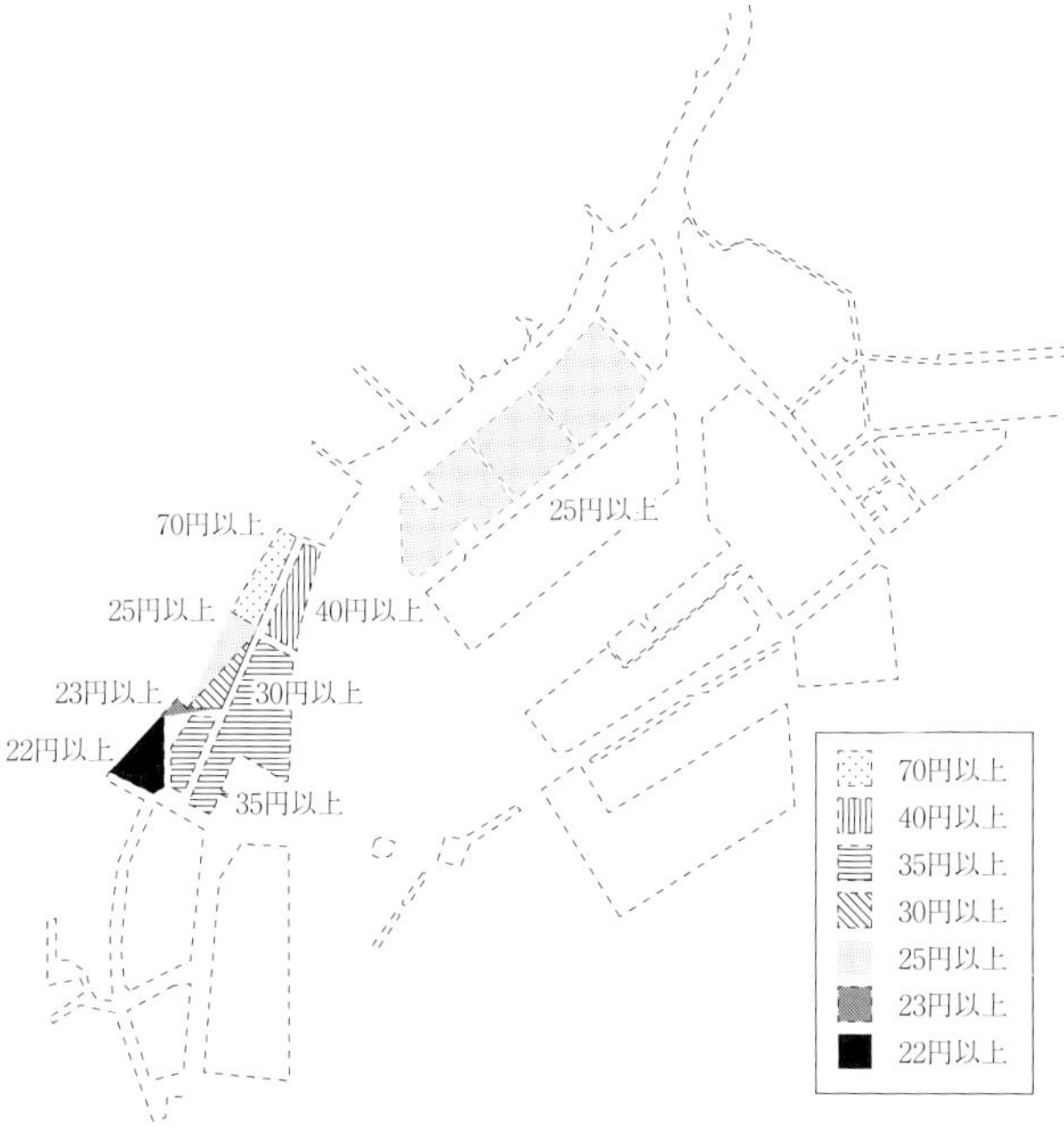

図1-8　1918年（大正7）の埋立地の1坪当たりの価格設定とその配布

この工事が急を要したのは、隅田川口改良工事の第一期工事が終わろうとしていた矢先の一九一〇年（明治四三）に隅田川の氾濫による大洪水が起きたためであった。そして緊急の対策として、荒川放水路が造成され、第一期工事の補助工事として隅田川を分流することとなった。

このとき東京の近代が体験した最初の人工河川の造成は水際線という港湾にも共通するラインの性質を決定するモデルとして重要な役割を担う。その経緯を以下に復元する。

「隅田川口ハ荒川洪水ニ依ルノ塡ヲ免カレ、東京築港上至大ノ利益ヲ得ルコト、為レリ(68)」とあるように、当時の防災の実利的側面が強い人工河川造成工事であったが、これは同時に東京の形成に直接的な影響を与える大規模近代河川の造成でもあった。荒川放水路を造成することによって生じた中川との開鑿(かいさく)工事に関する一九〇七年(明治四〇)一〇月二九日の『東京市会議録』をみると、その本質をうかがい知ることができる。[69]

洪水による惨害の誘起は、荒川下流より隅田川にわたる疎水がなかったことによる。そのため荒川筋の隅田村地先から寺島・大木村・吾妻村を経て中川へ開鑿し、さらに中川の下流の幅員を拡張すればその被害を他に移すことなく除去することができる、とある。ただし、ここには但し書きが一点挙げられていた。すなわち、この事業の性質は「市の利害」に著大な関係があるため、東京市において取り調べるのは当面の急務的措置であるということであった。ここで言う「市の利害」とは、荒川放水路によって新しく分断された土地の右岸と左岸の利益関係のことを示している。現在荒川は東京都と千葉県の境界線となっているが、このとき初めて人工河川を都市に計画することで東京の近代は人工的な線引きが「著大な」利権の応酬を伴うことを体験した。このときの解決策は、今後の東京湾の埋立地や航路の造成にかかわる海岸線の修正をめぐる重要な根となる。

河川の右岸と左岸の土地利用規制をめぐる抗争は一九〇九年(明治四二)に埼玉県会が内務大臣に提出した建議に次のように描写されている。

東京府北豊島郡志村ニ於テ荒川沿岸ノ耕地整理ヲ機トシ荒川ニ面スル外囲ニ約四尺ノ盛土ヲ為シ、更ニ高サ約一尺幅二間ノ円形ヲ築造セリ、耐シテ其新堤内ハ従来荒川流水ノ汎濫区域ナリ(……)故ニ速ニ右新堤ヲ撤去セシメラレ[70](……)

たとえばこのように、一方にとっては洪水の侵入を防ぐ堤防がその反対側の土地の人間にとっては水の行き先を遮断する不都合なものとなり得た。そのため、堤防を設置しては撤去されるといった事態が起こっていた。

この荒川放水路という東京最初の近代河川が一つの雛形となったことは、この対岸同士の利権の綱引きがまったくのゼロから人工的に作られた点にある。その意味するところは、既往の河川をめぐる場合はそれまでの歴史の延長のなかでそこに河川があることが前提として話は進められていくことに対して、人工河川はまったくどのラインをその輪郭とするかを新たに決定する意志にその一時代の利権のヒエラルキーが注入されるところにある。

そのため荒川放水路の新設に関するこの事象は、新しく鉄道や道路を敷設することと築港計画がまったく同質であることを都市インフラの側面から照らしだすことにつながっていく。そしてこの荒川放水路工事の際の水際線をめぐる綱引きの構図は、東京における築港を実施する際のモデルとされた。それは荒川放水路が東京港に注ぎ込むという地勢上の理由からに他ならない。

加えて、この荒川と中川に囲まれたデルタ地帯は水利に富んだ工場地域となり、これらの工場群を背後に東京築港計画が考案されていく契機となる。この工場群は後世役目を終えた後に倉庫群となり、物流拠点へと時代の要求に伴って変化していく。こうした戦後港湾の流れを導く緒言を隅田川口改良工事が接ぎ木された荒川放水路工事にみることができる。

この人工河川を定める構造は、河川法という法的根拠の策定とその適用の背景に表現された。一九一一年（明治四四）四月五日の東京市会議録に、河川法と荒川放水路工事との関係が明記されている。[71] それによれば、荒川の左岸にある埼玉県北足立郡川口町とその右岸に位置する東京府北豊島郡岩淵町の鉄道橋以下の海に至るまでを公共の利害に重大な関係がある河川として認定し、該当する川について一九一一年（明治四四）四月一日より一八九六年（明治二九）法律第七一号の河川法を施行した、とある。荒川放水路という人工河川の左岸と右岸を定める一本の線をどこにひくのかという東京の近代が初めて体験する問題に対応することを目的として、このとき河川法が当該流域に対して適用されている。

一本の水際線をその両側を隔てる境界線として定める。その一点において、この河川法は後に港湾法を定める際のモデルとされた(72)。そして港湾にありながら、一河川港として内港に徹さざるを得なかった東京港の歴史がこのことに寄与したとみなされる。すなわち、東京の近代は松田東京府知事の都市インフラとしての築港概念の提唱から、その崩壊過程における隅田川口改良工事を経て荒川放水路工事へと至り、そしてふたたび直木が『東京築港新計画』を打ち出す中で、水際線の綱引きを築港の構造とするモデルに至った。それは人工河川の新設にわかりやすく表現されたように、水際線は境界線であるという考え方であった。このことは確かに築港をその他の近代都市インフラ計画と同値に眺める視覚をふたたび提供したが、その一方で近代河川法の延長に港湾法を考えていくことは、海岸線を陸と海を隔てる境界線とみなし、都市「東京」と「東京港」の分離を招いたと言える。

これが東京港が築港による海港となることができずに、一河川港であり続けなければならなかった歴史的悲哀の一側面であった。一河川港に過ぎない東京港は、海の港の港湾よりも隅田川口改良工事、荒川放水路工事といった河川法の連続的適用によって定義されたのであった。そしてこのことは国際港としての横浜港の位置を保証し、東京港は内港に徹することの裏付けとして利用された(73)。それは直木の『東京築港新計画』の意図に反したものであることは明らかであり、隅田川口改良工事を荒川放水路工事に接ぎ木したことは、結果的に東京築港史上の致命的な挫折をもたらしたと言わざるを得ない。

これによって東京港の築港は卑俗な結果に陥ったことになり、当時の状況のみを切り取って判断するならば首都の港として築港はならなかったと結論づけられる。

しかしながら、このとき荒川放水路工事が呈示した水際線決定の構造は、実は港湾に求められる都市構造上の性質が変化した戦後以降になって初めて積極的な意味を包含し始めたのである。

消える築港から見えない築港へ

隅田川口改良第二期工事で五〇〇トン級の船舶の出入りが自由になった東京港であったが、その実態は芝浦付近を小船舶が往来する一河川港でしかなかった。それにもかかわらず、首都を背後消費地として抱える東京港の荷揚量は増す一方であった。これまで述べてきたように都市東京と東京港は一体的に計画されることがなかった。そのため、東京湾上の船舶と荷揚げ作業、そして市内への運送は非効率的なものであった。

そしてその状況は、場当たり的な河岸整備として隅田川口改良第三期工事を計画させるという悪循環を生んだ。一九二二年（大正一一）から一九三五年（昭和一〇）まで続いた長期計画であったにもかかわらず、隅田川口改良第三期工事はひとまず二〇〇〇トン級までの船舶の往来を可能とするものであって、満潮時のみ三〇〇〇トン級の船舶も往来ができる程度のものでしかなかった。つまり、海底の澪浚いを工事の目的とする点で第一期、第二期の範疇を脱するものではなかったと言える。

この第三期計画が一九一三年（大正二）の直木倫太郎の『東京築港新計画』とはまったく異なる次元のものであったことは明らかである。結果的に一九三五年（昭和一〇）まで続く大工事となった第三期工事であったが、それは場当たり的な処置が一三年間続いたに過ぎないことを意味している。その背景には日本全国の港に対する第一種、第二種港湾の指定があった。一九〇七年（明治四〇）一〇月の東京港の第二種指定は都市のインフラとしての港湾の見地から計画される機会を東京から奪うものであり、市区改正計画から築港計画の項目を消し去ることに他ならなかった(74)。これによって東京港は、引き続き航路の土砂浚渫の副作用としての埋立地の造成を場当たり的に進めていくしかなくなってしまった。大正期以降のこうした歴史は戦時中の軍用港としてすら満足に機能を果たせなかったことからもわかるように、決して東京港の地位を高めていくことに寄与するものではなかったとみなされる。

現在まで続く戦後の東京港湾計画は、明治期に施工された東京湾澪浚渫工事と隅田川口改良工事という二つの工事がなされた歴史そのものを計画の基盤としている。そのことは明治初期に松田道之や星亨が唱えた理想からは随分とかけ離れており、東京築港のヴィジョンは形骸化されたものであったと言える。そして東京湾澪浚渫工事と隅田川口改良工事というその場しのぎとも思われる応急措置の連続が、新港築港に最も熟考されるべき船舶航路と埋立地の配布の具合を現在に至るまで拘束してきたのは間違いないことである。その一方で、本章第1節で示した明治期の築港の三類型とその崩壊過程とも呼ぶべき歴史を東京港空間に共時態的に重ねてみるならば、その歴史的評価は近代のメトロポリスが飽和状態に達し、拡張の時代から転じる必要を迫られた現代の港湾を念頭に改めてなされるべきである。

―― 1961年（昭和36）までに造成された埋立地
―― 戦後の全東京港港湾計画において計画された航路の輪郭線
…… 埋立地

それに伴う埋立地の造成（左）の変遷の比較図
港湾局内部資料）をもとに筆者作成.

明治、大正期以降、この隅田川口がふたたび東京港湾計画の主役となるのは、東京港第三次改訂港湾計画の時分である。隅田川口改良計画によってもたらされた航路と埋立地の形成について東京港第二次改訂港湾計画によって航路を更新し、東京港第三次改定港湾計画で隅田川口を更新するまで、長い間この隅田川口の状態が港湾計画を立

1961年（昭和36）までに造成された埋立地
戦後の全東京港港湾計画において計画された埋立地の輪郭線
航路

図1-9　東京港の昭和・平成期に於ける航路の造成（右）と

東京港港湾管理者『東京港港湾計画資料』一次改訂～七次改訂（東京都

てることそのもののインフラとなってきた。

図1-9に示す[75]ように、主に昭和期の二次、三次改訂港湾計画で行われた東京港の大半の航路の造成とそれに伴う埋立ては、本節で述べた明治期の航路の造成とその副産物としての埋立てと表裏一体の関係を引き継いでいる。すなわち、昭和・平成期に策定されたすべての航路計画と埋立て計画を重ねてみれば（それぞれ同図の右図と左図）、東京港においては、航路と埋立地が図と地の関係にある。

そして東京港の歴史において、それまでの利権の応酬や法規制の枠を逸脱した構造を東京の水際線にもたらし、別のかたちで明治期の築港概念が復興されていく一端が現れるのは、この二次、三次改訂港湾計画によるコンテナリゼーションの導入においてであった。それは、八フィート×八フィート×二〇（四〇）フィートという国際標準の単位による港湾の規格化とそれを可能にする新たな港湾システムの確立であった。

明治期に実行された隅田川口改良工事の評価は、確かにその時代のみを抽出するならば、消極的な評価が妥当であると思われる。しかしながら、都市インフラとしての築港概念の崩壊過程における消極性が現代において積極的価値を逆説的に産み出す可能性をみようとするならば、この矮小化された隅田川口改良工事の歴史は、少なくとも後の港湾計画学上のインフラと成り得たとみなすことができる。

河川法をモデルとした港湾法による第四の築港類型は、東京の水際線を陸海の境界線として分断した一方で、そのせめぎ合いによる築港の原理を提出した。これはコンテナリゼーションの導入以降、ネットワークを〈みなと〉の構造の一つとする港湾を知る時分になって見出すことが可能となった築港の一類型とみなすことができる。

本節では、隅田川口改良工事を実践した技師直木倫太郎の意図がそれまでに見出された築港の三類型の復権にあったことを確認しつつ、その工事の詳細を復元した。その上で、同工事が荒川放水路工事に接木された詳細を明らかにし、河川法の延長に港湾法を捉えることで陸海の水際線を権益の境界線とみなす第四の築港類型を生み出したことを示した。

この築港類型は、その渦中に居た直木自身も意識することはなく、現に東京の築港は失敗・頓挫したと言われてきた。しかしながら、コンテナリゼーションの導入以降の港湾の現代を知る私たちからするならば、その積極的な価値を明らかにする必要もまた知るのである。その上で、東京港の現代における隅田川口の近代化の歴史は、港湾として同領域が果たす実利的な機能よりも、むしろ東京港のマスタープランを決定する基盤として働いていることの方に着目して評価されるべきである。そのことは都市と港湾の関係を「港の原理」から考える上で、東京港の消極性の歴史が新たな都市インフラとして機能し始めていることを示唆している。

一　河川港の反港湾性に現代都市の臨界をみる

本章では一貫して明治期の築港計画に伏在する港から見た新都建設の理念によって築港概念の類型を行い、現実に行われた一連の隅田川口改良工事をこの視点から精査しなおした。

その結果、隅田川口改良工事を従来通説とされてきた東京築港の失敗としてではなく、同工事がもたらした水際線をその両側の都市を構成するイデアの境界線とする近代港湾の築港における積極的な所作としてみなす視角を見出した。すなわち、東京港がその近代性を獲得する機会を逸し続け、ついに隅田川口の一河川港として持たざるを得なかった「反港湾性」を具体的に検証してみると、現代港湾をメタフィジカルな築港から捉えていく視点の萌芽を東京港の不遇の中に発見することができる。

以上を要するに、本章は明治期における第四の築港類型を生み出した原動力として隅田川口改良工事を再評価し、その後の大井埠頭新設に連続するに至る東京港に今も潜む現代都市のイデアとしての都市史的価値を示した。

これらのことを踏まえて東京の明治期以降の都市インフラとしての築港史を再整理するならば次のように言える（図1-10）。

すなわち、明治期最初の築港計画は三つの類型を生み出したが、

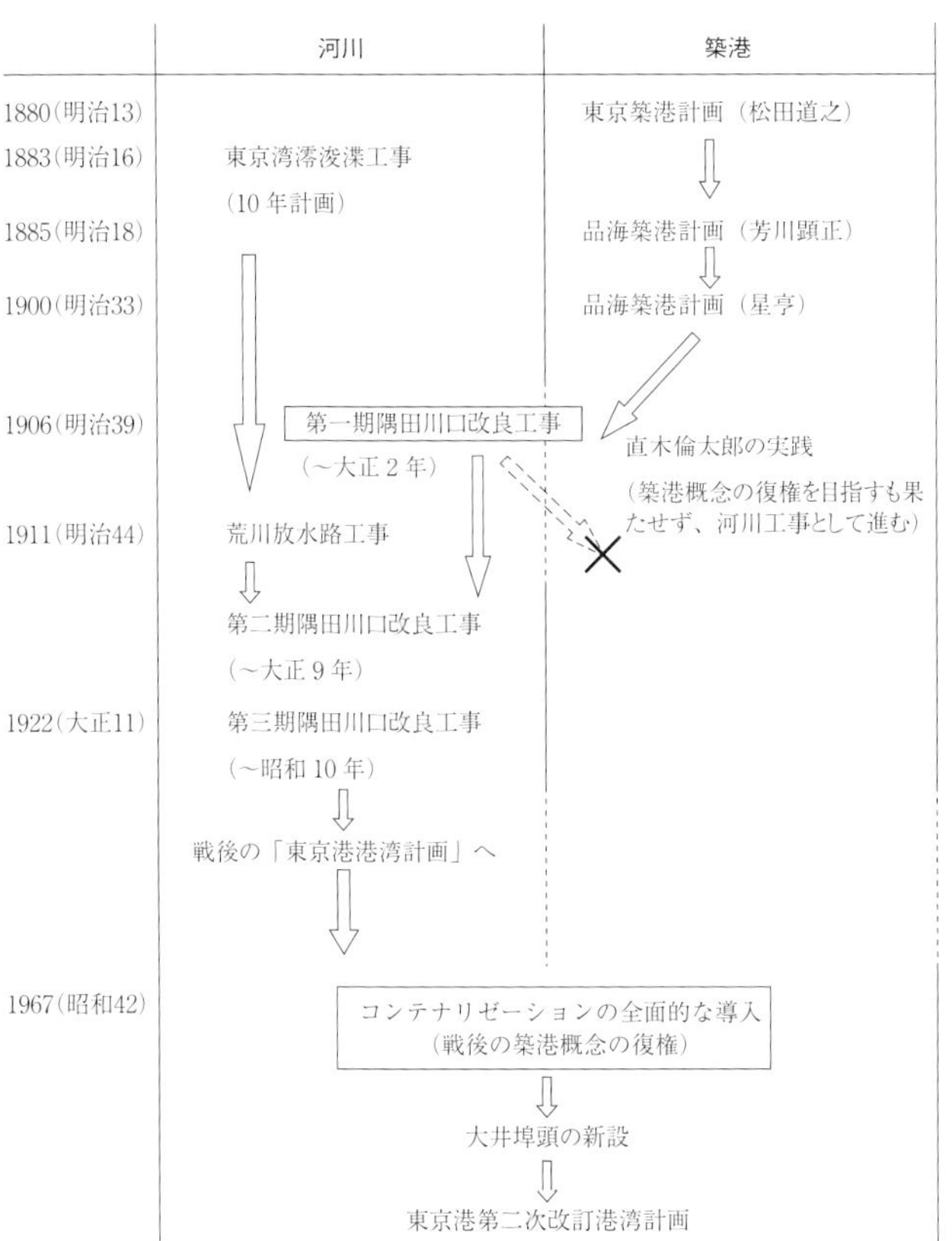

図1-10　東京の築港と河川工事のせめぎあい史の概念図

その直接的な実践は諸々の理由によって頓挫した。これを継続すべく尽力した直木倫太郎は築港の次善の策として隅田川口改良工事（第一期）を企図し、実践した。しかしながら、同工事がそれ前後の東京湾澪浚渫工事、荒川放水路工事と接続して考えられていったことは、その後の港湾法の原理を河川法に求める結果を生んだ。これによって以降の東京の港湾は築港概念の下からスライドされた河川計画の延長として展開されていった。築港から分節した河川の系統からふたたびその分節の壁を取り去り、築港と河川の二分節を再編集する契機となるのは、戦後のコンテナリゼーションの導入期まで待たなければならない。そこまでを含めて築港と河川港のせめぎ合いの歴史として眺めることによって、都市イデアの境界線という水際線の性質に依拠する第四の築港モデルを、明治期の隅田川口改良工事がもたらしたものとして東京の港湾に初めて見出すことが可能となった。

そして、情報化を迎えた時代の港湾の性質を踏まえて、さらに都市の未来としてのイデアを港湾に見出す基盤にこの視角は働いていくが、それはまた稿を別とすべき大きな問題である。

（1）本節でも扱うように、最初の工事は東京湾澪浚工事であるが、湾形の形成にかかわる護岸工事としては隅田川口改良工事が最初である。隅田川口改良工事は一九〇六年（明治三九）から一九三五年（昭和一〇）にかけて三期に渡って行われたが、その工事内容は専ら隅田川より流れ出る土砂の堆積を浚うものであった。その背景には土砂は随時流れ出てくるために通行可能な船舶の大きさが日に日に限られてきてしまう不都合が生じていたことがあり、その応急的な措置として築港計画とは別に行われた。

（2）その代表的なものに東京都公文書館編『都史紀要二五――市区改正と品海築港計画』（東京都公文書館、一九七六年）がある。その他多くの研究も明治期にあった独立した事象として扱うものが大半である。

（3）このとき造成された埋立地には、一号から六号埋立地に当たる芝浦地区がある。

（4）日本建築学会の論文・記事としては、後述する『明治の東京計画』の元となった藤森照信「明治期における都市計画の歴史的研究」(『建築雑誌』建築年報　活動編、一九八〇年、一七五頁)の一遍しか見当たらない。その他には専らジャーナリズムにおいてなされたものがあり、これについては順次述べる。

(5) 東京都公文書館編『都史紀要二五――市区改正と品海築港計画』(東京都公文書館、一九七六年)。

(6) 特に一連の東京市役所編『東京市史稿　港湾編』、東京都港湾局編『東京港史』が挙げられる。

(7) 石田頼房編『未完の東京計画――実現しなかった計画の計画史』(筑摩書房、一九九二年)。

(8) 藤森照信『明治の東京計画』(岩波書店、一九八二年)。

(9)『市区改正回議録』一八八〇年(明治一三)六月一六日(東京都公文書館所蔵)の次の二片。

「東京府市区画定港湾築造ノ議有リ、明治十三年府庁内ニ委員ヲ設ケテ之カ調査ヲ開始ス。(……)十一月九日遂ニ市区取調委員局ヲ設置ス。

明治十三年六月十六日出

東京中央市区画定ノ議、府会へ諮問案、別冊ノ通リニテ、例数印刷ニ付シ可レ然哉、此段至急相伺イ也。」

「東京市区画定之問題

今ヤ市区改良ノ目的ヲ以テ後来ノ計ヲナスニ、早晩東京湾ヲ開クヨリ善ナルハアラズ。於レ是新ニ東京湾ヲ開キテ以テ互市場ヲ此ニ設クルキハ、所謂府下ノ市区ハ、商売貿易ノ源ヲ占メ、漸々昌盛ノ域ニ達スルハ、更ニ疑ヲ容レサル所ナリ。然レトモ予メ百年ノ形勢トシ、永遠ヲ期スル者ニシテ、固ヨリ一朝一夕ノ講究シ得ヘキ事業ニアラズ、於レ是先ツ試ニ現今ノ地勢ニヨリ将来盛衰ノ赴ク処ヲ察シ、中央市区新港ノ位置ヲ定ルノ目的ヲ立ントス。抑モ中央市区ノ位置ハ、大ニ新港ノ位置ニ関係スル者ナレハ、乙ノ位置先ツ一定セサレバ甲ノ位置ヲ定ルニ由ナシト雖モ、今仮ニ築港ノ位置ヲシテ隅田河口ヨリ品川沖場辺ニ在ルモノトセハ、商売貿易ノ中心ヲ占メ、所謂中央市区ノ名目ニ適当スヘキ位置果シテ何所ニ在ルカ。(……)故ニ此ニ問題ヲ起シテ大ニ輿論ヲ求ント欲シ、先ツ議員諸君ノ意見ヲ諮問ス。」

(10)『市区改正回議録』一八八〇年(明治一三)五月二一日(東京都公文書館所蔵)を論拠とする。また、東京市役所編『東京市史稿　港湾篇第三』(一九二六年(大正一五)九月五日発行、九一九頁)にも記載がある。先の諮問案は府議会向けに修正された文書であり、その削除された部分を次に引用する(傍点部は筆者による)。

「今ヤ市区改良ノ目的ヲ以テ後来ノ計ヲナスニ、早晩東京湾ヲ開キ彼ノ横浜港ヲ此ニ移スヨリ善ナルハアラズ。曩者人智ノ未ダ開ケザルヤ、新ヲ厭ヒ旧ニ慣レ、外国人ヲ忌諱スルノ極、或ハ之ヲ途ニ暴殺シ、中外交通ノ際、動モスレハ釁隙ヲ聞クノ恐レアルヲ以テ、横浜港ノ四方ニ関ヲ設ケ、海ヲ塡シテ居留地トナシ、専ラ外国人ヲ待ノ義務ヲ尽セリ。是レ当時ニアリテ措置ノ宜シキモノナレド、今ハ然ラズ、政治内ニ明カニ、人智外ニ開ケ、各自交際ノ道ヲ講シ遐邇貿易ノ利ヲ思フノ秋ナリ。於レ是新ニ東京湾ヲ開キテ以テ互市場ヲ此ニ移ストキハ、所謂府下ノ市区ハ（……）」

傍点部分を松田が横浜港や府議会に不要な摩擦を生まないように配慮して削除していた。

(11) 前掲注5『都史紀要二五』（二〇頁）を参照。その内容は次の通り。

「若夫レ東ハ隅田川ヨリ深川区ノ幾分ニ及ビ、南ハ金杉川筋ヲ画シ、西ハ俎橋辺ニ及ビ、北ハ浅草蔵前辺ヲ画セントスルノ説亦ナシトセズ。之ヲ要スルニ、中央市区ノ制其宜ニ適シ、百年ノ規模ヲ此ニ定ムルニアリト云。」

(12) 「故東京府知事松田道之治績」（『市区改正回議録』東京都公文書館所蔵）を論拠とする。それには次のように記載がある。

「市区改良ノ大計ヲ定メ、以テ永遠ノ宏基ヲ立ントス。幸ニ府下鉄道ノ布設未タ周カラズ、堅牢ノ家屋未タ大多カラズ、瓦斯水管電線等ノ地底ニ設置セルモノ尚少キハ、乃チ市区改良ノ目的ヲ達スルニ、一ノ好機会ナリ。（……）乃チ明治十三年十一月ヲ以テ庁中ニ市区取調局ヲ設ケ、府官数名ヲ挙ケテ其委員ニ充ツ。（……）赤松則良・浅井道博・荒井郁之助・大鳥圭介・肥田濱五郎・福地源一郎・平野富二・渋沢栄一・野中万助・荘田平五郎等ニ嘱シテ、委員中ニ加ハリ、共ニ会議ニ参セシム」

(13) 『市区改正回議録』一八八一年（明治一四）二月一一日（東京都公文書館所蔵）を論拠とする。

(14) 前掲注10『市区改正回議録』（九二六—九二七頁）を論拠とする。『東京市史稿』はこの時期を「市区改良ノ目的ヲ達スルニ、一ノ好機会ナリ」として、その参考に同文書を付記している。このことから、「市区改良ノ目的」として市区改正計画と築港計画が併せて考えられることは、この時点で既定路線であったとみなされる。

(15) 前掲注10『市区改正回議録』（九二七頁）に「明治十三年（紀元二五四〇年）十二月東京府市区取調委員局第一回総会ヲ開キ、東京湾築港ノ調査ヲ為スニ決シ、十四年一月之カ調査ヲ開始シ、五月ニ至リテ成ル。」とある。

(16) 東京都港湾局編『東京港史』第二巻　資料（一九九四年（平成六）、四頁）に記載された一八八〇年（明治一三）一一月三一日出の中央区取調委員による陸軍省、海軍省、工部省、土木局、驛遞局、商法会議所宛文書による。次に論拠となる部分を抜粋する（傍点部は筆者による）。

「東京湾築港ハ、佃島ノ南岸及芝金杉新浜町ヨリ、砲台ニ至ルノ間、海ヲ画スルニ二條ノ堤防ヲ施シ、其堤防ノ相距ル三百有余間ニシテ、水深之ニ適ス。即チ藍波茫渺ノ所無数ノ船舶以テ錨ヲ投スベク、左右許多ノ船渠、巨万ノ荷物、以テ運搬スベシ。而シテ港ノ上方ニ当レル佃島ノ西岸ニ沿ヒ、墨田ノ流末ヲ閉鎖シ、専ラ石川島ノ東滸ニ傾瀉セシム。抑モ該地築港ニ注目スル者多々アリテ、其規格スル所亦一様ナラズ。加フルニ怒濤岸ヲ拍チ奔潮沙ヲ捲テ、海ノ深浅、旧時ニ異ナル者アリ故。ヲ以テ（原文ママ）只其指畫ノ様ヲ掲グルニ過キザレバ、他日実際ノ測量ヲ経テ、真個調査ヲナサ、ルベカラズ。以上所説ハ、中央区画及築港ノ梗概ナリ。」

(17)　前掲注12「故東京府知事松田道之治績」（『市区改正回議録』所収）を参照。該当する記述は次の通り。

「而シテ市区改良ノ事タル、大ニ内海港湾ノ位置ニ関係スルヲ以テ、先ツ他日修築スヘキ港湾ノ位置ヲ定メ、（……）同年五月測量調査共ニ竣功ヲ告タレハ、乃チ築港ノ方案ヲ立テ、之ヲ委員会ニ附シタリ。」

(18)　前掲注5『都史紀要二五』（三〇頁）を参照。

(19)　『東京市区改正品海築造審査顛末』（東京都公文書館所蔵）に記載された明治一四年一一月二四日付けの意見書による。その内容は次の通り。

「第一ニハ、川ヲシテ東京貿易ノ用ヲ為スニ至ラシムルノ方法、第二ニハ、隅田川ノ助ヲ借ラズシテ、東京ヲ大船ノ出入スル港場ト為スニ緊要ナルノ工業、次ニ此計画ヲ実施スルニ由テ各期待スベキ結果ヲ併セ論ズル、既ニ如レ此。今ヤ既知ノ状勢ニ於テ、孰レノ計画ヲ用ユルノ最良トスルヤノ問題ニ至レリ。此問ニ答フルハ蓋難キニアラザル也。

日本ノ首府ナル東京ニ在テ大商舶竝ニ軍艦ノ出入ニ堪ユル良港ヲ備フルノ重要ナルニ注意シ、又海ト交通ノ不便ヲ問ハズ、今已ニ東京ニ拡張セル商運ヲ観察シ、又人口百万ヲ有シ、広大ナル沃野ノ端末ニ位セル市場ヲ以テ、此貿易ニ与フル非常ノ繁盛ニ着眼スルトキハ、則第一ニ港策ニ密結セル財用困難ハ、此策ノ施行ニ由テ東京ニ呈スル大利益ヲ以テ之ヲ償フニ余リアリト決断スベシ。是敢テ此計画ノ川策ニ勝レリトスル所以ナリ。

東京千八百八十一年十一月二十四日　工師　アー、テー、エル、ローウェンホルスト、ムルドル土木局長　石井省一郎殿」

(20)　東京市役所編「東京湾築港に付て――工学博士古市公威君演述」（『東京市史稿　港湾篇第四』大正一五年（一九二六）一

二月二五日発行）にこれについての記載がある。

(21) 前掲注8藤森照信『明治の東京計画』を論拠とする。特に田口卯吉について、第三章第二節の築港論に詳しい。

(22) 田口卯吉『鼎軒田口卯吉全集』第五巻（吉川弘文館、一九九〇年）を参照。

(23) 前掲注22田口『鼎軒田口卯吉全集』第五巻を参照。もとは田口卯吉『経済策』（経済雑誌社、一八八〇年（明治一三）八月草）第一四章に記載。本文に記載した「東京論」の記述は次の通り。

「二、船渠を開築するの方法

（……）遠州洋紀州洋の如き、今日に於ては亦た難所にあらざるなり、難所は実に品川沖にあるなり。此難所を払はずして盛栄を求めんと欲す、豈能くするを得んや。

蓋し両国川の末流石川島に至りて二となり、一は越中島に沿ふて流れ、第七御台場に向ふ、其水甚だ浅し。一は築地に添ふて流れ浜離宮の辺に至りて迂回して南向し二の御台場を過ぐ、其水稍々深く常に船舶東京に入るの通路となる。而して前に述ぶるが如き難所あることとなり。此二流の間大約浅瀬にして、退潮の時には徒跣して御台場辺に達し得ると云ふ。御台場より飛脚船の停泊所に至る迄尚ほ一里程あり。然る所以のものは東風の為に御台場辺に吹付られんことを恐るゝに出づるものにして、其の実は更に近接するを得べし。且つ尋常の蒸気船なれば第一第四御台場の間を経過して停泊するを得ると云へり。然らば則ち品川沖の遠浅なるも稍々望を属すべきものにあるにあらずや。而して芝辺より第一第五の御台場に達するの間少許の深所ありと雖ども、余は皆徒跣達すべきの所なりと云ふ。嗚呼現今の品川沖たる実に此の如きの形勢なり、之を如何して以て水運を便にするを得べきや。

余の見る所を以てするに、両国川の末流を以て飛脚船を陸地に接せしむるの望は到底無効に属せずんばあらざるなり。何となれば其水量甚だ少きを以て、假令川幅を狭くするも、水潦の沙を吐くや必ず常に其入口を浅くして以て巨船の入津を防ぐべきの恐れあればなり。故に余は此川を以て特に之を風帆船若くは小蒸気の水運に供して、而して飛脚船の運輸は之を他法に求むるを可なりと為す也。他法とは何ぞや、則ち第五第一の御台場の間に於て水を包み底を浚ひ船渠を造りもって飛脚船をして直に之に出入するを得せしめ、其傍に巨倉を建連ねて以て貨物の貯蔵に供し傍烈風の防障と為し、而して第五の御台場より芝陸軍省御用地の辺まで両国川の末流に沿ふて土手を築き鉄路を通じて以て倉庫の貨物を東京に運搬するを便にすること是なり。

抑も此芝辺より第五御台場に達するの間は所謂徒跣して渉るべきの浅瀬なれば之を塡むること至難とも思はれず。且つ此功一たび成るときは芝より品川に達するに一里ほどの海は悉く両国川の餘派を免かるゝを以て、之を浚ふも亦た塡まるべき恐れなく、終いには芝辺までも飛脚船を誘ひ得るに至らんと信ずればなり。凡そ仔細の事と雖ども之を実行するに至りては百般の妨害発出して大に当局者を苦むるものなり。（……）然れども世若し此事業を企つるの紳士あらば幸に余が言を聞け。」

(24) 前掲注22田口『鼎軒田口卯吉全集』第五巻を参照。筆者により適宜引用。

(25) 田口卯吉『鼎軒田口卯吉全集』第七巻（吉川弘文館、一九九〇年）。もとは田口卯吉『続経済策』（経済雑誌社、明治二〇年五月草）第三二章に「横濱に於て速に桟橋を造らざれば其商業は終に東京に吸収せらるべし」と記載がある。

(26) 前掲注5『都史紀要二五』（六四頁）より引用。

(27) 前掲注5『都史紀要二五』（一〇一頁）を論拠とする。その内容は次の通り。

「東京湾築港ノ事タル、実ニ空前ノ大事業ニシテ、又東京市公益ニ関スル緊急至要ノ問題タリ。故ニ若シ此事業ヲ一旦緩フセバ市ノ利益ヲ減殺スルコト甚ダ大ナルヲ以テ、之ガ計画ヲ立ツルノ急務ナルハ、瞭々乎トシテ夫レ明カナリ。復タ何ゾ多辨ヲ要センヤ。然ドモ其起工迄ニハ、築港ノ位置、工事ノ範囲、竝其順序ヲ定ムルハ勿論、深浅測量、検潮及地盤調査等、種々ノ為スベキ事柄多キヲ以テ、先ヅ第一ニ築港事務所ヲ設ケ、相当ノ吏員ヲ置カザルベカラズ。故ニ今日ハ兎ニ角大体原案ニ可決シ、他日調査ノ結果変更ヲ要スベキモノアラバ、其時々変更ヲ加ヘテ可ナリ。且ツ此事業費ニ対シテハ、国庫ニ補助ヲ仰グノ見込ナルガ、目下政府ニ於テハ、三十四年度予算編製中ノ由ニ付、一日モ速ニ請願シテ、該予算中ヘ此補助金ヲモ編入セラル、様、尽力セザルベカラズ。是等ノ都合上ヨリスルモ、本案ハ直ニ可決セラレンコトヲ切望ス。」

(28) 東京市役所編「東京築港計画報告書」（『東京市史稿　港湾篇第四』明治三三年一月）より抜粋。

「品川湾ハ、全体ニ水浅ク、海底ノ傾斜甚緩ニシテ、砲台ヲ距ル三海里以上ニ至ラザレバ、五尋ノ線ニ達セズ。然ルニ既ニ一万噸以上ノ商船ヲ横浜ニ見ルニ至リタル今日ニアリテハ、東京ノ港ハ少クモ其一部ニ三十尺以上ノ水深ヲ保タザルベカラズ。故ニ東京ノ港ハ、之ヲ何レノ方面ニ設クルモ、結局一大掘削ヲ免カレザルハ明ナリ。

掘削ニ依ル築港ノ計画ニ於テハ、成ベク狭小ノ水面ニ成ベク多数ノ船舶ヲ繋留シ得ベキ考案ヲ採用セザルベカラズ。且掘削ヨリ生ズル土砂ハ、成ベク之ヲ有益ナル土地ノ埋築ニ利用スルヲ要ス。故ニ東京築港ノ計画ニ就テ経済上適当ト認ムベキ考案ハ、現在ノ海面ヲ掘削シ、其附近ヲ埋築シテ岸接繋船所ヲ設クルコト是ナリ。繋船所ハ鉄道ノ聯絡容易ニシテ、且市街ト水陸ノ交通至便ナルヲ要ス。品川湾内ニ於テ右ノ件ヲ具備スル海面ハ、芝浦ヲ以テ第一トス。而シテ芝離宮ヨリ第五砲台ヲ経テ品川砲台ニ至ル一線以内ノ海面ハ、其形状及面積恰当ナルヲ以テ之ヲ繋船所設置ノ地域ト定ム。

次ニ港門ノ位置ヲ定メザルベカラズ。

（……）依テ港門ノ位置ハ之ヲ羽根田ニ定ム。（……）乃羽根田ニ船溜モ設クルヲ必要トス。

右述ル所ニ依リ、東京ノ港ハ（一）羽根田船溜既前港、（二）運河、（三）芝浦繋船所既本港ノ三部ヲ以テ成ル。茲ニ各部ノ計画ヲ説明スルニ先タチ、東京ノ築港ニ関スル他ノ考案ニ就テ一言セントス。

（……）隅田川ヲ川港トシテ大船ノ用ニ供セントスルハ一ノ空想ニ過ギズシテ、決シテ実行シ得ベキモノニ非ズ。（……）但現在ノ澪筋及隅田川ハ将来港トシテ不用ニ帰スルニ非ズ。次章ニ述ブル如ク、芝浦ノ繋船所ハ之ヲ大船ノ用ニ供シ、小船ハ全テ従来ノ如ク隅田川ヲ港トシテ利用スベシ。而シテ現今ノ統計ニ依レバ、小船ニ依ル輸出入ノ数量ハ、大船ニ依ルモノニ比シテ却テ多額ナル如シ。果シテ然ラバ川港ノ効用ハ将来ニ於テモ必ズ鴻大ナルヲ信ズ。」

(29)　東京市役所編「東京湾築港に付て　工学博士古市公威君演述」（『東京市史稿　港湾篇第四』一九二六年（大正一五）一二月二五日発行）を論拠とする。その内容は次の通り。

「築港のことは前に何でも十二年頃に既に必要を説く人があって、計画も見たことがありました様でありますが、是は重もに東京府の方で調べたので、内務省が直接に築港の調べに当ったことは無いのみならず、其後も今日とても未だ無いと云って宜い。（……）

夫から築港の問題のモット進んで来たのは市区改正審査会の時分だろう。（……）夫から其当時に内務省に居ったムードルと云ふ和蘭人にも其意見を述べさせたことがあります。（……）さうして詰り其調べもドウカといふと、中央政府の内務省の調べでは無しに、矢張一つの審査委員会の中でやった。渋沢会頭坏が築港問題を市区改正に入れねばならぬといふ御論で、当時合わせてやらねばいかぬといふ御論で加はって、其調査さるゝ事になったのを、中央政府で調べたのである。（……）、其頃に矢張りデレーケの意見を内務省で聞いたデレーケの計画もあります。皆それがドウカと云ふと、根元、市区改正といふものが目的になって居るので、マダ中央政府に築港をする気があって内務省に於て取調べたといふことは無いので御座います。

（……）

土木会において西村捨三君が此東京湾を築港せねばならぬといふ建議を発議しまして、（……）そうすると土木局が主になって建議に対して処分を内務大臣に申出さねばならぬ。（……）誠に困ることはドウカといふと、十三年頃のものは何処で誰が責任を負ふて計画したのやらチョットモ分らぬ、そこで図面書類坏が調ばらぬ、（……）夫を調べて見て備はって居ったらば、夫に依て一つ計画を内務省で立てるが宜いか、他に立てさせるが宜いかといふ見込も附くだろう。」

(30)　前掲注29『東京市史稿　港湾篇第四』（二七八頁）より抜粋。

(31)　前掲注5『都史紀要二五』（七二頁）。

(32)　東京都港湾局編『東京港史』第二巻　資料（一九九四年（平成六）、一七頁）に記載されたデレーケによる「東京湾築港計画上申書（明治二一年）」による。その内容は次の通り。

「海岸図ヲ一見スルノミニテモ既ニ明晰ナル所ノモノハ其川口ノ外ニ広大ナル沙州アリテ少クモ其大半ハ此川ヨリ流出シタル固形物ニ起因スヘキコト即チ是ナリ

設シ此川流ヲ画然隔離シタランニハ応サニ成スヲ得ヘキノ事業タリ然ルニ由リ夫ノ墨田川ヲ其港内ニ引導スルカ如キ計画ニハ片時タリトモ意ヲ留メテ講究スルニ足ラストス。」

(33)　前掲注32東京都港湾局編『東京港史』第二巻（二三頁）に記載された「東京築港の義」稟申（一九〇〇年（明治三三））による。その内容は次の通り。

「東京築港ノ義ニ付稟申東京築港ノ義ハ政府夙ニ之ガ必要ヲ認メラレ明治十八年当時ノ内務卿山県有朋閣下ヨリ東京市区改正審査会ニ付シ其方案ヲ審査セシメラレ次テ東京市区改正委員会ノ組織ナルヤ又全会ノ審議ニ付セラレタリト雖モ今日ニ至リ尚ホ起業ヲ見ルニ至ラサリシモノハ惟フニ事業ノ広大ニシテ経費ノ多額ナルガ為メナラント雖モ今ヤ我国ノ状勢一日モ忽緒ニ付スベカラザルノ場合ニ至リ今ニ於テ之ガ速成ヲ企画シ其成功ヲ期スルニ非ラザレバ終ニ本市百年ノ大計ヲ誤リ他日臍ヲ噛ムノ悔アラント信ス茲ヲ以テ本市ハ鋭意之カ画策ヲ成シ数万余円ヲ費消シテ測量設計等ニ着手シ茲ニ東京築港ノ断行ヲ請ハントス（……）

東京市参事会　市長松田秀雄　内務大臣西郷従道殿」

（34）前掲注32『東京港史』第二巻（二四頁）に記載された「東京築港計画書」（一九〇〇年（明治三三））による。その内容は次の通り。

「東京築港計画書

第一章　計画ノ大要

東京築港設計ハ港門及ヒ前港ヲ羽根田ニ置キ運河ヲ以テ芝浦繋船所即チ本港ニ達セシムルモノトス而シテ芝浦ノ繋船所ハ専ラ之ヲ大船ノ用ニ供ス小船ハ全テ従来ノ如ク墨田川ヲ港トシテ利用スベク其内鉄道ノ連絡ヲ必要トスル貨物ニ対シテハ別ニ澪沿物揚場ヲ設ケテ其用ニ充ツルモノトス茲ニ各部ノ計画ヲ略述スレハ大畧左ノ如シ

明治三十三年五月　工学博士古市公威　東京市参事会　市長松田秀雄殿」

（35）前掲注29『東京市史稿　港湾篇第四』（一〇〇九頁）を論拠とする。東京市主導の視点から港湾史を描く『東京市史稿』は星の刺殺について「蓋東京港築造ヲ其畢世ノ事業トシ、之ガ実行ニ急ニシテ遂ニ此ノ兇変ニ遭ヘルノミ。築港企図為ニ一タビ挫折ス」と記している。

（36）都澤胖『星亨（再版）』（相隣社、一九〇六年）に当日の様子など事件の詳細が述べられている。

（37）東京市役所編『東京市史稿　港湾篇第五』（一九二七年（昭和二）、五頁）を論拠とする。その内容は次の通り（傍点は筆者による）。

「東京市ハ嚮ニ東京湾築港着手ノ議ヲ決シ、内務大臣ニ稟議スル所有リシモ、星亨死後其方針ヲ更メ、速成スルヲ止メ、次ヲ以テ之ヲ実行スルコト、ス。」

（38）前掲注5『都史紀要二五』（一四四―一四五頁）に記載された一九〇一年（明治三四）九月一一日東京築港調査委員会における金子委員長の発言は次の通り。

「金子委員長演説ノ大意左ノ如シ

従来ヨリ着手セラレタル築港ノ計画ヲ熟覧スルニ、大体ノ設計ニ於テハ同意ヲ表シ、又其規模ノ宏大ナルハ吾邦ノ首都タル東京市ノ築港トシテ誠ニ其ノ当ヲ得タルモノト云フベス。然レドモ今日直ニ此計画ノ如ク実行スルコトヲ得ルヤ否ハ頗ル考慮ヲ要スルモノアリ。（……）

先ヅ港門防波堤運河繋船所ノ一部ノ如キ急要ナルモノヲ開始スル位ニ止メ、速ニ海陸ノ運輸交通ヲ迅速ナラシメ、自然当市民ヲシテ築港ノ効能ト利益トヲ知悉セシメ、将来当市ノ発達ニ伴フテ漸次築港ノ事業ヲ完成スルヲ以テ適当ナリト信ズルモノナリ。」

(39) 東京市役所編「東京築港計画追加報告」(『東京市史稿　港湾篇第五』)を論拠とする。同文献一六頁より抜粋。

(40) 前掲注38『都史紀要二五』(一四五頁)を参照。

(41) 『東京府臨時区部会議録』(東京都公文書館所蔵)を論拠とする。また、前掲注37東京市役所編『東京市史稿　港湾篇第五』にも同様の記載がある。その内容は次の通り。

「東京府区部会ハ、明治十六年九月十日臨時会ヲ開キテ、東京湾澪浚竝入港銭取集費支出予算案及ビ東京湾入港銭賦課案ヲ付議ス。即チ十年計画ヲ以テ東京湾澪浚ヲ為サムトスル者也。」

(42) 前掲注37『東京市史稿　港湾篇第五』(一五〇頁)より引用。

(43) 『東京市区改正品海築造審査顚末』(東京都公文書館所蔵)を参照。また、前掲注29東京市役所編「東京湾築港に付て　工学博士古市公威君演述」にも同様の記載がある。その内容は次の通り(傍点は筆者による)。

「同年三月二六日内務卿品海築港ノ儀ヲ審査スベキ旨、東京市区改正審査会ニ達セラル。其文左ノ如シ。

東京市区改正審査会

品海築港之儀ニ付、別紙ノ通東京府知事ヨリ上申有レ致、此旨相達候事。(別紙之ヲ畧ス。)

明治十八年三月二六日　内務卿伯爵山県有朋」

(44) 調査課『回議録第一類』一八八五年(明治一八)(東京都公文書館所蔵)を論拠とする。その内容は次の通り。

「十八年度土木事業港湾勢工事繰上着手弁ニ群区吏」

「明治十八年四月廿四日　諮問〇第四十六号

十八年度土木其中港湾費工事繰上着手諮問案

東京湾澪浚ノ義ハ十八年度ニ至リ起工スベキ事業ナリシ処目下浚渫ホニ適当ノ吋季ナルヲ川口澪浚工事繰上施工セントス」

(45) 土木課『庶政要録』一八八五年(明治一八)(東京都公文書館所蔵)。その内容は次の通り。

「庶政要録　明治十八年　一　東京湾澪浚工事之義何ノ件　一月廿八日」

「東京湾澪浚工事之義何　金八千百七拾弐圓」

(46)　一八八七年（明治二〇）『東京府令第三十九号』による。前掲注29『東京市史稿　港湾篇第四』（二九五頁）に次の記載がある。

「明治二十年七月十四日　東京府知事男爵高崎五六

明治二十年度区部共有金支出追加予算

一、金十万円　東京湾澪浚費

蓋十年計画ヲ五年計画ニ短縮スルニ意有リ、此計画ノ工費ヲ十万円トナシタル也。而シテ本工事ハ当初東京府ノ手普請ニ附スル見込ナリシモ、更ニ十万円ヲ増シ、二箇年度分廿万円ヲ得テ之ヲ請負事業ト為サムト欲シ、同年十一月ノ区部会ニ廿一年度区部共有金支出東京湾澪浚費十万三百円ヲ要求シ、十一月廿九日之ガ決議ヲ見タリ。此ノ工事ヤ実ニ明治廿年度ヨリ廿八年度ニ亘リ、東京府及東京市ノ継続事業トシテ、工費約四十五万円ヲ投ジ、霊岸島ヨリ第四砲台附近ニ至ル延長四百五十間、幅三十間乃至七十間ノ水道ヲ霊岸島干潮面以下十二尺ニ浚渫シタル者也。」

(47)　市区改正課『明治三三年五月起　東京湾築港一件綴』（東京都公文書館所蔵）を論拠とする。その内容は次の通り。

「六月廿九日

東京湾築港調査ニ関スル書類別紙目録ノ通リ及引継

明治三十三年六月　土木部市区改正課　築港調査事務取扱

引継目録

一　東京湾築港図面其他諸表類　壱袋

一　東京湾築港略図　貳部

一　肥田浜五郎氏築港図　壱袋

一　築港調査用備品明細簿　壱冊

一　小蒸気船　雇上ノ件

一　技手俸給支出方ノ件

一　港湾巡港案内書一覧

一　築港工事ニ関シ浅草総一郎ヨリ出願書処分ノ件

一　東京湾築港調査ニ関スル書類　壱括　（以下内訳略）」

(48)『明治三九年第壹種第五類議事第一節市会全九冊ノ四』（東京都公文書館所蔵）を論拠とする。その内容は次の通り。

「第百十九号

隅田川口改良工事施行ノ件

本市は別冊工事計画概要書ノ方針ニヨリ明治三十九年度ヨリ明治四十二年度ニ至ル四ヶ年ノ継続事業トシテ隅田川口改良工事ヲ施行スルモノトス

明治三十九年六月二六日提出　市参事会市長

説明　隅田川口ノ改良ハ本市交通上緊切ナル施設ト認メ本案ヲ提出ス」

(49)　東京築港調査委員会『隅田川口改良工事ノ義ニ付東京築港調査委員意見書』一九〇六年（明治三九）三月七日（東京都公文書館所蔵）を論拠とする。その内容は次の通り（傍点は筆者による）。

「抑モ隅田川ハ将来築港ト相待チテ吾東京市ノ海門ヲ形成スルモノニシテ築港計画ノ属スル芝浦ノ繋船所ハ専ラ之ヲ大船ノ用ニ供シ小形船舶ハ依然隅田川ヲ港トシテ利用セシムル方針ナレハ現在ノ澪筋及隅田川ハ将来ニ於テモ川港トシテノ効用鴻大ナルコト明カナリ但シ隅田川口ノ改良ハ之ヲ築港ニ比スルニ其事ノ大小軽重固ヨリ同日ノ談ニアラズ乃チ吾東京ハ先ツ尤モ重要トスル築港事業ニ着手シテ然ル後隅田川口改良ニ及フヲ以テ寧ロ至当ノ順序ナリト信スレトモ同川口ハ嘗テ東京府幷東京市カ去明治二十年度ヨリ同二十七年度ニ亘ル八ヶ年間工費金約四拾五万円ヲ投シテ所謂東京湾澪浚工事ヲ施行シタル以来之ヲ自然ニ放任シテ顧ミサリシ結果土砂ノ堆積ニ依リテ航路漸次埋没シ今ヤ船舶ノ航通自在ナラス大ニ運輸ノ不便ヲ感スルニ至レリ殊ニ築港ノ未タ完成セサル今日ニ在リテハ隅田川口ハ吾東京市出入海運貨物ニ対スル唯一ノ門戸ニシテ年々之ニ由リテ呑吐スル貨物約三百万噸ノ上ニ及ホス損害ハ直チニ惹ヒテ本市商工業ノ全般ニ亘リ其影響スル所至大ナルモノアリ委員ハ乃チ刻下急要ノ問題トシテ調査ノ結果到底之ヲ現時ノ状態ニ放任スルヲ許サヽル事情アルヲ認メタルニ由リ技師ヲシテ之カ改良工事ノ設

計ヲ立テシメタリ別冊隅田川口改良工事計画概要即チ是レナリ委員ハ審議ノ上大体ニ於テ該設計ノ当ヲ得タルヲ認メ且本事業ハ刻下ノ急務ナルヲ以テ明治三十九年度ヨリ起工スルヲ必要ト決定セリ。」

(50) 東京築港調査委員会『隅田川口改良工事計画概要』(東京都公文書館所蔵)に列挙されている埋立地とその面積は次の通り。

「第一号　芝区浜崎町前　四一五〇〇(坪)
第二号　同区浜崎町地先　二五〇〇(坪)
第三号　同区金杉新浜町前　三六〇〇〇(坪)
第四号　同区金杉新浜町地先　六六〇〇(坪)
第五号　同区本芝一丁目地先　三五四〇〇(坪)
計　一二二〇〇〇(坪)」

(51) 『東京市会決議録』第八七号、一九一一年(明治四四)五月二九日(東京都公文書館所蔵)を論拠とする。前掲注37『東京市史稿　港湾篇第五』(七七六頁)に記載がある。その内容は次の通り。

「隅田川口改良第二期工事施行ノ件

隅田川口改良第二期工事計画ノ要領ハ、河内ニ於テ可及的浚渫区域ヲ拡張シテ船舶ノ碇泊所ヲ広ムルト共ニ、芝浦沖以下開放セル澪筋ノ幅員ヲ略倍加シ、以テ碇泊航通ノ便ヲ益々大ナラシメントスルニ在リ

(……)然ルニ第二期計画ニ於テハ、乃チ其幅員ヲ拡張シ、明石町地先以下第一砲台ニ至ル澪筋ヲ幅員百間、又第一砲台以外水深十二尺ノ線ニ至ル迄ヲ幅員百二十間トナスノ外、永代橋ト相生橋ノ間ニ於テ、大川ハ河ニ属スル水面積約三万五千坪ヲ浚渫シテ、大潮干潮平均水面以下九尺ノ水深ヲ有スル船溜ヲ設ケントス。」

(52) 東京市役所編「東京築港ニ関スル意見書」(『東京市史稿　港湾篇第五』(一九二七年(昭和二)、一四一頁)に記載されている。その内容は次の通り。

「サレド爾後寸毫モ其以上ノ発展ヲ見ズシテ、今日ニ至レルモノ、蓋シ其工費ノ巨大ナルニ加ヘテ財界ノ不振甚シカリシニ由ルベシト雖モ、更ニ之ヲ察スルベキハ築港ノ主張ニ対シテ未ダ明確ノ解説ヲ得ズ、従テ多ク一般ノ熱心ヲ喚バザルガ為メナラザランヤ。即チ一方ニハ其必要及ビ利益ノ正当ニ会得セラレザルアリ、其位置ニ就テ遺憾ノ感ヲナスアリ、且ツ他方横浜ト

ノ関係ニ対シ尚幾多ノ疑惑ヲ存スル如キアリ、輿論ノ起ル能ハズ、遂行ノ断ジ難キモノ職トシテ是レニ由ル。」

(53) 前掲注37『東京市史稿　港湾篇第五』(一四四頁)より引用。

(54)『隅田川口改良意見書』(東京都公文書館所蔵)、前掲注37『東京市史稿　港湾篇第五』(二七八頁)を参照。その内容は次の通り。

「第一章　改良ノ必要

(……)試ニ該河口現在ノ欠点ヲ挙グレバ甚著大ナルモノニアリ、航路ノ埋没及河内ノ欠乏之ナリ

第一、航路の埋没(……)、去ル明治二十年度ヨリ同二十八年ニ亘リ、工費約四十五万円ヲ投ジテ、等路濶三十間乃至七十間ヲ霊岸島干潮面以下十二尺ニ浚渫シタルモノナルガ故ニ、若シ今尚其航路ニ右浚渫当時ノ水深ヲ保持スルニ於テハ、能ク壱百噸内外ノ船舶ヲ永代橋附近迄自由ニ通航セシメ得ベキ筈ナリ。サレド事実ニ於テハ、(……)間断ナキ航路ノ埋没ニヨリテ、水運上益々其不便ノ増大スベキヲ必ス。(……)

第二、水面ノ欠乏(……)、河内ノ混雑名状スベカラザルニ加ヘテ往々不測ノ災禍ヲ惹起スルヲ見ル。故ニ今日河口適当ノ位置ニ船溜ヲ新設シテ河内水面ノ広大ヲ図リ、(……)航路ノ浚渫ト相俟テ、河口改良上其必要決クベカラザルヲ認ム。(明治三十七年六月九日　技師直木倫太郎　東京市長尾崎行雄殿)」

(55) 前掲注37『東京市史稿　港湾篇第五』(二八一頁)より引用。

(56)『隅田川口改良工事計画概要』(東京都公文書館所蔵)を論拠とする。

(57) 前掲注37『東京市史稿　港湾篇第五』(八五六頁)より引用。

「荒川改修問題ノ解決ト共ニ東京築港計画ニ多少ノ補修ヲ加フルノ必要ヲ認メ古市、中山両博士ノ承認ヲ経て別冊ノ通リ之ヲ調製セリ惟フニ東京築港工費ハ到底其巨大ナルヲ辞ス可ラサルモ然モ荒川改修ノ余恵ハ築港工費経済上新ニ多大ノ利便ヲ生シ惹テ之カ実行ヲ著シク容易ナラシメタルノ感アリ或ハ之ヲ機トシテ本市多年ノ宿題タル該事業ニ対シテ幸ニ識者ノ注意ヲ喚起スルコトヲ得ンカ

右謹テ及上申候也

明治四十四年十月　東京市技師　直木倫太郎　　東京市長　尾崎行雄殿」

(58)「東京築港新計画説明書」、前掲注37『東京市史稿　港湾篇第五』(八五八頁)より引用(傍点部は筆者による)。

「東京築港新計画説明書

(……)我東京市ヲ貫流セル隅田川ハ該工事ノ完成ヲ待チテ永ヘニ洪水氾濫ノ害ヲ脱シ土砂流出ノ厄ヲ免レ従テ博士カ当時ノ築港計画中特ニ隅田川澪筋ヲ本港区域外ニ置キタル用意ハ最早之ヲ墨守スルノ必要ヲ認メス(……)一ニ此新事実ヲ発現ニ其根拠ヲ求ム可キナリ

(……)右ノ新事実タル其築港計画ニ及ホス影響実ニ尠シト為サス従来隅田川流出土砂ノ危険ヲ恐レ強テ其一方ニノミ偏在セシメタル本港ノ領域ハ今ヤ安ンシテ該澪筋ヲ挟ンテ其左右ニ拡大セシムルヲ得ヘク其ノ結果ハ港ノ経営上殊ニ市内各河川トノ水運連絡ヲ目的トスル艀舟荷役ノ利便ヲ充実シ併セテ工費ノ経済上芝浦地先有利ノ埋築地域ヲ大ニ増加シ得ヘケレハナリ

(……)東京市全般ノ需要ヲ満テ併セテ広大ナル背部生産消費地区トノ連絡ヲ保テリ(……)我東京市水運ノ全部ヲ形作ルモノニシテ東京築港計画上啻ニ是ヲ無視スル能ハサル而已ナラス(……)今ヤ隅田川問題ハ既ニ根本的解決ヲ告ケタリ東京港ハ最早該河ヲ顧慮シテ是ヲ回避スルノ要ナシ否寧ロ該河ヲ中心トシテ其左右ニ自由ニ展開経営シ得ヘキニ至レリ即チ又敢テ岸壁本位ノ計画ヲ固執スルヲ用ヒス寧ロ先ツ艀舟荷役ニ対スル市内在来ノ諸設備諸機関ニ着眼シテ之カ一段ノ利用ト活動トヲ策シ次ニ水陸連絡ノ目的トシテ別ニ斬新ナル岸壁荷役方法ヲ採用スヘキナラン」

(59)前掲注37『東京市史稿　港湾篇第五』より該当箇所を引用。

(60)『隅田川口改良工事計画概要』一九〇六年(明治三九)(東京都公文書館所蔵)を論拠とする。その内容は次の通り。

「又工費予算中特ニ注意ヲ要スヘキハ浚渫埋立工費ノ目トス即チ浚渫土砂ノ坪数ハ其算出ノ基礎トシテ比較的換ルヘキ材料ヲ有スレトモ土炭岩ノ量ニ至リテハ殆ント全ク推測ニ由ルノ外途ナキヲ以テ予算ニ示セル坪数ハ単ニ概略ノ数量ニ止マル故ニ実際ニ当リテ土炭岩ノ数量ニ著シキ変動アル場合ハ機械器具費ニモ亦影響スルヲ免レス次ニ土砂ニシテ単価ヲ異ニセルモノアルハ一ハ汲場浚渫機ヲ使用スルニ便ナル澪筋ノ浚渫費ノ単価ニシテ之ヲ弐円ト予定シ其他ノ浚渫ハ勢ヒ手掘其他比較的経費ヲ要スル方法ニ換ラサルヲ以テ其単価ヲ増加シタルニ由ル。」

(61)『東京築港新計画』(大正二年)。前掲注37『東京市史稿　港湾篇第五』(九五五頁)より引用。

(62)前掲注37「東京築港ニ関スル意見書」第一章　総説(『東京市史稿　港湾篇第五』)、同文献(九五五頁)より引用。

(63) 東京湾澪浚渫工事、荒川放水路工事、第一期・第二期隅田川口改良工事を経て、河川口の土砂の堆積に対する応急処置が完了し、東京港を取り巻く情勢にようやく前向きな築港を思案する余裕が生まれたとみなされる。

(64) 東京都港湾局編『東京港史』第一巻　通史・各論（東京都港湾局、一九九四年（平成六）、五三頁）を論拠とする。

(65) 『東京湾築港調査常設委員会日記』明治三八年三月三日（東京都公文書館所蔵）を論拠とする。その要所を次に抜粋する。

「築港調査ノ継続ハ従来通臨時費トシテ置キタシ、、、」（大石正己委員長発言）

「築港ト隅田川トハ相関聯シテ居ルモノ故、隅田川口改良ニ関スル調査ハ築港ノ一部トシテ調査スベキモノト思考ス。」（大石正己委員長発言）

「一、明治三十八年度築港調査費予算ハ是認スルコト

一、隅田川口ノ改良ニ関シテハ、築港ノ一部ト認メ調査スルコト」

(66) 『東京湾築港調査常設委員会日記』一九〇五年（明治三八）五月二六日（東京都公文書館所蔵）を論拠とする。その内容は次の通り。

「埋立ニ付テハ其総坪数六十万坪ナリ。此予定価格ヲ見ルニ、築港海岸一坪当リ六拾円ト見積リ、高輪品川鉄道線外ノ地ハ海岸ヘハ六百間乃至八百間ノ遠キニ至リ不便ノ地トナルヲ以テ、一坪当リ拾円ト見積リ、海岸地ト合スレバ七拾円トナル。之レヲ折半スレバ平均参拾五円トナル。

運河開設ノ上ハ、鉄道線路外河岸地々価一坪当リ貳拾円ト見積リ、海岸地六拾円ト合シ八拾円トナル。之ヲ折半シ其半額金四拾円トナル。即チ前項ト増金スル、一坪当リ金五円、之レヲ六拾万坪乗ズレバ其金参百万円ナリ」

(67) 「埋立地処分ノ件」（東京都公文書館所蔵）として一九一八年（大正七）一二月六日提出の第一五五号に記載された公文書は次の通り。

「第百五十五号

埋立地処分ノ件

隅田川口改良工事及河川大浚渫工事ニ因リ生シタル埋立地ハ左記要領ニ従ヒ随意契約ニ依り売却ス但買受人ノ競合其他ヤムヲ得サル場合ハ指名入札ニ依ルモノトス

第一　面積及価格

（一）隅田川口改良第一期工事ニ因ルモノ

芝区日出町　一〇五五三坪三六　一坪当　金四拾円以上

同区金杉新浜町　三八〇二坪六〇　同　金七拾円以上

同区南浜町　一四〇八九坪三三　同　金三拾五円以上

合計　五一一四四坪二七

（二）隅田川口改良第二期工事ニ因ルモノ（概算坪数ヲ掲ク）

第一号埋立地　一三三二〇坪　一坪当　金参拾五円以上

第二号埋立地　一五九四六坪　同　金参拾円以上

第三号埋立地　一五六七九坪　同　金貳拾五円以上

第四号埋立地ノ甲　一七〇九六坪　同　金貳拾参円以上

第四号埋立地ノ乙　二三三四八坪　同　金貳拾貳円以上

第五号埋立地　一一九三八坪　同　金貳拾五円以上

合計　一〇一三二七坪

（三）河川大浚渫工事ニ因ルモノ

深川区平久町ノ甲　一〇九七六坪六二　一坪当　金貳拾五円以上

同区同町ノ乙　九八四四坪九一　同　金貳拾五円以上

同区鹽浜町　一三三一六坪六九　同　金貳拾五円以上

合計　三四一三八坪二二」

（68）前掲注37『東京市史稿　港湾篇第五』（七六七頁）より引用。

（69）「荒川中川開鑿建議」（『東京市会議録』東京都公文書館所蔵）を論拠とする。前掲注37『東京市史稿　港湾篇第五』（五五四頁）にも記載がある。その内容は次の通り（傍点部は筆者による）。

「荒川中川間開鑿事業ニ関スル建議　明治四十年十月二十九日
（……）思フニ、其惨害ノ誘起ハ、荒川下流ヨリ隅田川ニ亘ル疎水ノ便ナキニ其因セルモノト認ム。故ニ荒川筋隅田村地先ニ起リ、寺島村・大木村・吾妻村等ヲ経て、中川ニ開鑿シ、更ニ中川下流ノ幅員ヲ拡張セバ、蓋シ其害ヲ他ニ移サズシテ除去スルヲ得ベシト信ズ。然レドモ之ガ事業ノ性質ハ、敢テ関与スベキニ非ザルモ、市ノ利害ハ著大ノ関係アルニ依リ、本市ニ於テ取調ブルハ、当面ノ急務ナリトス。故ニ理事者ハ、速ニ右調査セラレンコトヲ望ム。」

（70）宮村忠「隅田川の移り変わり」（『隅田川の歴史』かのう書房、一九八九年、二一七頁）より抜粋。

（71）「荒川改良工事施行」（『東京市会議録』東京都公文書館所蔵）、前掲注37『東京市史稿　港湾篇第五』（七六三頁）。その内容は次の通り（傍点部は筆者による）。

「内務省告示第二十三号
荒川筋左岸埼玉県北足立郡川口町、右岸東京府北豊島郡岩淵町鉄道橋以下海ニ至ル迄ヲ、公共ノ利害ニ重大ノ関係アル河川ト認定シ、該川ニ就キ、明治四十四年四月一日ヨリ明治二十九年法律第七十一号河川法ヲ施行ス。
明治四十四年四月五日　内務大臣法學博士男爵平田東助」

（72）戦後になって制定された港湾法は、地方自治の理念のもとに港湾管理者を地方自治体とする港湾の運営を主眼とする。その際に港湾法は港湾ごとや、一港湾内における市区境界の線引きなどを定める根拠を示すことでもあった。

（73）その最たるものが一九〇七年（明治四〇）の日本全国に対する第一種、第二種港湾の指定である。このとき横浜港は国が直轄すべき第一種に、東京港は国庫の補助対象に過ぎない第二種に種別された。これによって、事実上国策の対象から外れた東京港は、その財政と投資の規模から内港の範囲を脱することは不可能となった。

（74）前掲注64『東京港史』第一巻（五〇―五二頁）を論拠とする。このことについて「一九〇七年（明治四〇）一〇月、港湾調査会では、当時の状況より、我が国における重要港湾の選定及び施設方針に関し、第一次第一種港湾第二種港湾の区別を設け、国が直轄すべき港湾を第一種、修築工事を起こすとき、財政の許す範囲で国庫より相当補助を与えて助成すべきものを第二種と決めた。そして、横浜、神戸、敦賀、関門海峡の四港を第一種重要港に、東京、大阪、伊勢湾における一港、（……）を第二種重要港に選定した。この港湾調査会の一種二種の区別によって、日本の港の価値が、貿易のうえでは全く神戸と横浜に絞られたといえる。このように、東京は第一種港湾から指定を除外されてしまった」と記述がある。

さらにその背景は、「一八八五年（明治一八）二月、東京府知事芳川顕正は故松田道之府知事の遺志を受け継ぎ、「品海築港之儀」を内務卿山県有朋に上申した。（……）一方、横浜港の築港問題は、（……）一八八八年（明治二一）に大隈重信外相は条約改正論議のなかで、アメリカから返還された「下関事件」賠償金をもって横浜港開港案を提起した。（……）内務大臣山県有朋の東京築港の費用に充てるべきであるとの主張はしりぞけられた。」ことなどにみられる、国策としてわが国の国際港を横浜とする大方針があった。

そして一八八九年（明治二二）には、この賠償金を横浜築港に活用する閣議決定がなされている。これによって内務省の市区改正計画案から築港計画の文字は消え、東京港と横浜港に対する国家の政策は区別されるに至る。「これは東京側の決定的敗北を意味した」とは東京港の第二種港湾の指定について言及した前掲注5『都史紀要二五』の結びの言葉である。

星亨の死後、直木倫太郎の一連の苦心はこうした背景を背負いながらなされたことであったが、東京築港の概念の崩壊過程はこの一八八九年（明治二二）から実は始まっていたとみなすことができる。

(75)　東京港港湾管理者「東京港港湾計画資料」一次改訂（一九六一年（昭和三六））、同「東京港港湾計画資料」二次改訂（一九六六年（昭和四一））、五一年同「東京港港湾計画資料」三次改訂（一九七六年（昭和五一））、同「東京港港湾計画資料」四次改訂（一九八一年（昭和五六））、同「東京港港湾計画資料」五次改訂（一九八八年（昭和六三））、同「東京港港湾計画資料」六次改訂（一九九七年（平成九））、同「東京港港湾計画資料」七次改訂（二〇〇六年（平成一八））（東京都港湾局内部資料）。

第2章　コンテナリゼーションの地政学と近代倉庫の配布

――大井地区の戦後

都市と港湾の主従関係の逆転

明治以来内港に徹しなければならなかった東京港の戦後は、またしても外圧によって転換期を迎える。異なる二点間の物の移動における合理化のモデルとして石油タンカーを改造したコンテナ船が米国から海を渡ってやってきたことが、それまでの東京港の位置を国内的にも国際的にも押し上げることになった。

地球スケールの資本の交通が摩擦無くなされることによって、コンテナによる物流は近代都市においても依然として都市の構造であり続けることをわかりやすいかたちで表現したのであった。そして太平洋を挟んだ対岸から海を介して運ばれたコンテナは、やはり海から陸へ摩擦無くスライドされていかなければならなかった。

そのような新しい世界システムを東京の港湾に最初に着岸させたものが大井埠頭の新設に他ならない。コンテナという国際標準のパッケージは、船舶をフルコンテナ船のサイズに規格化し、港湾空間を荷役や接岸可能なバースの整備等によって規格化した。しかし、最も重要なことはコンテナ自体が一時的に二次産品を保管可能な仮設の容器として海から陸へ上がることで従来の倉庫の必要性を失わせ、その配布構造をまったく変えてしまった点にある。

本章では、まずコンテナを摩擦無く海から陸へと接続する回路を設計可能とするための港湾行政改革に焦点を絞る。当時の運輸省が旧来の既得権の保守勢力を振り切るかたちで港湾法の網を無効化する外貿埠頭公団法を制定する過程を復元した。それによって海運と港運という二項対立的な業界間の境界線としての二次元な海岸線を、コンテナ専用埠頭とすることで世界との関係によって地球状に有機的に海と陸を接続する三次元のラインへと昇華したことを示す

（第1節）。

その上で、大井埠頭建設過程が第一航路と大井埠頭の基部を縦貫して対岸である一三号地へ横断する東京湾岸道路によって構成される立体十字の構造を東京港にもたらしたことを明らかにする。これによって、明治期の隅田川口改良工事による埋立地の造成以降、その埠頭を南西方向にフィンガー状に突き出していた東京港の埠頭の構図は、南東方向へ極力長いラインを見せる方向へ変形し、東京港全体の構成にパラダイムシフトを促した（第2節）。

さらに、その際の大井埠頭空間に入り込み、埠頭内部の利用区分とそれに伴う倉庫用地、用地内で倉庫を配布していく構造を空間論的展開を含めて明らかにする。そして大井埠頭新設がもたらした背後市街地の変遷を追いつつ、その埠頭空間内部の港湾の近代化に対するイデオロギーの微差が背後地周辺のそれぞれの都市化を決定する構造となったことを示す（第3節）。

そしてその先に、東京港の近代を形づくる大井埠頭空間の働きが近代都市の形成に対しても普遍性を有していることを具体的に記述していく（第4節）。

この四つの柱によって、戦後の東京港がそれまでの内港河川港から解き放たれて、近代資本主義的構造による首都の形成に一定の影響力を発揮した由縁を明らかにする。

海から港湾を経て近代都市形成の原理がもたらされたことは背後に控える都市との関係を主従逆転し、少なくともそれまで都市の周縁とみてきた港湾の都市的位置を高めることに寄与した。このことはそれまでの「貧弱な港」の定義そのものを書き換え、ひいては東京港の国内外の港の中での地位を飛躍的に高めたと言える。

1 海と陸の臨界線の国際標準

コンテナリゼーションによる港湾の平準化

ここでは東京港の戦後において海と陸の境界線が持つ性質の変化がどのように埠頭の倉庫群にヒエラルキーをもたらしたのかを検証することで、その配布構造を空間論として明らかにしていく。

そのために、本節では以下の三つの柱を立てた。

都市への橋掛かりとして、（一）海と陸の境界線の最初の国際標準をもたらしたコンテナリゼーションの構造上の本質を検証し、（二）それが可能な海岸線の導入に絡む行政組織の改変過程を復元する。（三）さらに歴史的な時間の中で現在に至るその残滓を判定する。以上により、コンテナリゼーションの導入（コンテナ化）をめぐる官民の力学の実態を復元し、海と陸を摩擦無く接合する海岸線を都市に創り出した実体を見極める。なお、ここで明らかにしようとする海と陸の境界線の性質は倉庫の配布を決定する重要な因子である。

一九六七年（昭和四二）、法律第一二五号外貿埠頭公団法が制定された。これを主導したのは若狭得治（一九一四―二〇〇五）であった。若狭はもとは逓信省出身の官僚であり、一九六五年（昭和四〇）から一九六七年（昭和四二）まで運輸省事務次官を務めた人物である。その前職は海運局長であり、このときすでに若狭は戦後日本の海運業界の国際競争力をつけるため国内海運会社を六社に統合し海運業界の強化を行うべく豪腕を発揮していた[1]。

そうした若狭の次の一手が外貿埠頭公団の設立であった。この外貿埠頭公団を新設するための法律の制定の裏には、実は戦後の東京の海岸線をめぐって繰り返されてきた利権構造の攻防とともに近代都市の海と陸の境界線に対する大きな変革があった[2]。それらを抜本的に解決し、国際競争に対応できる新たな海岸線を描こうとしたのであった。一九六〇年代初め、世界では輸送革命といわれるコンテナリゼーションの気運が高まっており、東京港も他の都市港湾と同じく新しいコンテナ専用埠頭の建設の必要を迫られていた[3]。

コンテナリゼーションの特徴は輸送形式の規格化による輸送の高効率化にある。一方で、荷役の機械化とそれに伴う港運労働者の削減や埠頭管理と荷役機械の占用の権利、そしてコンテナターミナルの運営権などの合理化が果たされなければコンテナリゼーションの効率を減じてしまう。実際に米国のシーランド社などのコンテナリゼーションの先駆けモデルとなっていた企業は、船会社自身が埠頭を運営する一貫責任制を実施することで効率を上げていた[4]。

しかしわが国のそれまでの港湾行政は在来一般貨物船の内・外部荷役から埠頭内・外までの一連の作業を各業界間が相互不可侵的に分割享受することで成り立っていた。その権利主張のせめぎ合いが貨物のスムーズな移動を妨げてきた原因であった。そのため従来の埠頭では、港湾法の規制によって岸壁と上屋が一体として有機的に機能していなかった。特に海上運送は船会社、船が接岸してからは港運会社、そして港を出てからは陸運会社といった分業制や貨物管理、港湾施設管理の境界線の設定が貨物取扱いの手続きを複雑にさせ、結果として荷主が不利益を被りかねない状況に各業界間は目をつぶらざるを得ない不文律があった[5]。

そのような状況の中で一貫責任制による新しい埠頭の建設となれば、その所有と使用権をめぐる思惑が交錯するのは必然であった[6]。特定の企業にコンテナ運送の一連の運営管理を任せることになれば、自ずと排除される企業が生まれる。加えて、埠頭の所有権は東京都港湾局にあるとしても一括運営を前提とした埠頭の新設がその貸与先の受皿となる民間企業、その所属する業界と他業界相互の摩擦を生むことに各業界は強い拒否感を持っていたのであった[7]。

こうしたことから、新しい埠頭の建設・管理・運営の円滑化を図るために運輸省が主導となって外貿埠頭公団という公的な組織を新たに作る必要があったのである。そしてその根拠法が外貿埠頭公団法の意味であった。コンテナリゼーションの導入によって在来港湾の平準化を図る、その中心となって港湾行政の舵を取ったのが当時運輸省事務次官の職にあった若狭得治にほかならない。

運輸省の戦略

まずは若狭が事務方のトップにいた時代の運輸省の政策から、それまでに存在しなかった類の埠頭建設をめぐって顕在化された近代都市港湾成立の仕組みを包括的に捉えていきたい。

コンテナリゼーションの受け入れ体制にともなう港湾の構造改革に先立ち、運輸省は一九六六年（昭和四一）五月に海運造船合理化審議会にこれに関して諮問し同議会は同年九月に答申を出している。その内容は次の通りである。

近時、国際海上コンテナ輸送が米国を中心に発展しつつあり、国際海運は新しい時代に入ろうとしている。この海上コンテナ輸送は、従来の海上輸送よりはるかに進んだ組織化された大量輸送を本旨とし、これにより荷役費、輸送費等を含んだ流通コストを大幅に引き下げようとするものであり、また海陸複合輸送であることから各関連分野の合理化、近代化をも要請するものである。

この世界の定期航路活動における輸送革新に対処し、わが国の貿易および海運の国際競争力の維持、強化を図ることが強く要請されるので、わが国としても早急に海上コンテナ輸送体制を整備する必要がある。この海上コンテナ輸送体制の整備に当たっては、わが国海運企業が再建整備の途上にある現状にかんがみ、関係企業間の過当競争による混乱を排除し、その提携、協調を一層強化する必要があることはいうまでもない。(8)

若狭が事務次官であったのは一九六五年六月から一九六七年三月であるから、一九六六年九月のこの答申は若狭の相当の肝煎りであったことは疑いない。それは国際社会の中の港湾として東京港に船舶と岸壁が一体的に運用される埠頭を実現することに他ならなかった[9]。この答申からもうかがえるように現実は「関係企業間の過当競争による混乱」の排除が急務であり、この運輸省の答申が後の外貿埠頭公団法の制定へと結びついていく。

前記答申において「設置場所はまず京浜・阪神両地区」とすることで公団の設立は京浜と阪神とすることを国策とした[10]。さらにその公団の役割についても同答申の中で次の通りに設計されていた。

コンテナターミナルはコンテナ船と一体的に運営されなければならないので、従来の公共埠頭の使用形態とは異なり、専用使用を可能ならしめるような建設方式がとられなければならない[11]。

すなわちコンテナターミナルとは、コンテナ船と岸壁の一体的な利用形態を意味した。そのためには港湾法に基づく従来の公共埠頭の使用形態とは異なる専用埠頭を可能とする新しい方法の導入が不可避である。そこで運輸省は公的な機関が岸壁敷地、舗装、クレーンおよび建物までを一括して建設し、これを使用者が賃借できるようにすることが望ましく、建設に当たってはターミナル使用者の便を最優先して運用されなければならないとした。

ここで肝要なのは「コンテナ船と一体的に運営」という部分である。海運造船審議会の答申にこの文言を入れる必要があった背景には、在来一般貨物船の船混み問題に端を発する当時の港湾行政の問題点があった[12]。

船混みの光景は近代港湾には程遠く、運輸省はコンテナリゼーションの導入以前から港湾の近代化に取組もうとしてきた。はしけ、曳船、上屋倉庫、荷役機械の整備等を含む総合的な港湾の運営の検討について総理府の港湾労働等対策審議会に対して一九六三年（昭和三八）八月に「近年の港湾労働および港湾の運営利用の状況にかんがみ、これが改善のためにとるべき対策について」諮問し、同審議会は一九六四年（昭和三九）三月三日に内閣総理大臣池田勇人宛に答申した[13]。

「一体的に運営」という言葉の背景には、暗にこの答申に端を発する若狭の港湾改革への意図があった。それはこれまで海と陸の境界であり続けてきた海岸線の概念を変えるヴィジョンであった。

三・三答申における港湾改革の意図

このときの答申は「三・三答申」と呼ばれ、後の港運業界に対してコンテナリゼーションの導入を含む大きな影響を及ぼすことになる。三・三答申の冒頭で当時の状況認識について「従来わが国においては、諸外国におけると異なり、このような港湾の重要性ないし国際性は、必ずしも十分に認識されず、港湾運送事業や港湾労働の近代化は、著しく遅れたままに放置され、また、港湾諸施設の計画的な拡充も諸外国に比して甚だしく立ち遅れており、港湾の総合的機能の発揮は期待しがたい状態にある(14)」とある。

三・三答申から、こうした現状に対処すべく運輸省の港湾行政への考え方がうかがえる部分を抜粋し、その細部を検証する。一つめは港湾労働について、二つめは港湾運送事業等について、最後に事業の集約化の方向についてである。

一つめの「港湾労働について」は、港湾労働者の必要数を策定すること、港湾労働の需給を調整して必要な労働力の確保を図ること、港湾労働者の登録制を確立すること、そして港湾労働秩序を確保するための行政措置を行うこと、などが挙げられている(15)。三・三答申にみられる行政の港湾改革の姿勢は旧来の港湾制度の中でも特に港運業界に対する措置が強かった。「港湾労働について」の労働者の必要数と登録制とは、表向きは近代港湾としての労働環境の改善と雇用体制の確立を謳ってはいたが、公共職業安定所への登録と同所の紹介がなければ雇用することを禁じようとする実質的な日雇い労働者の削減であった。そして主に荷役に割かれた港湾労働者の多くは港運業界の人たちであったが、日雇い労働者の立場では日々の生活に精一杯であるため各業者に渡って労働に従事するものが多くいた。そうした日雇い労働者たちのある意味ではファジーな動きが各業者の取扱い貨物量の増減による収益の増減などのその都度の状況に合わせた経営を可能にしていた部分があった(16)。

しかしながら三・三答申では「事業者間における労働者の相互融通は認めない(17)」と明記している。こうした縦割り的な秩序を確立するための行政措置は後に一九七一年（昭和四六）一二月のコンテナ船入港阻止闘争などの港湾労働者によるストライキを引き起こすことになる(18)。

二つめの「港湾運送事業等について」は、労働者に続いて事業そのものの集約が明記されている。その各論は次の三つであった。

（一）　港湾運送事業の近代化を促進するため、事業の集約化を図ること
（二）　港湾運送事業の運賃および料金の適正化を図ること
（三）　倉庫業その他港湾運送に関係ある事業の適正な運営を図ること(19)

これは若狭が海運局長であった一九六四年（昭和三九）に船会社に対して海運六業者に統合・選定したことと同じ措置が港運業界にもなされる兆しと港運会社には受け取れるものである。実際、一九六六年（昭和四一）の港運業法改正の際の「免許事業者総数一八一四社のうち資本金五百万円以下の会社が五七・七%を占め(20)」る状態であり、日本の港運業界の基盤は世界的には極めて脆弱なものであった。

運輸省が国際社会の中の港湾を見据え、港運業界再編に乗り出したことは必然であった。三・三答申の「事業集約化の方向」にその指針が明示されている。そこでは「事業の集約化にあたっては、特に次のことに配意し、かつ、事業が公正にして自由な競争のもとで行われるよう留意する」とした上で、その具体的な集約化の方法を明言している。

すなわち「(一)港湾運送が一貫作業として同一の港湾運送事業者により行われることを目途とする事業の集約。(二)貨物のながれる経路、海運業の変化等の諸条件を考慮する系列ごとの集約。この場合、系列化による従属化となってはならない。」とした。[21] これは運輸省が港運業界内の事業と業界による分業制の集約を同時に行うことによって、港湾そのものをスリム化する方針を固めたことを意味する。

そして続く三つめの「港湾の管理運営の改善について」において「港湾の統一的な運営」と「港湾利用の改善」が明記されていることに、この答申が単に東京湾の船混み問題を解決することを目的とした応急的な措置ではなく、まったくその前提が異なる形態の埠頭を東京の海岸線に持ち込もうとする運輸省の意図を読み取ることができる。[22] その意味するところと危機感は港運業界に瞬時に伝播したことであろう。先述の一九六六年(昭和四一)九月の答申の背景には、その二年前に出されたこの三・三答申があったのである。それは大井コンテナ埠頭の建設のために外貿埠頭公団法が制定されるまで余すところ三年のときのことであった。

三・三答申以降、運輸省は一九六五年(昭和四〇)六月に港湾労働法、翌一九六六年(昭和四一)六月に港湾運送事業法の改正、そして一九六七年(昭和四二)八月には外貿埠頭公団法を矢継ぎ早に制定していく。しかし具体的な方針を示した一九六四年(昭和三九)の三・三答申から改革の本丸である一九六七年の外貿埠頭公団法の制定までにはまだ越えなければならない山があった。

港湾法の海岸線の解放へ向けて

外貿埠頭公団法の制定を控える運輸省はこの三・三答申の後、同省附属の港湾審議会にさらに「港湾運送事業の合理化に関する方策について」の諮問を行う。その答申が一九六七年三月三日に出されている。先の総理府の三・三答申に対して「新三・三答申」と呼ばれるこの答申は推し量ったように三年後の同日付けで港運業界に関する「具体的方策」、つまり業界のスリム化をより明確に港運業界に強く突きつけたのである[23]。

この新三・三答申で運輸省が設けたのは港運業の新しい免許基準であった。これは運輸省が公共埠頭の一貫責任体制を狙ったものである。これまでの港湾事業は一連の貨物のやりとりに関して複数の業界がかかわるもので、その権利主張のせめぎ合いが貨物のスムーズな移動を物理的に妨げてきた部分があった。つまり従来の埠頭では港湾法の規制によって岸壁と上屋が一体として有機的に機能していなかったのである。これは港湾法が河川法の展開として制定された経緯からも、水際線の性質をあくまでその両側を区切る境界線として捉えてきたことによる弊害であった[24]。これを払拭したい運輸省は新三・三答申において新しい埠頭を特定の港運事業者に専用貸付けし、貨物の流れをそのまま事業の流れとする一貫責任体制の確立を目指した。

この行政指導は極めて重大な物議を日本の港湾にもたらした。もし新しい免許制度が新規参入を許すものであり、そこに船会社が参入すれば船会社は外国の港から海上の運搬、日本の港への接岸から倉庫までの荷揚げ、保管まで一貫して作業を合理的に進めることができるようになる。つまり港運業界そのものが必要とされない。

このような港湾の合理化は港運業界には何の得にもならないものであり、当然ながら港運業界は三・三答申の時点でそれを察知して抵抗の姿勢を運輸省に示したのだろう。遅々として進まない港運業界集約化について、露骨なまでに表現された新三・三答申の文面に港運業界の一連の抵抗への行政側のいらつきが表現されている[25]。

「港湾運送事業界の中にすらこの問題の基本的な理解が十分でない」

「多少のはん雑さを顧みず事業集約化の意義について具体的にふれることとし、ここに述べられた趣旨の関係者への徹底を強く要望する」

「海陸輸送の結節点としての港湾における事業活動は残念ながらほとんど昔のままの形でとり残されている」

「ターミナルオペレーターのあるべき姿と現に港湾において通常行われている港湾運送の姿との間には、あまりにも大きなへだたりがある」
「現在の港湾運送事業界はあまりに小規模な事業者が群立しており、しかも、これらの事業者がきわめて複雑な形で結びついて限られた分野の作業を分担しているところに根本的な問題がある」
「どうしても業界全般の整理統合すなわち集約化が必要となる」

港湾審議会は明らかに港運業界の旧態依然とした体質を厳しく批判している。運輸省の附属機関である港湾審議会の答申にここまで感情的とも言える文面を書かせたのは、若狭の意図無しには考えることはできない。新三・三答申は一九六四年の三・三答申に記された「自由な競争のもとで」の一言が生んだ海運業界（船会社）と港運業界の対立をさらに根深いものとしていく(26)。

港運業界はこの新三・三答申によって具体的に二重の集約化を迫られることになった。一つは縦の集約と言われる一貫責任制の導入であり、もう一つは横の集約と言われる同業者間の集約である。こうした若狭を中心とした運輸省の行政主導の結果、新三・三答申の前年の一九六六年に一八一四社あった港運事業者は人幅に集約された(27)。それはこれまでの港運、つまり陸の側の理屈でできた海岸線の消滅の可能性を意味していた。そして若狭はそれだけでは留まらない境界線としての海岸線のあり方そのものを書き換えようという意欲に溢れていた。

東京港に穿たれた特例法の痕

こうしてコンテナリゼーションの導入に伴う業界間の調整と体制作りという外貿埠頭公団法制定の地ならしを終えた運輸省はいよいよその制定に乗り出す。

港運業界という山を越えた運輸省は、今度は大井埠頭の港湾管理者である東京都港湾局とのコンテナ専用埠頭という性格をめぐる問題に取組まなければならなかった。大井埠頭全体の所有権は東京都港湾局にあった。しかしそのうちのコンテナ埠頭用地を東京都から買い上げて運営に当たる予定の外貿埠頭公団は実質的に運輸省の外郭団体である。つまり同団体が主導して埠頭を専用貸しすれば、東京都には大井埠頭を所有しているにもかかわらずその最大の恩恵を享受できないのではないかという懸念があった。さらに埠頭の専用貸しは従来の港湾法に定められた公共埠頭の原則を逸脱するものであり、現行の制度規定に反する可能性があったのである。

そこで運輸省は外貿埠頭公団の概要を「公的な機関が岸壁敷地、舗装、クレーンおよび建物まで建設し、これを使用者が賃借できるようにすることが望ましく、また建設に当たっては、ターミナルの使用形態に適合するよう使用者の便を最大限はかる必要がある」[28]とし、東京湾では大井埠頭および一三号地埠頭をその事業地として特定した。その上で、コンテナ施設の運営においてコンテナ埠頭は公団が外航定期船会社又は一般港湾運送事業者に貸付け、その条件として岸壁と背後のコンテナヤード等の荷さばき施設を一体として貸付けること、借り受けた者の専用使用とすること、貸付け期間を限定して借り受けた者が一定期間埠頭を使用しない場合は貸付けを取消すことができることとした[29]。

つまりコンテナ埠頭の一貫責任制を進める運輸省は各業界間の軋轢に配慮して自ら特定の民間企業にコンテナ埠頭の専用貸付けを行わず、コンテナ埠頭を管理・運営する公団が貸付けるのであれば運輸省が特定の企業に便宜を図ったことにはならないという理屈であった。確かに公団の資本金のうち国および港湾管理者の出資は事業費の四〇％としており、公団＝政府とは資本提携上は言い切ることはできない。さらにこの四〇％の出資比率は国 対 港湾管理者（東京都）＝一対一となっており、東京都の出資は最低限としている。そして長期借入金を銀行に取り付けることで残りの出資金を賄うものとした[30]。そのためにも港湾法をいかに回避しつつ、埠頭の専用貸しを可能とするかに運輸省は知恵を絞った。

そこで運輸省は国と東京都からの公的資金に加えた借入金を財源とする公団に埋立地を東京都から買上げさせ、公団が一貫責任制のもとにコンテナ埠頭を事業者に貸し与えることで港湾行政の国際化への対応を整えようとしたのである。(31)

こうした経緯を経て、運輸省の描いた青写真通りに外貿埠頭公団法が一九六七年（昭和四二）七月二一日に成立、同年八月一日に施行された。これにより外貿埠頭公団はその存在の法的根拠をようやく得ることができたのである。同法に基づく京浜・阪神外貿埠頭公団がそれぞれ発足したのは同年一〇月二〇日のことであった。外貿埠頭公団法第一章第一条には同法の目的について次のように謳われている。

外貿埠頭公団は、外国貿易の増進上特に枢要な地位を占める港湾において、外貿埠頭の整備を増進するとともにその効率的使用を確保することにより、港湾の機能の向上を図り、もって外国貿易の増進に寄与することを目的とする。(32)

港湾法によって網をかけられた状態であったわが国の港湾は、この外貿埠頭公団法によってその網の目をくぐり抜け、急造的な形でコンテナリゼーションの受け入れ体制を整えざるを得なかった。

そうした受け入れの内情には、明治期東京港の河川法に端を発する港湾法に基づく公共埠頭の使用体制に安住してきた海と陸の主導権争いがあった。特例とはいえ、海岸線を海と陸に分離する境界線とみなし、その一体的利用（専用埠頭）を禁じた港湾法を破ろうとする以上この争いが起こることは必然であった。そのような事態を予見して若狭を中心とした運輸省が用意した外貿埠頭公団法という抜身の刀は新しい海岸線の概念に結実し、大井コンテナ埠頭の建設に具体化された。

その狙いは、港湾法の公共埠頭に結晶化されていた陸の延長の境界線から海岸線を解き放ち、一貫責任制の導入によって海と陸を摩擦無く接合する海岸線を創造することにほかならなかった。

大井埠頭以降のコンテナ埠頭の運営

一九七一年（昭和四六）の大井コンテナ埠頭の供用開始以降、そのために設立されたとも言える京浜外貿公団は次々にコンテナバースの供用を開始する。一九七一年（昭和四六）の大井コンテナ埠頭第五バースを皮切りに、翌年二月に第四バース、四月に第八バース、一〇月に第二バースを供用開始し、一九七四年（昭和四九）に第六バース、一九七五年（昭和五〇）の四月に第七バース、一〇月には第一、三バースの供用を開始した[33]。

発足の目的であった大井コンテナ埠頭に全八バースを供用した京浜外貿埠頭公団は、一転して一九八二年（昭和五七）に解散を余儀なくされる。

専用貸付けを可能とする外貿埠頭公団法であったが、その実現のためには公団によってなされなければならなかったというそれまでのわが国の港湾史との接ぎ木状の不整合が結局は原因であった。

特に大井コンテナ埠頭について東京都は公団設立に出資しているにもかかわらずその管理権が及ばないという不満があった[34]。それは公団を通して運輸大臣が強い監督権を持っていたためである。これにより公団＝運輸省、東京都＝地方自治体が埠頭の管理権をめぐって対立する新たな二項対立関係が生まれた。

その詳細は解散時の外貿埠頭公団の業務移管をめぐる経緯をたどると浮き彫りになってくる。

ことの発端は政府が一九七七年（昭和五二）一二月二三日付け「行政改革の推進について」の閣議決定において「京浜外貿埠頭公団及び阪神外貿埠頭公団を廃止して業務を外貿埠頭の所在港湾の港湾管理者に移管することとし、昭和五四年度末までに諸条件の整備を図る」としたことであった[35]。

自治的管理運営を旨とする港湾法と国際化に備えた一貫責任体制を可能にする外貿埠頭公団法がもともと相容れないものである処々の弊害を終に解消できなかった。そこには新たな利権をめぐって対立する体質自体は以前と何ら変わることのない港湾があった。

続く外貿埠頭公団の業務移管について、主に運輸省（行政）、東京都（港湾管理者）、船会社、港運事業者の四者の立場が絡んでいた。そして公団の出資者でありながら実質的な管理権を持ち得なかった東京都は当然移管に賛成であったが、船会社と港運事業者はようやく不可侵条約を結んだ専用貸し体制の権益損失を危惧して今度は両者ともに反対であった。これら各者の主張は一九八〇年（昭和五五）に提出された外貿埠頭公団の解散と移管にかかわる港湾審議会管理部会の意見書をみることでその大枠を知ることができる。

まず移管後には港湾管理者となる悲願を達成したい東京都は港湾局長の名で意見書を提出した。そこには「昭和四〇年代に進展したコンテナ化に対し、外貿埠頭の効率的運営を進めるため、港湾管理者は、当初から管理者の機能下における建設、運営体制の整備が最もふさわしいと考えてきた」こと、「今後の外貿埠頭の建設及び運営は港湾管理者が直接行うことが最も適当である」ことなどの三点が記された[36]。東京都はこのように港湾管理者の権限を強く主張するかたちで公団の解散を迫ったのである。

これに対して移管に反対する船会社は「外貿埠頭公団移管問題は利用者であり、且つ債権者である船社への配慮を欠いた決定であり遺憾である」との意見書を提出した。その要旨は「外貿埠頭公団を廃止するとしても、その資産を地方港湾管理者へ移管することが唯一の道ではない。船社は公団が廃止された場合、条件によってはコンテナ埠頭を買い取ってもよいと考えている」こと、「コンテナ船社による専用借受け、専用使用の現行方式が維持されること」などの五点であった[37]。特に傍点を付した船会社によるコンテナ埠頭の買い取りは東京都にしてみれば絶対に許してはならないものであり、船会社側もその実現よりも東京都側を大きく牽制することに狙いがあったであろう。船会社は自らが港湾管理者になることまで示唆しながら東京都の管理者権限の行使に強く対抗したのである。

これらを受けて運輸省の港湾審議会は一九八〇（昭和五五）年一二月一六日に「外貿埠頭公団の業務と移管について」の答申を行い、「公団を廃止して、公団が管理する外貿埠頭の所在港湾の港湾管理者がそれぞれ設立する財団法人であって運輸大臣が指定するものに、外貿埠頭事業ならびに資産及び債務を一括して承継させる」とした(38)。こうして政府は一九八一年（昭和五六）四月に「外貿埠頭公団の解散および業務の継承に関する法律」を公布、施行し、公団は財団法人東京港埠頭公社へと業務移管されることになった。これによって応急措置的な特例であった公団法による港湾形成から港湾法による自治管理体制への再移管が行われ、港湾はコンテナ導入以前の運営体制に戻されたことになる。

しかし若狭を始めとした一九六〇年代の運輸省が外貿埠頭公団法によって実現した海と陸の境界を平準化する海岸線の概念は、港湾法による運営システムの中に充分に埋め込まれていた。それこそがコンテナリゼーションの導入と外貿埠頭公団の設立・解散の持つ歴史的な役割であった。

摩擦のない海と陸の接合

わが国の港湾行政が長らく抱えてきた陸海の境界線としての海岸線の平準化をめぐる相克の歴史が、東京港を一気に国際港に押し上げていく過程の中に凝縮して表現されている。

横浜港に国際港の位置を奪われた明治期の荒川放水路工事、隅田川口改良工事によって内航に徹さざるを得なかった東京港においてこそ最も劇的なかたちで国際標準による港湾の平準化がなされた。そして公団は財団法人東京港埠頭公社を経て東京港埠頭株式会社となって現在に至っており、かつて行われた港湾の平準化とそれにともなう都市の海岸線の原理は東京港に潜在し続けているのである。

本節では従来の港湾法に対して外貿埠頭公団法の制定を主導した運輸省の狙いが国際標準のコンテナを利用した一貫責任制の導入にあったことを示した。そしてそれにともなう行政組織の改変過程とその相克の歴史が、明治期に制定された河川法を源流とする港湾法の海岸線を平準化し、新たに海と陸を摩擦無く接合する都市の海岸線を作り出したことを明らかにした。

東京港はその明治期において築港を断念し、首都の港であるにもかかわらず一河川港の内港として隅田川口の延長に位置づけられた。しかしながら戦後に至るまで、その旧態依然とした在来埠頭の体制が確立され尽くした横浜港に国際港の地位を譲り続けてきたことが、国策としてコンテナリゼーションによる平準化を行うに当たっては、近代港湾としてはまったく手がつけられていないに等しかった東京港の優位性が発揮されることにつながった。

若狭得治はこれに目を付け、東京港の戦前までの近代港湾としての不備を逆手にとることで、戦後の新たな近代港湾としての専用埠頭を実現する外貿埠頭公団法の制定に至るまで一気に走り抜けることができたのである。彼は東京港の弱さに港湾平準化のポテンシャルを見出したのであった。

次節以降ではこの原理が港湾空間にどのように接続され、倉庫を配布する原理が都市のインフラとなっていくまでの路程を順次明らかにしていく。

2　大井埠頭建設の都市史的位置

コンテナ埠頭の借受形態にみる海岸線の主導権争い

陸と海の接続点に注目すると埠頭は両者のせめぎ合いの場であって、近代以降の港湾や都市のあり方を考えるうえで極めて重要な位置を占める。

特にコンテナリゼーションの導入期は、わが国の港湾史上一つの画期であったとみなされる(39)。これを主導した旧運輸省は、海上の船舶から荷役のある埠頭までを一貫して運営（埠頭の一貫責任制）できる根拠法となる外貿埠頭公団法を新たに制定する(40)。その背景には港湾法の公共埠頭によって守られてきた各業界の既得権益をめぐる旧運輸省・地方自治体（東京都）・海運業界・港運業界間の激しいやりとりがあった(41)。このとき結ばれた相互間の取り決めが、現在に至るわが国の港湾を規定していく骨格となる(42)。これは陸と海の接続点に並ぶ倉庫群に可視化され、背後地の都市形成にも大きな影響を与えている。

そもそも東京港の戦後の構造は、東京都港湾局が一九五六年（昭和三一）以降順次策定、改訂していく東京港港湾計画のみならず、首都圏整備法（一九五六年）、首都圏市街地開発区域整備法（一九五八年）、首都圏の既成市街地における工業等の制限に関する法律（一九五九年）などの港湾計画改訂に先行する法令およびそれに基づく首都圏あるいは東京都の都市計画との重層的な取り合いの中で次第に形作られてきた(43)。

一方で、米国のシーランド社が一九五七年（昭和三二）に世界初の海上コンテナ輸送を行って以来、一九六五年（昭和四〇）にマトソン社が米国西海岸と極東を結ぶコンテナ計画の発表を行うと、わが国の首都を背後に控える東京港はその先駆けモデルの一つとして港の近代化を迫られることになった(44)。結論を先取りするならば、大井埠頭の建設過程は首都の港である東京港の現在に至る主たる構造を決定する。

これを明らかにするために、本節では以下の三つの柱を立てた。

（一）コンテナ埠頭の運営主体をめぐる行政指導の背景を明らかにし、（二）港湾管理者の主体争いが東京港の構造を作り、大井埠頭の形状を成したことを明らかにする。（三）その上で、大井埠頭建設のいくつかの過程がその後の東京港の骨格を構成したことを示す。

このように本節では一九六七年（昭和四二）に実現する東京港の大井埠頭の成立過程に注目し、その東京港湾史上の位置について都市史的観点から一定の評価を与えようとするものである。

運輸省が外貿埠頭公団法を制定する過程で、一九六六年（昭和四一）五月に海運造船合理化審議会が「わが国の海上コンテナ輸送体制の整備について」の答申を行った(45)。その主旨はコンテナターミナルの一貫責任制による運用を示すものであった。同答申の第四項-（三）「建設及び使用」にはコンテナターミナルをコンテナ船と一体的に運用できるように従来の公共埠頭の使用形態と異なる専用使用を可能ならしめることが明記されている。さらに、ターミナルの運営は一元的に行うこととされた。これは海上から岸壁に至る海と陸を一体的に運用可能とする、港湾法に拠らない埠頭の導入を意味する。それは国際競争を強いられる戦後港湾の近代化のために急務であった。

運輸省が港湾法に基づく公共埠頭の考え方を専用使用埠頭の考え方へ移行しようとしたとき、それまで海と陸の業界の棲み分け線とされてきたわが国の都市の海岸線は、その成立根拠を失った。それを受けて特に海運業界と港運業界は激しい対立をみせる(46)。

運輸省が港湾の近代化のために外貿埠頭公団の必要性(47)を検討し始めると、コンテナ埠頭の整備は不可避とみた港運事業者団体の日本港運協会はその対策を講じる必要に迫られた。同協会は当時、海運と港運が対立した背後には「船会社、港湾運送事業者それぞれにそれぞれの思惑が働いたことは否定できない(48)」と説明している。つまり船会社が世界の海運業に伍してその競争力を保っていくためには、合目的なターミナル運営が不可欠であり、自らが主体者となる必要があった。

一方で港湾運送事業者は、埠頭で行われるターミナル・オペレーションは港湾運送事業者の業域であるとして(49)、コンテナ埠頭全体の業務もまた、港運業務の延長上にあると主張した(50)。そのために、日本港運協会は新日本埠頭株式会社の設立を構想していた。日本港運協会会長高嶋四郎雄はこれによって「公団埠頭、コンテナ埠頭のリースを全部受けるという構想」であったと述べる[51]。

海運業界よりも港運業界側により強い危機感があったのは次のような理由があった。外貿埠頭公団法の制定と公団によるコンテナターミナルの専用使用方式の採用は、船会社がコンテナターミナルの専用利用権を取得し新しくコンテナターミナル・オペレーターを設立する可能性がある。その場合、既存の港湾運送事業者がその業務の場を失うことになる[52]。つまり業界そのものが必要とされなくなる可能性への危機感であった。

実際に京浜外貿埠頭公団が第一次募集を行ったとき、専用貸付けの対象は外貿貨物定期船事業者または一般港湾運送事業者に限られていた[53]。そこで港運事業者は新日本埠頭株式会社を共同出資で設立し、公団が建設した全バースに申し込みすることを狙ったのである。そのため船会社も日本コンテナターミナル株式会社の設立など、船会社による港運会社の設立を模索し、コンテナ埠頭事業を一手に引き受けようとした[54]。

結局、運輸省の調停（直接指導したのは、外貿埠頭公団法を一九六七年（昭和四二）に成立させた後に運輸省事務次官を退官し、財団法人港湾近代化促進協議会の会長に就任していた若狭得治であった）によって港運海運両業界は新たな不可侵条約とも言える『コンテナ埠頭の運営に関する確認書[55]』を取り交わすことになる。この確認書は通常、「若狭裁定」と呼ばれる。これがわが国の近代港湾の普遍的な構造を決めていくことになる。

東京都港湾計画における大井埠頭の設計過程

このとき若狭が会長を務めていた港湾近代化促進協議会は一九六八年（昭和四三）四月に発足した「港湾運送事業者、荷主、船社および港湾管理者等、港湾運送事業に関係ある各団体の賛助に基づく財団法人[56]」であった。運輸省が主導したコンテナリゼーション導入の動きに併せて発足した同団体の会長職は事務次官引退後も若狭が港湾業界に一定の影響力を残すことを意味した。

その二年後に当たる一九六九年（昭和四四）、日本港運協会は船主港湾協議会にあてて、『わが国海上コンテナ埠頭の運営体制』と題した申し入れを行った。その要旨は次の通りである。[57]

①コンテナ埠頭の運営は、従来から当該船社のその航路（コンテナ化される以前の定期船航路）を担当していた一般港湾運送事業者を優先する。

②事業範囲は、ＣＦＳ（コンテナ・フレート・ステーションの略）戸前と本船船倉の間の一切で、ＣＦＳの解決はコンテナリゼーションの用に供する施設全般とする。

③作業体制は船内・沿岸作業を一元化した一業者・一バースによる一貫責任体制とする。

④コンテナ埠頭においては、ＣＦＳおよびガントリー・クレーンは港運業者が保有し、ストラドル・キャリヤー、トラクター、シャーシ、トランステナー等は、港運業者が所有する。

⑤前記の諸要望が受けられたとしても、港湾労働者の一部犠牲は避けられないので、船会社が中心となり、メカニカル・ファンドを設定し、救済策を講じる。

これに対して船会社側も同年一二月には概ね理解を示す回答をしているが、港湾の近代化に伴う一貫責任体制の導入と旧来の船会社－元請－下請けといった系列を維持することの矛盾は依然解消されないままであった。

たとえば、港湾法に基づく旧来のシステムをコンテナ埠頭の運営システムに導入することの難点の一つはコンテナ船の寄港地の変更であった。[58]コンテナ船は寄港地が少ない方が効率を高めることができるため京浜港、阪神港で各一港というように限定する方がよい。すると寄港地の港間移動が起こり得る。[59]

このように、従来のシステムを温存したまま日本港運協会が船主港湾協議会へ要求した五点を満足することは事実上不可能であった。

そこで、港運、海運両業界は「チャンピオン方式」と呼ばれる方式を採用した[60]。この方式は代表港運業者を決定することによって複数の船会社による埠頭の共同利用や、同一船会社の航路による系列の違いなどに対応しながら一貫責任制を実現するものである。つまり船会社が既存の港運事業者を採用することを条件に埠頭の専用使用を認めるものであり、船会社が呈示した起用業者案を日本港運協会が内部検討し、回答する条件でチャンピオン方式が採られた。

これによって東京港の大井コンテナ埠頭の専用使用規定は実質的に借受者を船会社とするが、ターミナル・オペレーターなどの職域は港運事業者とする折衷体制が確立されることになった。

表２－１および図２－１に示すのは、一九八一年（昭和五六）と二〇〇九年（平成二一）のコンテナバースごとの借受者とターミナル・オペレーターの割当と大井埠頭の平面図である。表２－１をみれば、いずれも借受者は船会社、ターミナル・オペレーターは港運事業者であり、一九七〇年代初頭につくられた船会社をチャンピオンとした埠頭の運営形態が約四〇年に渡って現在まで継続されている。さらに表２－１の借受者と図２－１を照らし合わせると、このとき取り決められたコンテナ埠頭の一貫責任体制における業界間の棲み分けの構図は、空間的にみればその運営形態が現在に至る埠頭の平面図にそのまま表現されていることがわかる。

先に述べた一九六九年（昭和四四）の『コンテナ埠頭の運営に関する確認書』は日本港運協会および船主港湾協議会の社外秘とされている。筆者も日本港運協会に公開を求めたが文書の存在は認めたものの公開することはできないとされた。暗黙の了解事項とされた同文書には少なくとも次の四つが約束されている。すなわち、「邦船六社は、コンテナ埠頭における港湾運送業務の運営については、既存の港湾運送事業社に委託すること」、「邦船六社は、港湾運送事業近代化の主旨を尊重し、港湾運送事業者がその施設を充実整備する必要性を認めて、これに協力すること」、「邦船六社は、コンテナ埠頭における港湾運送業務について一貫責任体制が確立されることを要望し、その円滑な実施に

表 2-1　大井コンテナ埠頭各バースの運営形態（借受者とターミナルオペレーターの比較）

	バース名	第 1 号（1）	第 2 号（2）	第 3 号（3）	第 4 号（4）	第 5 号（5）	第 6 号（6）	第 7 号（7）
1981 年	借受者	川崎汽船（株）		大阪商船三井船舶（株）		日本郵船（株）		ジャパンライン，山下新日本汽船
	ターミナルオペレーター	国際港運（株）	（株）大東運輸	三協運輸（株），（株）宇徳	国際コンテナターミナル（株）	日本コンテナ・ターミナル（株）	関東郵船運輸（株）	鈴江組倉庫（株）
2009 年	借受者	川崎汽船（株）		（株）商船三井		ワンハイラインズ(株)	日本郵船（株）	
	ターミナルオペレーター	東京国際港運（株）	（株）ダイトーコーポレーション	（株）宇徳	国際コンテナターミナル（株）	東海運(株)	日本コンテナ・ターミナル（株）	（株）ユニエツクス

東京都港湾局港湾経営部振興課監修『東京港ハンドブック 1991』『東京港ハンドブック 2009』（東京都港湾振興協会）をもとに筆者作成.

埠頭供用開始時には全 8 バースであったが，再整備された現在の全 7 バースに併せて表記した．東京都港湾局によれば 1971 年の借受者の割当は 1981 年の船会社と一致する.

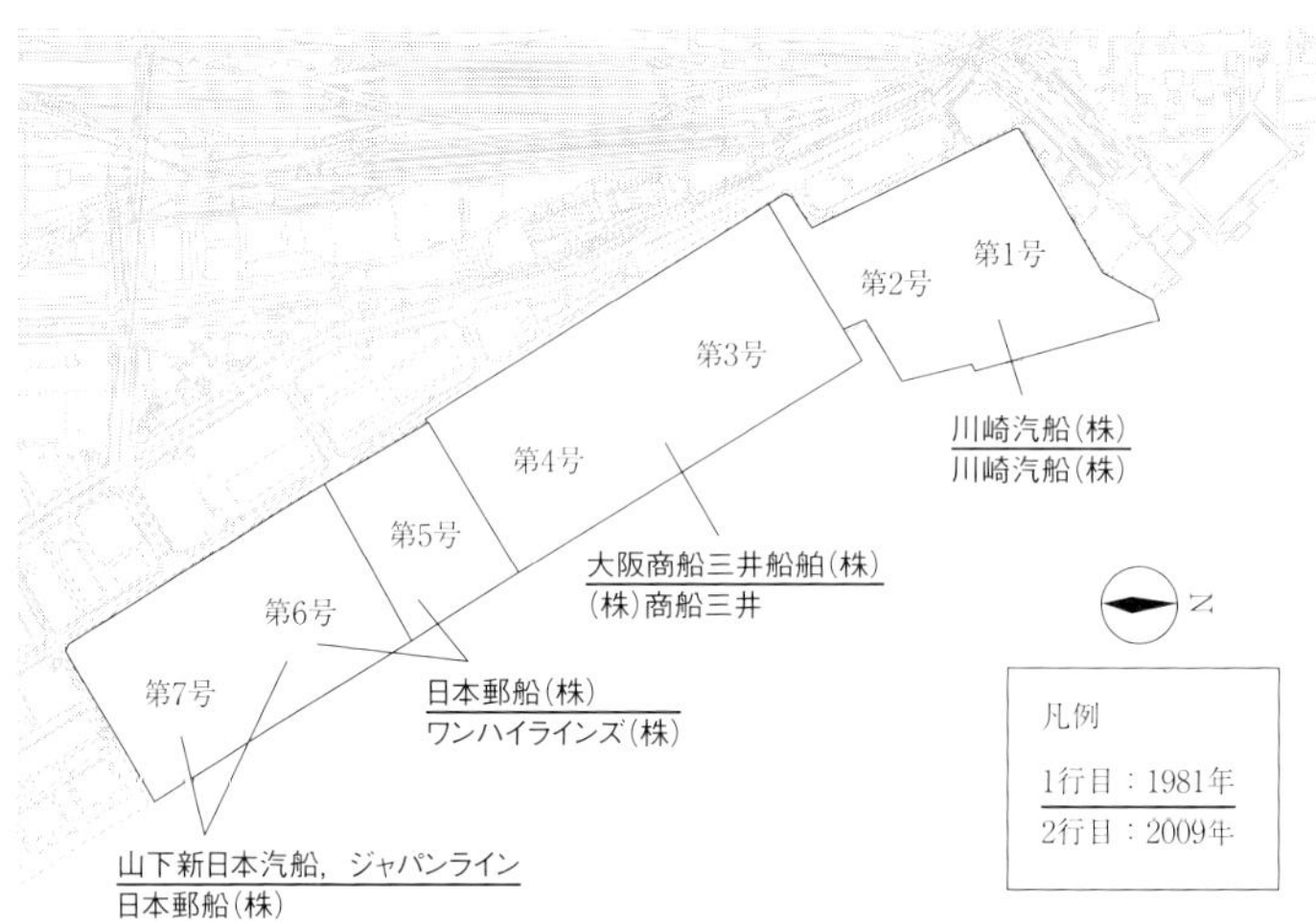

図 2-1　1981 年と 2009 年の大井コンテナ埠頭平面図

東京都港湾局港湾経営部振興課監修『東京港ハンドブック 1991』『東京港ハンドブック 2009』（東京都港湾振興協会）をもとに筆者作成.

協力すること」、「日本港運協会は、邦船六社のコンテナ埠頭の専用使用に支障を生ぜしめないよう協力すること」であった[61]。この四項目は日本港運協会が外部に開示している情報のすべてである。

これとは別に『外貿埠頭公団のコンテナターミナル運営に関する確認書』は公にされている[62]。同文書は『コンテナ埠頭の運営に関する確認書』の一〇年後に船主港湾協議会委員長と社団法人日本港運協会会長との間で交わされた。それがこの概要を踏襲していることをみれば一九六九年（昭和四四）の『コンテナ埠頭の運営に関する確認書』が現在に至る港湾の構造となっているとみて間違いない。

一九七九年（昭和五四）の文書では「日本港運協会の意見を尊重して港運業者を決定する」や「使用二ヶ月前に日本港運協会と事前協議することを確認する」などが明記され、港運業界のより保守的姿勢が表れている。一九六九年（昭和四四）の『コンテナ埠頭の運営に関する確認書』に登場する邦船六社とは、若狭得治が運輸省の海運局長時代に業界再編し、各社を合併して作り出した日本郵船、山下新日本汽船、昭和海運、ジャパンライン、川崎汽船、大阪商船三井船舶の六社である[63]。そして日本港運協会が各港運事業者の賛助団体である港湾促進近代化協議会と浅からぬ関係にあったことは推量される。

この一連の港湾機構の枠の取り決めには、若狭による斡旋があった[64]。このことを公にする文書は極めて少ない。そのわずかな史料の中で当時の日本港運協会の会長であった高嶋四郎雄は次のように語っている。

> コンテナ輸送が開始される時点において、われわれ港運業者においては、革新輸送の仲における港湾運送事業者の健全な業域確保という問題を根本的に解決する必要があるというような考え方が非常に強かったわけですが、当時の港湾近代化促進協議会の若狭会長にお願いして、「中核船社六社社長会議」というものを持って頂いた。たまたまその当時、見坊さんが運輸省港湾局の参事官であり、向井さんが港政課長だった[65]。

高嶋はこのように述べて「中核船社六社社長会議」の存在を認めている。また、見坊とは後の日本港運協会副会長兼理事長見坊力男のことである。運輸省から港運事業者団体へのつながりがあったことがわかる。そして高嶋は先に述べたコンテナ埠頭をすべて借受けるための新日本埠頭株式会社設立構想にともなう業界間協議の調整を若狭に依頼した。それについて高嶋は次のように述べる。

このこと（新日本埠頭株式会社構想）はその時点のコンテナ輸送の流れからいくと、船社に大きな不安感を与えるので、六社の社長会議において、港運業者とどのように妥協すべきか。船社の考え方も生かし、港運業者の考え方も生かすということで、何らかの方向を見いだそう。その努力が行われたのが、若狭会長による六社社長会議だった。(66)

高嶋が認めるようにこの六社社長会議を取り仕切ったのが港湾近代化促進協議会会長に就任した若狭であった。そしてこの中核六社とは後に大井埠頭のターミナル・オペレーターを専属に割り当てられ、かつて若狭が海運局長時代に統合・再編成した六社の船会社のことであった。このような経緯の結果、先に述べたようにコンテナターミナルからコンテナターミナルまでの原則通りコンテナ埠頭の借受主は海運とし、従来の港湾システム通りコンテナターミナル以降の職域は港運とすることとなった。これは「港運は外貿埠頭公団法上、岸壁の利用を申請できる権利を有するけれども、船主に対して、当該権利を行使しないことを約した(67)」一種の倫理協定であった。

コンテナリゼーションという港湾の近代化のために、旧来の海運、港運システムの構造改革を収拾し専用埠頭を実現した背景には運輸省時代以来の若狭の主導があった。そうしてわが国最初の本格的なコンテナ埠頭として建設されたのが大井埠頭であった。

港湾管理者の大井埠頭問題

運輸省と海運港運両業界間のように、東京都と運輸省との間にもまた港湾管理者の地位をめぐる紆余曲折があった(68)。それは東京都港湾局が作成した東京港第一次改訂計画と同第二次改訂計画を比較検討することで推量することができる。この二つの計画の改訂内容は主に大井埠頭の形状の変更であった(69)。

そもそも東京都が東京港の管理者として正式に港湾計画を立てられるようになったのは一九五〇年（昭和二五）五月の港湾法の制定に法的根拠を得たためである。それまで東京港は隣接する横浜、川崎両港との政治的理由から独自に港湾計画を立てることができなかった(70)。

東京都が最初の東京港港湾計画を策定したのは一九五六年（昭和三一）である。このとき大井埠頭は「埋立地造成計画」の一環として三四七万一〇〇〇平方メートルの埋立てが計画された(71)。この時点の港湾計画には外貿埠頭の計画はあるが、コンテナ埠頭の計画はない。つまりこの段階では本格的な港湾の近代化像はまだ誰も構想できていなかった。このときから一九七一年（昭和四六）の大井コンテナ埠頭の供用開始まで一五年の歳月があり、その間に東京港港湾計画は二回改訂されている。最初の改訂は港湾計画から五年後の一九六一年（昭和三六）であった。このときの改訂の中身に港湾管理者であることの利益を主張したい東京都港湾局とそれを承認する立場から港湾計画を主導したい運輸省の水面下のせめぎ合いが見え隠れする(72)。そしてそれが大井埠頭の形状の決定に大きくかかわっている。

両者の最初の駆け引きは「埠頭問題」という形で現れた。かつて港湾法を制定した運輸省はその際に港湾管理者である東京都の権限を制限する項目を盛り込むことを忘れなかった。すなわち運輸省は港湾管理者が私企業と競争することを禁止し、港湾を管理はするが運用はさせないとしていた(73)。これに対して土地と資金を提供するからには利を得たい地方自治体は、民間資本を導入した埠頭会社の形態を借りて自ら倉庫業や港運業に進出しようとした(74)。

近代の港湾は誰のものか。埠頭の所有と管理をめぐる行政間の相克がここに発生する。海岸線は国家が、埠頭は地方自治体が所有する、明治以来のわが国の港湾システムを戦後まで引き摺らねばならなかったことによる問題がここに凝縮されていた。このことについては「運輸省の方針に不満をもつ主要港の管理者（地方自治体）は、昭和三五年、自ら事業経営ができるよう港湾法の改正を企図したが、これは実現しなかった」と『三井倉庫八十年史』に記載がある(75)。この「主要港の管理者」に東京都が含まれていたか定かではない。しかし東京都がようやく策定した最初の港湾計画を港湾法の改正が失敗に終わった翌年の一九六一年（昭和三六）に改訂した背景にはこうした実情があったと推察される。

一九六〇年頃の東京都は東京オリンピックを間近に控えており、羽田空港の整備や港湾整備はオリンピック準備の必須項目であった。そこでまず改訂港湾計画には「新港湾に対する陸上交通の配慮と湾岸交通体制」が盛り込まれた(76)。これはオリンピックを国威発揚としたい運輸省、地域活性の起爆剤としたい東京都がそれぞれの立場から互いの意図を一つの都市インフラ計画に重ねた結果でもあった。

このとき東京都副知事としてオリンピック誘致、実現に深くかかわっていたのが後に都知事となる鈴木俊一である。鈴木が東京都副知事を全うした一九六七年（昭和四二）は、運輸省で若狭得治が事務次官の職を退いた年でもある。こうして港湾管理者としての東京都と港湾行政を主導する運輸省という組織的な対峙をしながらも、ともに港湾から都市の近代化を成し遂げようとする二人の協同があった。

鈴木俊一と若狭得治の港湾近代化のコモンセンス

東京都の東京港一次改訂港湾計画には四つめの改訂内容として晴海航路東側に新設される泊地と大井埠頭の間に防

波堤を築く計画が盛り込まれている(77)。ここに鈴木（東京都）と若狭（運輸省）の大井埠頭をめぐる共通の意図があった。現在の青海埠頭に当たる一三号地と大井埠頭の間には第一航路と呼ばれる船の道がある。港湾計画を立てる場合まずはこの第一航路を計画し、外洋から隅田川口改良工事以来の東京港発祥の港である晴海埠頭までの航路を確保することが前提となる(78)。

また、外洋と連続する第一航路を通すために必要とされた中央防波堤は実質的な東京港港湾区域線となっている（その後第七次改訂において中央防波堤外に埠頭計画が立てられている）。この防波堤計画を立てるためには津波、高潮の進入経路となる第一航路をどこに通すかが港湾計画上肝要であった。

そして、この第一航路を計画することは港湾沿いに走る陸上のインフラを分断することにほかならない。そのため海底の第一航路を計画するに当たり、それと同時に分断された東京港をどう陸上交通でつなぎ止めるかを首都機能全体と連関して思慮しなければならない。そこで東京都、運輸省ともに重要視したのが大井埠頭であった。

港湾管理者の権限をめぐって対峙する一方、同じヴィジョンを共有していたとも言える両者は「環状七号線を延長して京浜二区埋立地から、新埠頭地帯の基部を縦貫して、葛西地区七号線端部で環状に連絡する。この線は新港湾地帯の幹線道路であり、大井埠頭一三号地間で橋梁または隧道で連絡する(79)」ことによって大井埠頭の基部を縦貫する東京湾岸道路をもって、分断された港湾をつなぎとめようとした。そしてこの東京湾岸道路を基軸としてそこから南東方向に埠頭をフィンガー状に突き出した構成が、隅田川に沿って南西方向に埠頭を突き出していた従来の構成とはまったく異なる新たな東京港の骨格をなした（図2-2）。

さらに、オリンピックの交通運営と物流を加味したインフラ整備には競技会場から品川、羽田へ抜ける選手の移動経路と臨港地区から羽田へ抜ける路線を確保する必要があった。大井埠頭の中心を貫通する一〇〇メートル道路の建設は国が直轄で外郭環状道路の一環として取り上げ、一億五〇〇〇万円の調査費の予算を付けていた(80)。そして一九六

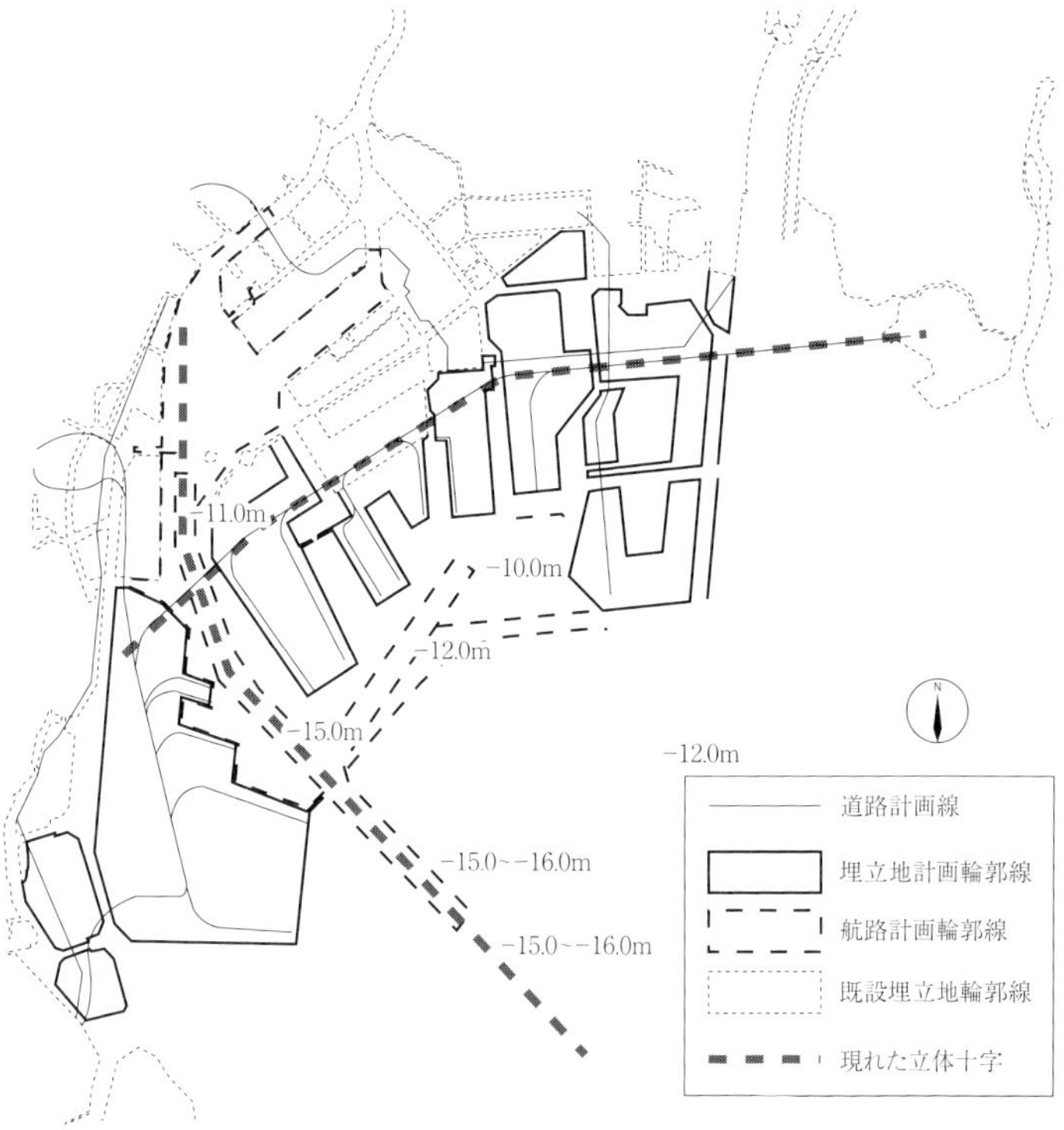

図 2-2 「東京港第一次改訂港湾計画」における航路・埋立地・陸路平面図と東京港に現れた立体十字状の境界線

東京港港湾管理者『東京港改訂港湾計画資料』（1961 年）に添付された「東京港改訂港湾計画参考図」に図示された一次改訂における新設埠頭の外形線に，東京港港湾管理者『東京港港湾計画書』（1963 年）に記された航路計画と『東京港改訂港湾計画資料』（1964 年）に添付された「東京港現況図」に図示された既設埋立地輪郭線を併せて筆者作成.

九年度（昭和四四）から大井埠頭と一三号地を結ぶ道路建設の着工が決まっていた(81)。

つまり大井埠頭の北側と西側半分を陸のインフラ機能に徹したこと(82)と東側半分を本来の埠頭機能として海のインフラとしたことからも、第一航路とその両側を結ぶ環状七号線が交差する大井埠頭の重要性は陸海の都市インフラを兼ねることにあったと言える。

海底を抉ってなす第一航路とその土砂の一部を用いて新設する大井埠頭の基部を縦貫する東京湾岸道路、この二軸は東京港全体に立体十字状の境界線をなす。港を分断せざるを得ないこの遠因は東京港が真っ白なキャンパスに一からマスタープランを描く事ができなかった過去の東京港の歴史に求められる(83)。しかしその副産物として、大井埠頭計画の過程には都市インフラとして港湾を考える姿勢がより一層強く認められる。

まずはこうして一九六一年（昭和三六）三月の一次改訂において第一航路と中央防波堤と共に大井埠頭の外形は定められることとなった。

東京港の骨格となる大井埠頭建設過程の構造

その次に東京港港湾計画が改訂されたのは一九六六年（昭和四一）三月のことであった（図2-3）。この二次改訂は七次まで続く東京港港湾計画の歴史上最大規模の改訂計画であり、現在に至るまで東京港はこの二次改訂に定められた計画に則って進められている。その焦点は大井埠頭の形状に絞られていた(84)。

図2-2と図2-3を比較すると二次改訂の修正点と特徴が鮮明になる。すなわち、図2-3では第一航路が羽田空港との距離をとるために若干の修正がされているものの、図2-2の一次改訂において東京港に現れた立体十字状の境界線はほぼそのまま二次改訂の基本構造として引き継がれている。このことは、今後東京港全体の港湾計画を立てていく上で第一航路と東京湾岸道路の二軸による構成を基本構造とすることが認められたことを示している。また、大井埠頭の形状は図2-2の一次改訂時にはまだ在来の公共埠頭として考えられていたことから第一航路側である埠頭の東側は、いくつかの桟橋が出入りするような形状となっている。この点に着目して図2-3をみれば、大井埠頭がコンテナ専用埠頭として考えられるようになり、該当箇所がリニアで滑らかな線で構成されるように改訂されたことがわかる。これは在来の公共埠頭とコンテナ専用埠頭に接岸する船舶の種類と接岸の仕方、荷役設備の違い、そして何よりも埠頭の運営形態の違いに拠るものである。チャンピオン方式による陸と海の一体的運用は、先に図2-1に示した合理的な埠頭の平面計画を生み出し、これが二次改訂のリニアな線に反映されている。

東京都による第一次から第二次への港湾計画の改訂内容からもわかるように、都市インフラとして大井埠頭を押さえることは東京都にとっても重要なことであった。外貿埠頭機能等の充実による港湾の近代化は確かに国家の急務で

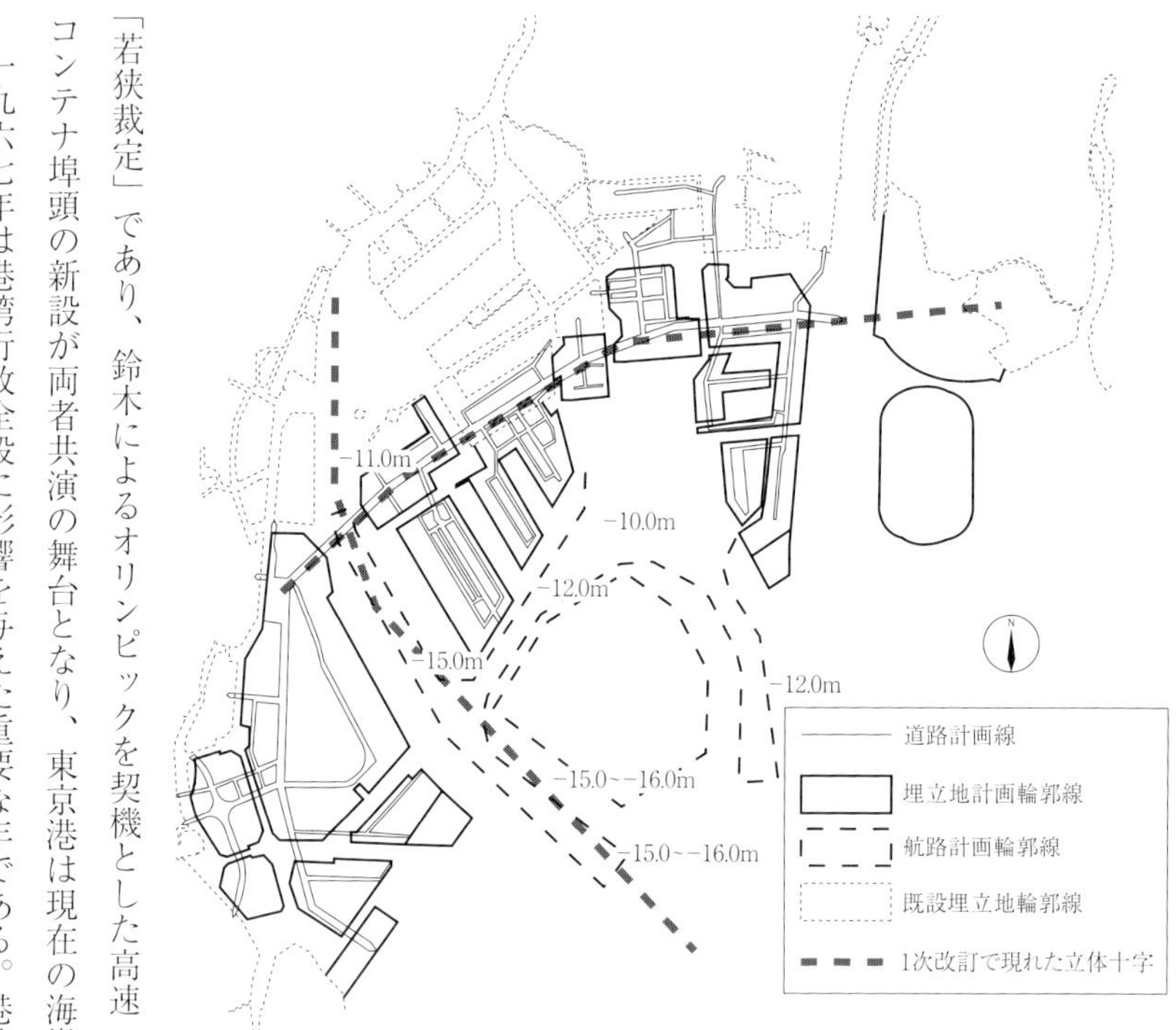

図 2-3 「東京港第二次改訂港湾計画」において修正された航路・埋立地・陸路平面図

東京港港湾管理者『東京港改訂港湾計画資料』（1964 年）に添付された「東京港第二次改訂港湾計画平面図」に図示された改訂後の埠頭の外形線と航路計画輪郭線に，東京港港湾管理者『東京港港湾計画書』（1964 年，11 頁）に記された「大井埠頭その 1」の形状と『東京港改訂港湾計画資料』（1964 年）に添付された「東京港現況図」に図示された既設埋立地輪郭線を併せて筆者作成．

あったが、大井埠頭建設は東京都にとって大井埠頭の管理権を主張しつつ運輸省と折合いを付けようとした結果でもあった。オリンピック後三年が過ぎても大井埠頭は両者にとっての都市の近代化の焦点であり続けていた[85]。

大井埠頭内部の計画が実施されるのは鈴木と若狭がそれぞれの職を辞した後であったが、その布石はすでに一九六七年（昭和四二）に打たれていた[86]。それが若狭による外貿埠頭公団法と「若狭裁定」であり、鈴木によるオリンピックを契機とした高速一号線、環状七号線の整備であった。そうして大井コンテナ埠頭の新設が両者共演の舞台となり、東京港は現在の海岸線を形成するに至った[87]。

一九六七年は港湾行政全般に影響を与えた重要な年である。港湾行政を主導する運輸省では若狭が外貿埠頭公団法の制定を見届けてこの年に退官している。また、港湾管理者である東京都では鈴木が東京都副知事の任期を満了し、大阪万博へと重心を移す時である。さらに東京港の漁民との漁業権全面放棄の協定が結ばれたのも一九六七年である。

その前年に策定され、現在に至るまで港湾計画の骨子となっている東京港第二次改訂港湾計画では、特にインフラ整備について鈴木の東京オリンピック招致と連動した政策があった。このとき作られた首都高速一号線、環状七号線などのハードなインフラは依然として東京を規定するものであるが、それには港湾計画と密接なつながりを持っていた。これらの出来事と各々の立場の人間の企図が幾重にも錯綜して、大井のコンテナ埠頭に結実した。

大規模なコンテナリゼーションの導入は、わが国の中での東京港の位置をそれまでの内港の一つから国際港まで押し上げるとともに、東京港を世界貿易のネットワークの中で位置づける役割を果たした。これによって急務とされた大井埠頭という大規模コンテナ専用埠頭の新設は、港そのものの制度、運営上のみならず、それに基づく都市空間を形づくるインフラ計画に大きな影響を与えた。すなわち、港湾を俯瞰する国家の視点がコンテナ船が通る第一航路を、港湾を内部からみる港湾管理者の視点が大井埠頭の基部を縦貫し一三号地―大井埠頭を横断する首都高速湾岸線を生んだ。これによって構成される立体十字は現在の東京港の骨格となった。

本節は東京港史におけるコンテナリゼーションの導入の都市史的な重要性を指摘し、大井埠頭建設が東京港の骨格を構成した過程を復元した。そして、その骨格が立体的な都市空間として現出していることを示した。

3　大井埠頭背後地との空間の交換

大井埠頭空間形成の基点

そもそも港湾行政上での東京港の大井埠頭新設の意義は、従来の港湾法に拠らない一貫責任制によって埠頭が運営されるところにあった(88)。一方で、東京港の全体の空間構成から大井埠頭が果たす機能をみるならば、大井埠頭は一三号埋立地との間の第一航路によって分断された港湾を陸路によってつなぎとめる架橋の役割も持っており、その意味ではコンテナ埠頭と併せた陸海共通のインフラと言える(89)。

その埠頭空間の貸付けは、「東京都埋立地開発規則」および「東京港港湾施設用地の長期貸付けに関する規則」に基づいて行われる。そして、一九七八年（昭和五三）二月六日付けで施行された東京都埋立地開発規則は、東京都と運輸省による東京港の近代化の最初の成果である大井埠頭の土地利用を決定する直接的な根拠となった(90)。

結論を先取りするならば、これによって決定される大井埠頭空間の形成は、それまで工場地域化によってなされていた大井町周辺の都市化の方法を変容させる。

このことを明らかにするために、本節では以下の三つの柱を立てた。

（一）大井埠頭空間の構成がコンテナ化以前に陸上貨物輸送の主役を担ってきた鉄道用地を基点として組立てられた一方で、（二）コンテナ埠頭の運営上の性質を根拠とする倉庫群の配布構造を空間論的に明らかにする。（三）その上で、大井埠頭新設前後の大井町の変遷を復元し、大井埠頭空間がもたらした都市的影響を明らかにする。

このように本節は、これを含めて特に大井埠頭の倉庫用地と倉庫群の配布(91)から大井埠頭空間の形成を眺め、東京港史上の近代化過渡期における背後市街地の形成上果たした成果について、都市史的観点から一定の評価を与えようとするものである。

三四七万一〇〇〇平方メートルの面積を有する大井埠頭の用途区分の切り分けは、東京都港湾局作成の大井埠頭埋立地利用区分表に集約される[92]。新設した埋立地の所有権は港湾管理者である東京都が保持し、これを長期的に貸付けるのが一般的である。しかし大井埠頭の場合、国鉄の内部計画との都合もあって土地を払い下げている[93]。このことは大井埠頭空間を形成していく上で、大井埠頭埋立地利用区分を決定する基本的な素地となった[94]。その根拠は、大井埠頭が供用開始される三年前の一九六八年（昭和四三）一〇月一六日に、主として国鉄の占有面積に関して開かれた東京都港湾審議会に求めることができる[95]。

この年は運輸省が外貿埠頭公団法を成立させた翌年に当たり、大井埠頭をコンテナ専用埠頭とする前提でその空間利用区分が討議された[96]。すなわち、コンテナ専用埠頭では貨物が摩擦なく海上から港運へと運ばれるため[97]、海運と陸運の接続も従来の埋立地より円滑に行われることが利用区分の前提とされた[98]。

その中で、浮穴港湾局計画部長は大井埠頭埋立地利用計画の中身を①港湾用地、②交通用地、③都市再開発用地の三つに類型化して説明している[99]。必然的に①と②の両方に属する国鉄の鉄道用地は最重要とされ、大井埠頭土地利用計画の基盤とされた[100]（図２‐４、Ａ部）。

同審議会の結論である東京港第二次改訂港湾計画の埋立地利用区分表には、さらに埠頭を縦貫する一〇〇メートル道路および都市計画街路との立体交差等の陸上インフラ用地が鉄道用地と組み合わさって記載されている[101]（図２‐４、Ｄ部）。そしてコンテナバースとその背後地倉庫用地も、その両端部を回折して鉄道用地に接続する構成をとり、貨物輸送に備えるものとした（図２‐４、Ｂ部）。

この東京港第二次改訂港湾計画は、海上輸送の近代化に対処することを主眼とした戦後最大の改訂であった。確かにその根拠作りが行われた一九六八年の港湾審議会では、陸と海を摩擦ない輸送形態で結ぶというコンテナ埠頭の特

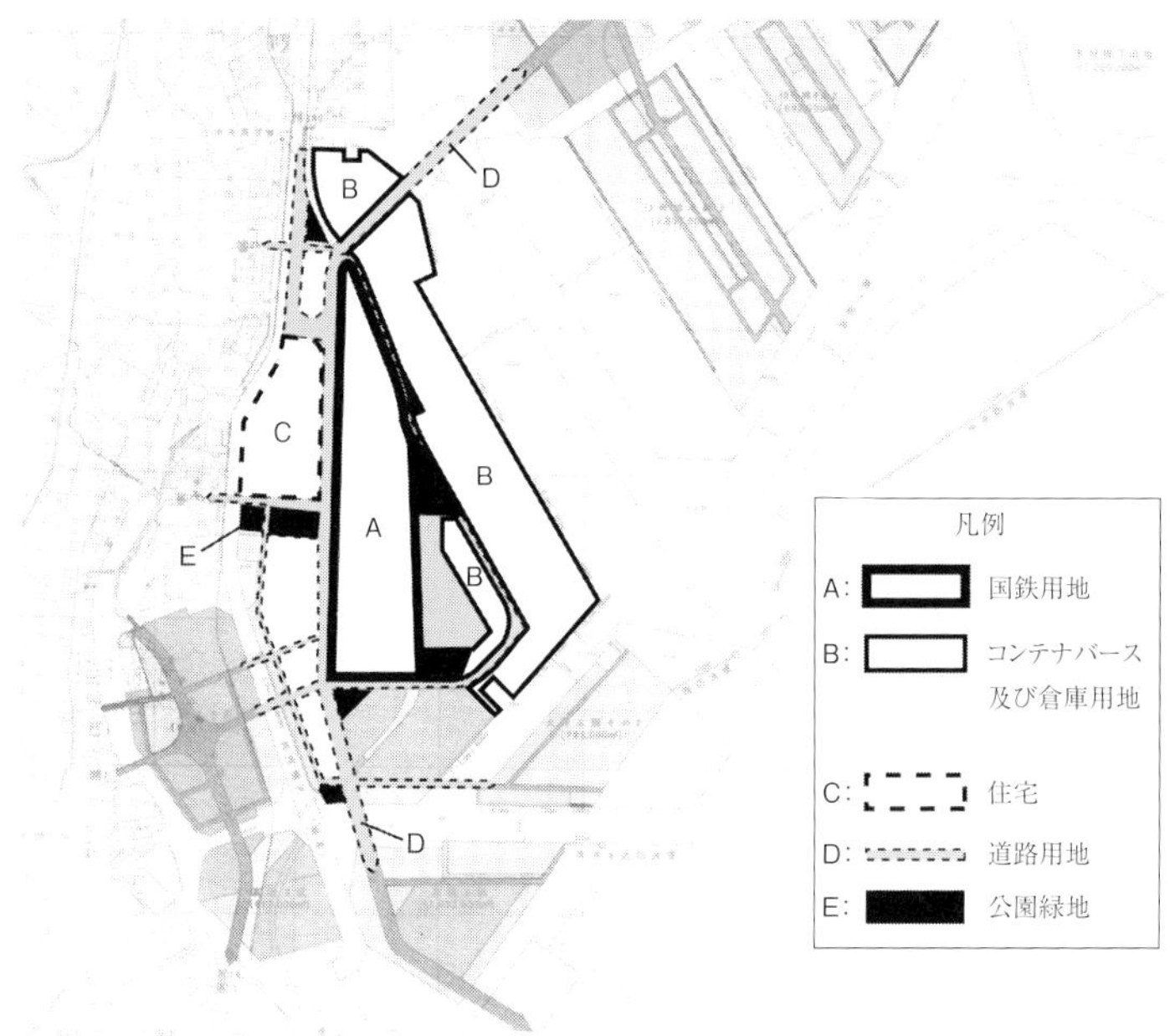

図 2-4 「東京港第二次改訂港湾計画」の大井埠頭埋立地利用区分表

東京港港湾管理者「東京港港湾計画資料」1966 年(昭和 41)3 月(東京都内部資料)に掲載された「東京港第二次改訂港湾計画平面図(附土地利用計画平面図)」より大井埠頭周辺を抜粋し，筆者による記号と凡例を付記した．

徴が考えの基本とされている。

その一方で、コンテナ化以前に陸上貨物輸送の主役を担ってきた鉄道用地一四四万平方メートルをその基点として、その他の大井埠頭土地利用区分が組立てられていく構図があったことも確かである。大井埠頭の新設に際して、海上のインフラ整備ではコンテナ船が航行できる第一航路の浚渫などがされたが、まだ陸上にはコンテナ輸送を核として東京港のインフラ計画全体を組立てていくまでの抜本的な変革はもたらされていない。そのため、あくまで倉庫用地も鉄道用地の延長に接続するものとして構えられた。

現在では、コンテナの陸上輸送はターミナルから陸上倉庫までをトラック輸送および内航海運によって賄うことが主流であり、輸送用の鉄道用地よりもコンテナプールの確保が命題となっている[102]。

大井埠頭倉庫群から始まる空間的展開

大井埠頭空間全体が鉄道用地を基点とする旧来の構成をとりつつも、大井埠頭新設の主目的は東京港へのコンテナリゼーションの導入であったことから、その倉庫用地内部（図２-４、Ｂ部）の貸付けは、当初から一貫責任制による埠頭運営を根拠として検討された。

大井埠頭の倉庫用地などの物流関連用地の処分・開発について、一九八三年（昭和五八）一二月には「東京港港湾施設用地の長期貸付けに関する規則」が制定されている。同規則は一九七八年（昭和五三）に制定された東京都埋立地開発規則の特例措置のための規則であり、その主旨は長期貸付けを三〇年（更新可能）とすることであった[103]。この動きは神戸港や横浜港に較べて埋立地開発の遅れていた東京港に、官民一体となった進出を促すためのものであった。

制度としてはこれが素地となったが、実際に東京港で最大の貸付け面積を有する大井埠頭その一埋立地の合計、五一万五〇〇〇平方メートルの倉庫用地を各倉庫業者に配布していった過程を、立地と貸付け面積の二点からみていく[104]。まず、大井埠頭がコンテナ専用埠頭として新設されるに当たり、各コンテナバースからの移送主道路に面した立地のよい場所に、都営の港湾倉庫施設である大井海貨上屋[105]が建設された。この海貨上屋は、一九八三年（昭和五八）六月一〇日に一号棟が供用開始されたのを皮切りに、一九八五年（昭和六〇）に二号棟、一九八七年（昭和六二）に三号棟、一九八八年（昭和六三）に四号棟、一九九五年（平成七）に五号棟が順次建設された[106]（図２-５の①から⑤番）。コンテナ埠頭の運営上の利点から[107]、三協運輸株式会社、株式会社宇徳、株式会社ユニエックスのターミナル・オペレーター三社が入居している。

次に貸付け面積を比較すると、大井埠頭倉庫用地の民間貸付地に立地する四〇社（海貨上屋を除く）のうち、貸付け面積が一万平方メートル未満の企業が二六社ある。一万平方メートル以上一万五〇〇〇平方メートル未満の貸付け面積を有するのはわずかに一〇社で、そのうち旧財閥系倉庫業者が二社、ターミナル・オペレーターが三社で併せて半

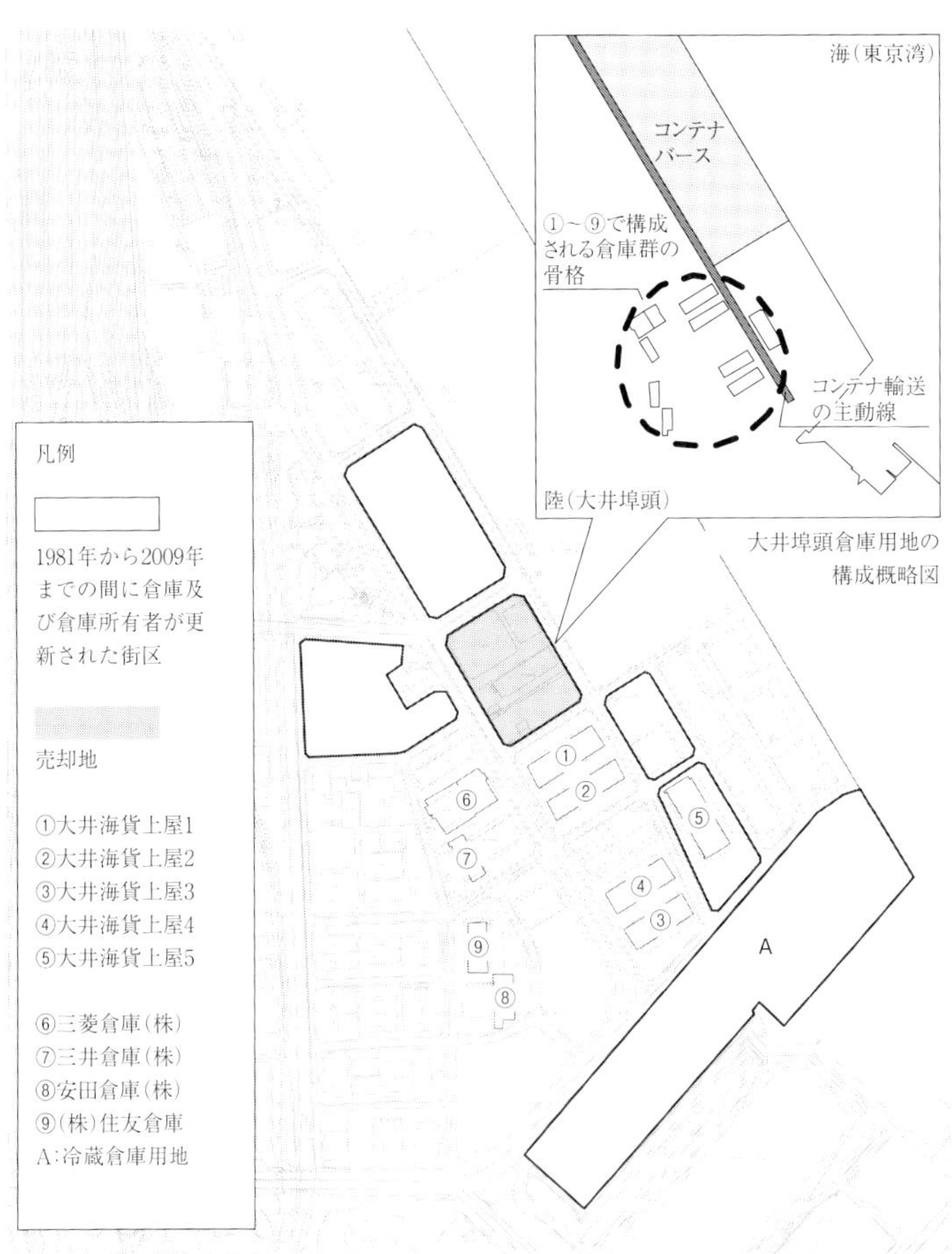

番号	企業名	貸付面積(m²)	建物の構造	延床面積 (m²)			保管能力 (t)
				倉庫・上屋	事務所等	計	
⑥	三菱倉庫（株）	20,239.91	5階建1棟	普：32,188	12,214	63,651	65,000
			7階建1棟	定：19,222			
⑦	三井倉庫（株）	10,426.59	3階建2棟	普：10,465	3,902	14,367	18,000
⑧	安田倉庫（株）	8,769.45	5階建2棟	普：20,015	2,351	22,920	36,555
				定：　554			
⑨	（株）住友倉庫	9,999.95	5階建2棟	普：16,430	4,175	22,545	30,561
				定・ 1,940			

普：普通倉庫，定：定温倉庫

図 2-5　大井埠頭倉庫用地の更新状況図（1981 ～ 2009 年）

東京都港湾振興協会編『東京港ハンドブック』1981 年版から 2009 年版を参考に筆者作成．図中の通し番号は倉庫を示す．

数を占める。さらに、一万五〇〇〇平方メートルを超える企業は二社しかなく、その一社である三菱倉庫の貸付け面積二万平方メートルは大井埠頭倉庫用地の中で群を抜いている[108]。

このように、立地のよい海貨上屋や比較的大きい貸付け面積を有する倉庫業社には、ターミナル・オペレーターや旧財閥系倉庫業社が多くみられる。旧財閥系倉庫業社はそもそも、戦前の東京港の倉庫業を政府から一手に引き受けていたため、当時の国策によって隅田川口周辺に倉庫用地が配布された歴史がある[109]。戦後になって、政府米の備蓄の必要がなくなった政府は都市再開発のために当該倉庫用地の返還を求めた。旧財閥系倉庫業社は新たな倉庫業の展開をコンテナリゼーションによる国際輸送業務に見据えていたため、その代替え地を東京港のコンテナ化を契機とした大井埠頭新設に求めた経緯があった[110]。このことが、大井埠頭に旧財閥系倉庫業社が大きい貸付け面積を持つ直接的な原因となった。

図2-6に示すのは、二〇一〇年の旧財閥系倉庫業社による東京港倉庫配布図である。青海コンテナ埠頭の拠点はさらに後になって建設されたもので、当時は存在しなかった。そのため、コンテナ化導入時代における東京港の拠点は大井埠頭に集中していたと言ってよい。

このように、大井埠頭空間における倉庫用地が専ら鉄道用地を基点としたコンテナ以前からの輸送インフラの延長として構成された一方で、その倉庫用地内部はコンテナ埠頭新設によって新たに発生した視点が構成の根拠の過半となった。大井埠頭の倉庫群の立地、貸付け面積とその権利は、特に一貫責任制を実現するターミナル・オペレーターという新たな港湾システムの導入が特徴づけている。

図2-5には、最初に大井海貨上屋一号棟が建設された二年前に当たる一九八一年（昭和五六）から二〇〇九年（平成二一）までに倉庫所有者が更新された街区および倉庫用地の売却地、そして主たる倉庫群の分布を図示した。図2-5のA部は、後に新設された冷蔵倉庫用地であり、これを除けば大井埠頭建設当初の倉庫配布・倉庫占有の構図

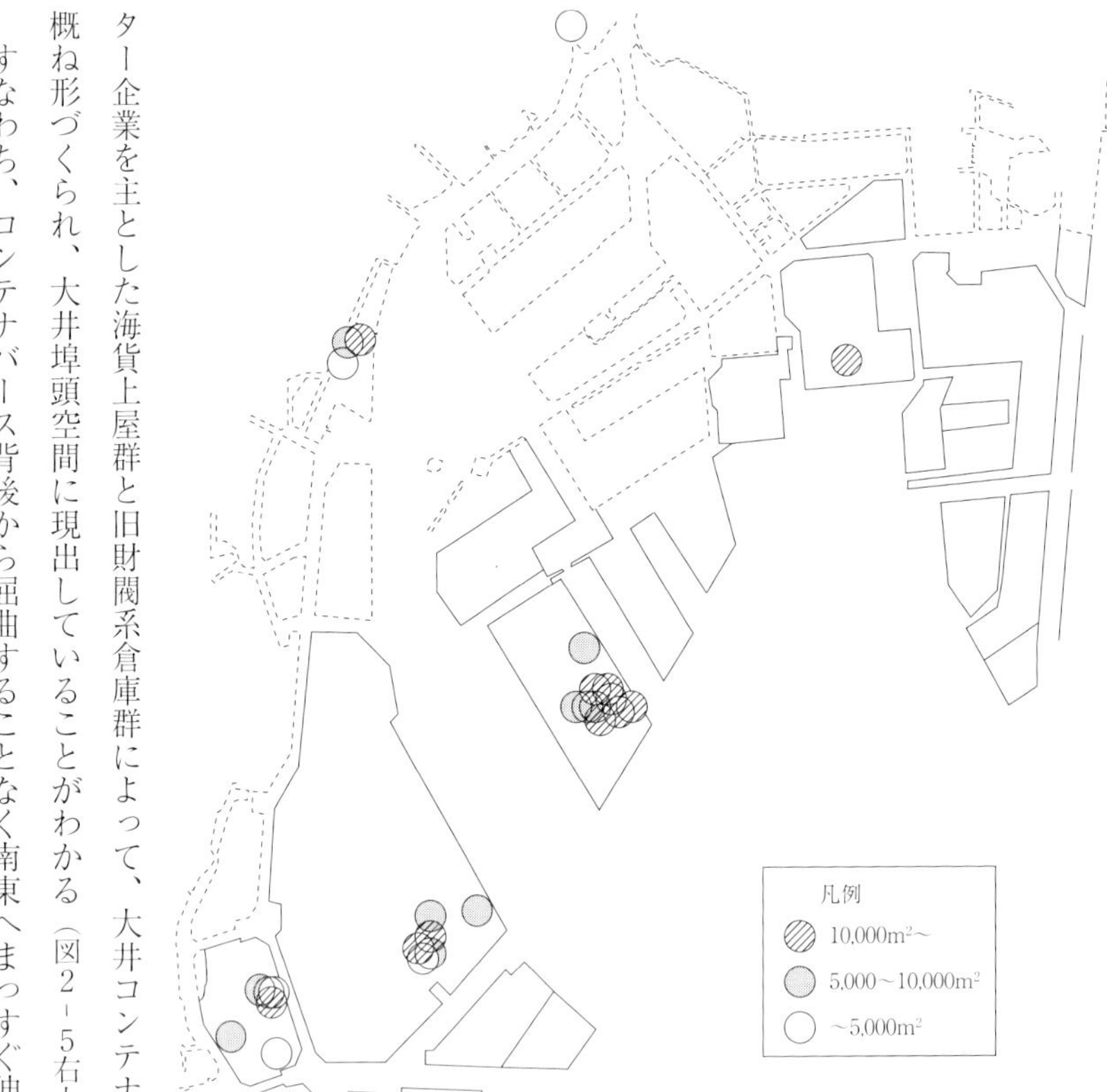

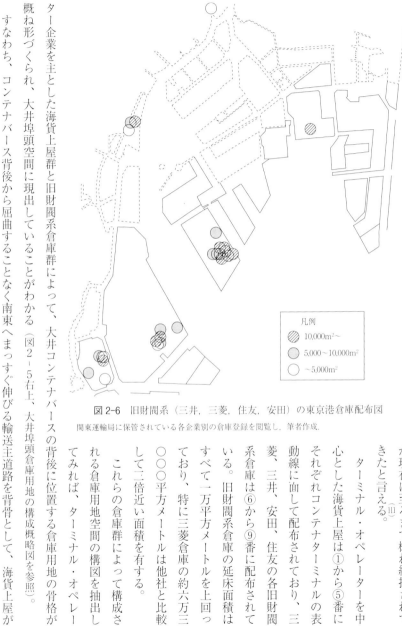

図 2-6　旧財閥系（三井，三菱，住友，安田）の東京港倉庫配布図

関東運輸局に保管されている各企業別の倉庫登録を閲覧し，筆者作成．

が現在に至るまで概ね維持されてきたと言える(11)。

ターミナル・オペレーターを中心とした海貨上屋は①から⑤番にそれぞれコンテナターミナルの表動線に面して配布されており、三菱、三井、安田、住友の各旧財閥系倉庫は⑥から⑨番に配布されている。旧財閥系倉庫の延床面積はすべて一万平方メートルを上回っており、特に三菱倉庫の約六万三〇〇〇平方メートルは他社と比較して二倍近い面積を有する。

これらの倉庫群によって構成される倉庫用地空間の構図を抽出してみれば、ターミナル・オペレーター企業を主とした海貨上屋群と旧財閥系倉庫群によって、大井コンテナバースの背後に位置する倉庫用地の骨格が概ね形づくられ、大井埠頭空間に現出していることがわかる（図2－5右上、大井埠頭倉庫用地の構成概略図を参照）。

すなわち、コンテナバース背後から屈曲することなく南東へまっすぐ伸びる輸送主道路を背骨として、海貨上屋がこの両脇に配されつつ、円環状に配布された倉庫群が倉庫用地全体の領域を規定する。

現在に至るこの大井埠頭倉庫群の構造は、大井埠頭利用区分表を決定した一九六八年（昭和四三）の港湾審議会にその直接的な根がある。図2-4に示した鉄道用地（A部）、道路用地（D部）を併せると大井埠頭三四七万一〇〇〇平方メートルの約六割を占める[112]。これを前提として残りの約四割の争奪戦が行われた。品川区選出の都議会議員は公園緑地（図2-4、E部）の拡大と確保を主張し、埠頭の専用使用をめぐって熾烈な争いを繰り広げた港運、海運両業界は港湾労働者住居用地（図2-4、C部）が保証されていることを確認するとほとんど議論に参加しなかった[113]。このように、大井埠頭空間形成の根拠が必ずしもすべてコンテナ化を目指す上での新規性を見出す積極性に求められたものではなく、地元の利益を始めとした様々な権益争いの場となったことは否定できない。そのためこの日の審議は先送りされ、答申は出されていない[114]。

しかし一か月後の一九六八年（昭和四三）一一月一五日に行われた東京都港湾審議会で、この日議論された利用区分はほぼ現行案のまま承認された[115]。これによって、これまで述べてきた大井埠頭空間を形成する骨子は正式に定められることになった。

外貿埠頭公団法と同じ一九六七年（昭和四二）に、倉庫用地の貸付け根拠となった最初の東京都埋立地開発規則が施行された。そして東京港港湾施設用地の長期貸付けに関する規則が施行され、大井海貨上屋一号棟の建設によって、運輸省と東京都が主導するコンテナリゼーション導入による港湾近代化の骨組みが、現実の埠頭空間にようやく現出し始めたのが一九八三年（昭和五八）のことであった。

大井埠頭倉庫群空間に始まる港湾の近代化の空間的な展開は、陸と海の接続点という都市的位置を大井埠頭に譲ることになった大井町を、新たな大井埠頭空間との関係からその都市空間形成の構造を変化させていくことにつながっていった。

たとえば、倉庫用地から工場集団化事業によって工場用地となる大井町の東側一帯は、大井埠頭建設後その都市的位置づけが大きく変化した。後に内部運送用の人工キャナル・京浜運河が通されたその東側沿岸は大型船の乗り込みがなくなることから、原材料や一次産品を備蓄する倉庫が並ぶべき土地ではすでになかった。そして工場集団化事業は、大井埠頭に国鉄の貨物拠点が汐留から移設されることが前提となっていた(116)。その大部分を占めた日本たばこ産業品川工場は、さらにその後の民活化の波を受け、現在の品川シーサイドフォレストに再開発された。

また北側沿岸部に現在まで残る倉庫用地は、大井埠頭建設以降もこの地がその北部に位置する品川埠頭の背後地であり続け、むしろ大井埠頭の北西の入隅に位置するこの地の背後地倉庫用地としての価値が増すことが念頭にあったことは疑いない。

こうした背後地上の都市空間に新たな倉庫群空間の誕生を含む大井埠頭空間の形成がもたらした変化は、港湾空間として新設された大井埠頭空間の都市空間の中での位置づけを逆照射していく。

大井埠頭と背後地の空間の交換

大井埠頭が供用開始される一九七一年(昭和四六)以前の大井町は直接東京湾に面していた。東海道沿いの宿場町である品川宿に隣接する大井村が大正期に工場地域として開発されて大井町となった。そのため、大井埠頭新設以前の大井町には工場が多く、「大正五年から七年までの間に東京毛織大井工場・日本毛織大井工場、(……)、東京電気大井工場が創業し、(……)、明治期の目黒川沿岸に集中をみせていたものが、大井町へと拡大をみせてゆく(117)。」

そして後に大井埠頭の新設に深くかかわる旧日本国有鉄道(国鉄)は、当時から大井町に工場を構えていた。これは一九一一年(明治四四)に着手された品川駅の拡張工事に伴うもので、田町・品川間沿線先の海面約八万坪の土砂を大井町駅に近い浅間台の丘陵から採取した際に、浅間台付近から大崎駅にわたる面積約八万坪の田畑原野を買収した。ここが国鉄大井工場の敷地となった[118]。

こうした工場用地の開発に端を発した大井町周辺は、大正の末期にはほぼその都市化を遂げる。町の北部は毛織工場を中心として都市化され、東部はもともと水田地帯であったが工場地帯へと転じた。

内陸部が工場地帯へと変貌していく一方、大井町沿岸には当時まだ漁民がいた。行政側としては漁民との全面漁業補償協定を結ぶことが、新しく埋立てを考える上で最初の関門であった。しかも大井埠頭埋立地の一部が京浜運河建設工事区域であったことと、東京都改訂港湾計画による大規模な埋立てであったことが、従来の局地的な補償ではすまなくさせたため問題を複雑にした。

この問題の解決のためには、漁業組合と東京都港湾局の過去をめぐる二重の構造を解決せねばならなかった[119]。

大井埠頭の建設をめぐっては大森漁協と品川漁協があたることとなり、最終的に一九六一年（昭和三六）に品川浦漁協他とは「大井埠頭埋立地についての都からの補償金七九二万五〇〇〇円をもって、漁民側は、品川区大井鮫洲町二〇九番一号ほか五筆の土地を、都から譲渡を受けたことを意味する」[120]ことで東京都は解決を図ろうとした[121]。

しかしながら、この補償は過去に京浜運河開さく以来被ってきた被害に対する補償であるとし、漁業者たちは大井埠頭埋立てに関して漁業権の全面的放棄による未来に対する補償をさらに求めた。

これを受けて結局、一九六七年（昭和四二）一二月二日に補償額三三〇億円で決着することになった[122]。こうしてすべての漁業権が放棄されるに至った。このように漁民を陸に上げることで、一九六七年（昭和四二）になってようやく大井埠頭実現の目処が立ったのである。

大井埠頭の建設以前まで東海岸線であった現在の京浜運河沿い（図2-7のA、B部）には、先述の通り工場地帯が展開し、品川燃料、木下冷凍、日本金属精工東工場、雪印品川工場、プリマハムの工場などが林立していた。その中で、倉庫業社としては東洋倉庫や神六倉庫などの新興倉庫業社がわずかにあるのみで、旧財閥系などの大手倉庫業社はまだこの地になかった。

一九六七年（昭和四二）当時、大井地区に分布していたこれらの工場は主にガラスや金属といった原材料を商品へ加工する場所であった。このことは、主に原材料を荷下ろしする品川埠頭（すでにコンテナバースも整備されつつあったが、当時はまだ間に合わせ程度のものでしかなかった）の背後地であったことに拠っている。

また大井地区の北海岸線付近、つまり品川埠頭の南に位置する部分には大島倉庫、東京通商第一品川倉庫、丸三陸送品川営業所などが並び、すでに品川埠頭の背後地倉庫地域として機能していた。

その後一九七一年（昭和四六）に大井埠頭の供用が開始されるに至って、旧財閥系倉庫業社が進出するなど、この地の倉庫の性質と配布構造に変化が生じていく。倉庫は原材料の備蓄を旨とするものから、すでに商品として加工された二次産品を船舶から下して出荷することを旨とするものへと移行していくことになる。

図2－8は、一九六〇年から一九七〇年までに更新された街区を示している。これを逆に読めば、一九七一年（昭和四六）の大井埠頭の供用開始以降は街区更新がなされなかった場所を示していることになる。つまり、白地で残った土地は、先に述べた工場用地が大半であり、これが一九七一年以降に更新されていったことがわかる。

大井埠頭空間の基点を鉄道用地とすることを見越し、それまで工業地域化によって都市化してきた歴史の延長に工場集団化事業を置いた。しかし大井埠頭が実際に供用されて以降、その過半は次第にコンテナ埠頭の特性を活かした倉庫群空間の持つ都市的影響力によってさらに更新されていくことになる。

新しいコンテナ埠頭とその倉庫群が誕生することは、かつて海に面していた旧港湾空間の構成を大きく更新していく。

京浜運河を挟んで対岸となった旧海岸線沿いの倉庫用地、工場用地の多くは一九七一年（昭和四六）以降も、北側の倉庫用地とともに品川埠頭および大井埠頭の背後地として有効であった（図2－7、A部）。一方で旧海岸線から帯状の

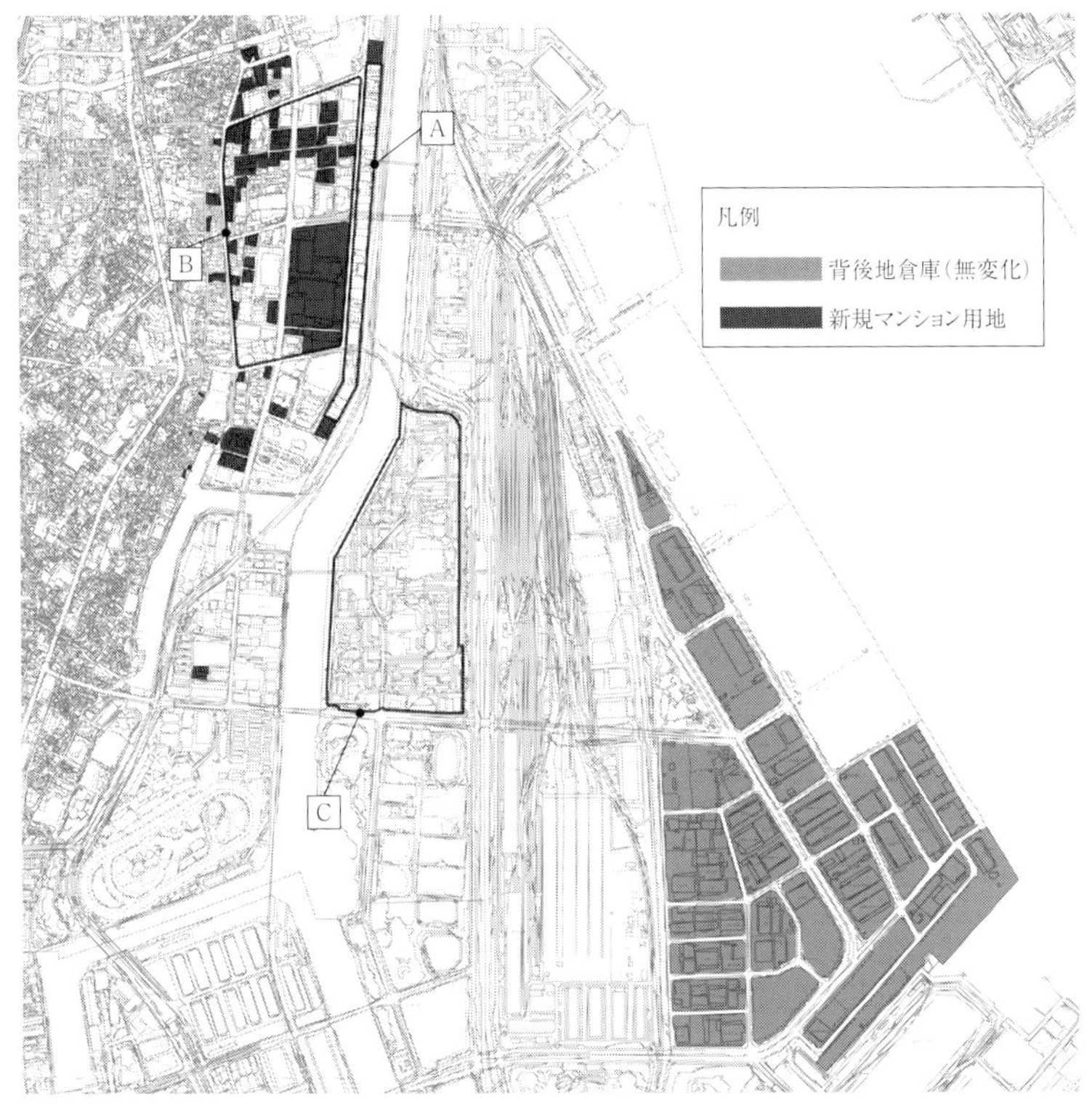

図2-7　2003年の大井地区の集合住宅の分布図

『東京都全住宅案内図帳　品川区』（東京住宅協会，1960年，1968年，1972年，1978年）をもとに筆者作成．

街区を挟んだ工場用地はその用途を変化させていった（図2－7、B部）。

一九七一年以降、この地にあった工場、倉庫用地の多くが集合住宅用地として宅地再開発の対象となった。大井埠頭内部には先述の通り、主に港湾労働者のための団地住宅のエリアが設けられているが（図2－7、C部）、工場地帯として都市化してきた大井町は工場用地の宅地開発による市街地化へ向かった。この理由は、当該の土地が流通を旨とした倉庫業の展開（コンテナ化）にとって、すでに港湾空間としての役割を果たさなくなったことがあげられる。

一次産品である原材料を留めておく必要がなくなったことは、工

図 2-8　大井町の 1960 ～ 1970 年（大井埠頭建設前）の街区更新状況図

『東京都全住宅案内図帳　品川区』（東京住宅協会，1960 年，1968 年，1972 年）をもとに筆者作成．

場地域化による都市化から市街地化による都市化への変化をもたらした。そして、大井コンテナ埠頭が供用開始された一九七一（昭和四六）年以降に、大井旧海岸線近辺にあった工場および倉庫用地は宅地開発され、街区更新されていった。

すなわち、原材料の荷下ろしを主とした従来の港湾機能から、商品の通過を旨とした新たな港湾機能へ倉庫群の性格が移行したコンテナ埠頭空間が形成されたことが、品川埠頭に荷卸される原材料を根拠としてきた工場地域としての大井町の歴史に変化を与えた。

このように、新たに形成された大井埠頭空間の土地利用の根拠が、それぞれに近接する背後地の都市化方法を提供し、倉庫・工場用地として残る街区、工場用地を更新する街区などの差異化を生んだ。そして、コンテナ化による大井埠頭空間と倉庫群空間の形成が、背後地の都市化方法を決定する新たな構造となった。

一九七一年に供用を開始する大井埠頭は、その空間形成の基点を在来埠頭と同様に鉄道用地とすることを素地とした。その一方で、その倉庫用地はコンテナ化によって新たに生じた特性を根拠として、その空間を展開していった。来るべきコンテナ時代の模索の中で形成された大井埠頭空間はその埠頭空間内に生じた港湾の近代化のイデオロギーの微差を構造として、背後地である大井町の都市化方法をそれぞれに変容させていった。本節は、新たな港湾機能を担う埠頭として新設された大井埠頭空間の形成とその空間構成が背後地の都市空間形成の構造ともなったことを明らかにした。

4　大井埠頭空間の都市構造

大井埠頭空間にみる都市の近代化

大井埠頭の新設は東京港全体の空間構造を決定する骨格を生み出し、その背後地にある都市構成に影響を与えた。このことを明らかにするために、ここでは次の三つの柱を立てた。(一)まず大井埠頭の供用を目的として作成された大井埠頭埋立地区分表にみられる用地の配布の構造を明らかにする。(二)その上で倉庫用地に焦点を絞り、それまで個別の事情に依るとされてきた在来埠頭と近代化した後の専用埠頭の埠頭空間を横断可能な指標を示す。(三)そして、最終的に倉庫の配布に表現されるに至る大井埠頭空間が旧沿岸部に働きかけた空間的作用が、多義的な「空地」の概念を海と陸の狭間に生み出し、これらの空地としての倉庫群の配布が新たな都市構造を主体的に担ったことを明らかにする。

このように、本節は港湾近代化の過程で大井埠頭に現れた陸海それぞれのインフラ空間の構造を見定めた上で、大井埠頭空間形成が持つ港湾の近代化上の位置を明らかにするものである。

コンテナリゼーションの導入に伴い、運輸省と各業界間で起きた既得権益をめぐる構図[123]は、港湾管理者として新たな立場を作ろうとしていた東京都と運輸省の間にも少なからず起きていた[124]。東京都は港湾計画を立案する立場から、運輸省はこれを承認する立場から、それぞれの主導権を主張したのである。

大井埠頭の平面計画の過程には、明治以来港湾行政が抱えてきた諸問題の克服が含まれていた[125]。たとえば、大井埠頭空間利用の基盤とされた国鉄の土地取得の経緯には、港湾の近代化について鉄道という従来の陸上インフラを活用する東京都と運輸省の合致した企図が潜んでいた。一九七八年（昭和五三）一月六日施行の「東京都埋立地開発規則」から、このとき大井埠頭の供用に際してなされた東京都と運輸省の国鉄用地をめぐる企図を推量することができる。加えて、新設された大井埠頭の約四割を国鉄用地が占めるという事実は、海上のコンテナリゼーションによる専用埠頭の基盤が、依然として陸上インフラとの接合にあると考えられていたことを示している。

東京都埋立地開発規則では貸付け先の選定を「埋立地を長期の賃貸借により貸付け、又は売払いをしようとするときは、公募するものとする[126]」一方で、例外として「鉄道事業法第二条第一項に定める鉄道事業、軌道法第三条に定める運輸事業及び道路運送法第三条第一号イに定める一般乗合旅客自動車運送事業の用に供するとき」、「知事が別に定めるところにより無償で、又は時価より低い価額で埋立地を処分し、又は使用させることができる」と定めていた[127]。

このことを大井埠頭の供用に即して読むならば、東京都知事、事実上は当時オリンピックと絡めたインフラ整備の舵を握っていた鈴木俊一東京都副知事の判断によっては無償で国鉄に土地を提供することも可能であったことになる[128]。

その伏線を大井埠頭が供用開始される三年前の一九六八年（昭和四三）一〇月一六日に国鉄の占有面積に関して開かれた東京都港湾審議会に認めることができる[129]。この年は運輸省が外貿埠頭公団法を成立させた翌年に当たり、大井埠頭をコンテナ専用埠頭とする前提でその空間利用区分が討議されたことに留意する必要がある[130]。

三七万一〇〇〇平方メートルの面積を有する大井埠頭の用途区分の切り分けは、東京都港湾局作成の大井埠頭埋立地利用区分表に集約される(131)。この利用区分表は各所属団体の利権にも配慮せざるを得ないという旧態依然とした性質を引きずってはいたものの(132)、外貿埠頭公団法を根拠とするコンテナ専用埠頭という点で他の埋立地の利用区分表とは既存のインフラ施設との関係からも特筆されるものであった。

港湾の近代化を目的としたコンテナリゼーションの導入を控えたこの時期に、鉄道輸送のみに特化した計画を立てることへの疑念は容易に察知されるべきことであろう。事実として、一九六八年（昭和四三）に二二・二％のシェアがあった鉄道輸送は一九八六年（昭和六一）には四・七％まで落ち込んだ(133)。

コンテナ埠頭の導入を促す外貿埠頭公団法が成立した翌年の港湾審議会において、この事態を予測することはそれほど難しくない(134)。

それにもかかわらず、在来外貿埠頭をコンテナ埠頭に変更するために行われた一連の二次改訂では、国鉄がその貨物輸送部門のための広大な敷地を大井埠頭に取得することが優先され、国鉄用地は当初より増幅して盛り込まれたのであった。そこには、従来の陸上インフラに配慮しようとする明らかな意図がある。

東京港の近代化は陸、海の両側からその接続ラインである埠頭に次第に接近してきた。しかし、いずれにおいても国鉄やコンテナ埠頭を実際に整備する外貿埠頭公団といった実質的な運輸省の外郭団体の企図が、本来港湾管理者として専ら主導権を握りたい東京都の港湾計画に色濃く影響を与えている。

先に示した一九六八年（昭和四三）港湾審議会で、国鉄用地を大井埠頭埋立地利用区分の前提とすることの是非を問う議論がなされたとき、東京都港湾局は一貫して国鉄側の立場を崩そうとしていない(135)。港湾局が港湾管理者として埠頭の空間利用を主導するべき(136)、という意見に対して日本国有鉄道建設局長石川豊は次のように答えている(137)。

①大井埠頭の用地は大体が国鉄全体の近代化、つまり通勤輸送と貨物輸送の近代化を主眼として計画するものである。
②そのため国鉄の第三次計画で取り入れられているのも通勤輸送の解決、改善と、貨物輸送の近代化である。
③さらに外貿埠頭公団による海上コンテナおよびこの港湾地帯に発生する貨物を集約することを考えた拠点貨物駅として必要である。

つまり、大井埠頭空間に国鉄用地を主とすることによる港湾の近代化は陸上輸送の近代化を目的としており、国鉄内部の第三次計画と東京都港湾局の港湾計画は合目的的関係だとした。

その背景には、この大井埠頭空間の形成を東京港全体の都市空間の中で考えていた二人の人物の存在があった。この埋立地利用計画は前年に審議された東京港全体の埋立地利用計画に沿って計画されている。それは若狭得治運輸省事務次官と鈴木俊一東京都副知事が共に在職最後の年に当たる一九六七年（昭和四二）のことであった(138)。

両者は外貿埠頭公団による大井埠頭のコンテナバース整備と東京オリンピックのための首都高速湾岸線整備を介して、長年大井埠頭建設の舵を握ってきた(139)。若狭が企図したことは、港湾、とりわけコンテナリゼーションの導入を可能とする埠頭システムによる都市の近代化像であった(140)。これに対して鈴木は、大井埠頭を都心と羽田空港を結ぶインフラとみなした陸上インフラの充実による都市の近代化像を描いていた(141)。この二人の都市の近代化像が大井埠頭という陸と海の接続する空地で交差した(142)。

このことを考慮すれば、大井埠頭の国鉄用地についての国鉄建設局長の説明のうち、①には港湾管理者の立場から東京の港湾のインフラ計画を主導する鈴木の近代化への考えが踏襲されていると推察される。また同様に、説明の③には公団を介してコンテナ専用埠頭建設を主導する若狭の意志が踏襲されている。

つまり、東京港を陸上インフラから近代化しようとする企図と、海上インフラから近代化しようとする企図が大井埠頭の国鉄用地で合致したとみなすことができる。港湾審議会で国鉄用地が決定される過程で、両者が描く都市の近代化の骨子にかかわらない意見は議論の俎上に乗らなかったのも、各委員がそのことをよく理解していたからに他ならない[143]。そして、この国鉄用地が基盤とされた上で大井埠頭空間の倉庫用地は配布され、倉庫群もまた配布された。

旧スタイルのインフラと組織形態を活かす戦略

一方で、大井埠頭埋立地利用区分表には、旧態依然の港湾の体質を引き摺らざるを得なかった側面もみることができる。

当時、運輸省指導の下、東京港で初めての大規模コンテナ専用埠頭を港湾の近代化のために新設するために、業界間の既得権益をめぐる線引きとは異なる近代埠頭特有の土地利用区分の理念が新しく目指されたことは疑いない。しかしながら、海運と港運のせめぎ合いが行われたように、その埠頭空間で実際に労働に供してきた人たちの利害をまったく考慮しないことは現実的ではなく、東京都は港湾管理者として国鉄用地を優先して大井埠頭の中心に据えることで、運輸省の介入に配慮を示したとも言える。

国鉄の土地取得を埋立地利用区分の前提としたことは、既得権への配慮と、東京港の近代化への圧力との、対照的な二面を整合させることに他ならなかった。

その国鉄用地を埠頭中央部に確保した後、二次改訂の目的から比較的優先して設けられたコンテナバースとそれに伴う倉庫用地は、先述の「東京都埋立地開発規則」と「東京港港湾施設用地の長期貸付けに関する規則」に基づいて割り当てられた[144]。しかし、他の公共埠頭と異なるコンテナ専用埠頭特有の新たな与件が、それらの割り当てに影響を及ぼさなかったとは考え難い。

すなわち、第一にコンテナ埠頭のターミナル・オペレーターとなった港運業社の地位的優位性、第二に旧財閥系の倉庫業社の組織形態上の優位性が果たす東京港全体の近代化上での役割があったと考えられる。

港湾法に制限されない一貫責任制を新たに導入するにあたって、ターミナル・オペレーターが背後地倉庫を有することが手続き上最も効率よく貨物を海上から陸上へと移送することができる[145]。そのため港湾管理者である東京都が運営し、埠頭運営と直結する海貨上屋にはターミナル・オペレーターである企業が優先して振り分けられたことは理解しやすい。

では、旧財閥系倉庫業者が優先されたことには、港湾の近代化上どのような理由があったのか。

そもそも、旧財閥系の倉庫業社は戦前の東京港の倉庫業を政府から一手に引き受けていたため、当時の国策によって倉庫の立地が決定されていた[146]。

たとえば三井倉庫の場合、佃島倉庫の急設以来の東京港進出の歴史がある。「農林省から政府買上米五十万石（七万五千トン）を保管できる倉庫を要望され、（……）急遽、京橋区佃島五〇番地の三井合名会社所有地四千坪（一万三千二百平米）を無償で借り受け、（……）バラック倉庫六棟二千五百十四坪（八千二百九十六平米）を建設[147]」したことが三井が東京に倉庫を配布していく端緒となった。

三井は同時期に芝浦、深川にも農林省の意向によって倉庫を構えている。それらはいずれも政府米を備蓄するための倉庫であった。その後財閥系の倉庫業社はＧＨＱによる接収、財閥解体の憂き目に遭うが、戦後になって三井は深川の倉庫増強を皮切りに東京港の施設拡充を行う。このときの「貨物の主体は食料、繊維、電気製品、砂糖、生ゴムなど巨大都市東京の消費物資であり、東京での倉庫新設は深川地区の空地活用が中心[148]」であった。

こうした取扱い貨物の変化は政府米の保存から始めた旧財閥系の倉庫業社では同様に起きている。次第に備蓄を目的とした倉庫は、貨物が商品として市場に出廻るまで一時的に保管することを目的とした流通倉庫へと、その性質を変化させていく。このことは、港湾の近代化の中での旧財閥系企業に再興の機会を与えた。

昭和五〇年代になると、大井埠頭の新設を中心にして三井はコンテナ業務を展開していく。このとき、もともと政府の隅田川口改良工事に従うかたちで佃島を拠点としていた三井の倉庫業が本格的に大井埠頭へその代替え地を求めている[149]。

一九八四年（昭和五九）の港湾施設用地借り受けの申し込み以降、三井倉庫は大井埠頭その一に一万四二七平方メートルの倉庫用地を賃借し、延床面積九二八九平方メートル（現在は一万四六五平方メートルに増床）の倉庫を建設した[150]。このことは、コンテナ埠頭における旧財閥系企業の特性を活かした結果であった。その内実は他の旧財閥系の場合と連動して考えてみると、明らかになっていく。

そのため、次に三菱倉庫の倉庫配布の歴史をみてみたい。

もともと関西を拠点としていた岩崎家の三菱倉庫であったが、東京では一九二九年（昭和四）年までに越前堀倉庫を構えている。越前堀倉庫は主に砂糖を保管していたが、深川、江戸橋へも分散保管する程盛況であった[151]。「常盤橋倉庫などでは他の貨物について倍額の保管料を払うと申し出る貨主もあったほど[152]」であり、この当時の倉庫は都市の資本をわかりやすく可視化した表現でもあったと言える。

その後も三菱倉庫は越前堀を中心として倉庫を建設していく。一九六八年（昭和四三）三月末において同地の所有庫は一万一二〇四庫を数え、三菱倉庫東京支店所有庫のうち半数以上がこの地にあった[153]。その後、主にコンテナリゼーションの導入に伴う東京港の近代化の中で大井埠頭に倉庫用地の拠点を移すのは三菱も三井と同様である。

その過程で特筆すべきことは、旧財閥系の典型である三菱倉庫が日本郵船と三菱海運という二つの海運業社と同じ縁で結ばれている点である。つまり三菱の場合、実質的にグループ会社同士で埠頭を総合的に運営することが可能であった。コンテナリゼーションの導入とは一貫責任制の徹底ということであり、管理・企画する東京都の立場からすれば、海運、港運、倉庫業を総合的に網羅できた旧財閥系を採用することは極めて合理的なことであったのである。

そのため東京港最大のコンテナ埠頭空間を構成するに当たって、東京都は明治期の政府米倉庫以来ふたたび旧財閥系の倉庫を主力とみなした。

先の三井倉庫の大井埠頭借地権の優先や三菱倉庫の長期貸付け面積が群を抜いていることには、こういったコンテナリゼーションの特質に合致する旧財閥系企業特有の優位性があった。

大井埠頭の倉庫群の立地、貸付け面積とその権利には、一貫責任制というコンテナリゼーションの特質が強く影響している。そして、ターミナル・オペレーターという新たな港湾機能は一貫責任性の実践のために、新たに作られたシステムであった。

大井埠頭の倉庫群の配布の構造には、このターミナル・オペレーターの機能を果たす企業の埠頭運営上の優位性が最初にあるのは疑いない。しかしこれに加えて、旧財閥系倉庫業社がその出自の歴史から比較的摩擦なく海上から港運までを接続して運営することを可能としたことが、図らずも港湾の近代化のために運輸省が新設したターミナル・オペレーターの考えと一致した。これが明治期以来ふたたびその優位性を一港湾内において発揮する結果をもたらした。

そこには旧態依然とした企業体系の典型である財閥という組織モデルを、一貫責任性による近代埠頭の運営モデルとして読み替えていく港湾行政の姿勢が認められる。

一九七一年大井コンテナ埠頭倉庫群の指標

大井埠頭倉庫群は、全部で六二の倉庫で構成される。この中には各種倉庫、コンテナ・バン・プールなども含まれており、さらに各倉庫が複数の業者によって共同運営されているものもある。先に述べたように、大井埠頭倉庫用地長期貸付けの配布はターミナル・オペレーターの地位と旧財閥系倉庫業者の歴史的優位性の二つに大きく影響される。

さらに倉庫群と事業者の数だけそれぞれの微細な性質があることが予想されるが、ここでは様々な企図が交錯する場である埠頭空間における倉庫群の配布を普遍的な指標から捉えることを目的として、大井埠頭の倉庫群の配布から次の五つの指標を見出すことにした。

第一に、歴史である。大井の埋立ての歴史は様々な不可視の要素を含むことはすでに述べてきた通りである。その結果現れる即物的な事象として、たとえば何トン級の船が接岸できる船着き場を何バース持つために、第一航路がどの経路に作られ、その浚った土砂を用いて埋立てがどのように行われたか、などが一港湾内での倉庫の配布に大きく影響を与えている事実がある。埋立地にも歴史は存在するのである。

第二に、所有・管理権である。主として港湾管理者が所有する埋立地とその背後地の所有権と、そこに建てられた倉庫群の占有権の関係はどのようになっているか。これは倉庫そのものの所有権のみならず、それが建設される倉庫用地、そして埠頭そのものの所有権と併せて考えるべきものである。大井埠頭の場合、東京都が港湾管理者であり、その背後地倉庫用地もほとんどの土地は東京都の所有地となっている。大井埠頭ではわずかに五つの倉庫用地のみが売却されている（帝蚕倉庫、横浜冷凍、ジャパン大井倉庫、国際たばこ倉庫、日本通運）。

それ以外の長期貸付地は三〇年ごとの貸し付け更新制をとっている。公募者からの選定にはコンテナリゼーションの導入に伴うターミナル・オペレーターの地位と一貫責任制の導入に旧財閥系倉庫業社が歴史的な経緯から有利であることが大きく関与していることは先述の通りである。

第三に、地政学である。これは主に陸上におけるインフラ整備と連環する。また大井のような市街地を直接背後に持つ埠頭の場合、倉庫群と市街地の位置関係によって倉庫群の拡大に制約が発生する。一般に埠頭の機能が充足していくに従って倉庫の需要は拡大していくが、東京港のように陸上市街地と埠頭が近接している場合、倉庫の需要の拡大を倉庫用地の拡大によって賄うことは事実上難しい。そのため限られた倉庫用地をいかに効率的に使用していくか、埠頭の高密度化につながっていく。さらに「物資の情報化は広大な倉庫用地を必要とするのか」という命題もともなう。

おそらくここまでは他のどの立地であっても少なからず検証しなければならない要素の一つであり、倉庫が埠頭ひいては港湾に立地する際の特有の指標として次の二つが考えられる。

第四に、インフラの性質である。大井の場合、埋立地そのものが計画当初から陸海共通のインフラと捉えられていたことはすでに述べた。それが港湾においてインフラを地政学と同一のものとして考える根本となる。特定の埋立地を継続的に眺めていくと、埋立地と背後地倉庫群の性質の変化によって既存のインフラが廃止、改変されることに気づく。たとえば、大井埠頭を在来埠頭からコンテナ埠頭へと改めることは大井埠頭のインフラとしての性質そのものを転じるものでもあった。つまり在来埠頭として陸上の交通インフラであったものから、コンテナ埠頭として海上と陸上を摩擦無く接続するインフラへとその性質は変化している。

第五に、ネットワーク（情報化のインフラ化）である。これは本来各事業者が同湾、あるいは近郊湾内にどのように、どのような性質の倉庫を配布するか、その戦略によるところが大きい。旧財閥系の三井、三菱、住友の三倉庫をみてみても、いずれも大井埠頭を近代倉庫業の拠点として構え、東京湾内に各社のネットワークを構えている。さらにそれを年代別にみてみると大井コンテナ埠頭の供用開始以降、港湾の一貫責任制が既定路線として定着した一九八五年（昭和六〇）以降に大半の倉庫ネットワークは東京港を中心に構築されている。つまり一九七一年を契機としてそれまで横浜港を中心とした京浜の国際港は東京港中心へとその中心を移行させたとみなされる。

そしてこの業者内ごとのネットワークはコンテナリゼーションと出会うことによって世界の港に倉庫を配布する時代において、港湾そのものを再編集していく指標へと将来的にその性質を進化させていくのである。

倉庫の配布の構造

第一の歴史について、若狭得治運輸省事務次官が退官した一九六七年（昭和四二）という港湾の近代化を象徴する年から東京港初の近代港湾である大井コンテナ埠頭の供用が開始された一九七一年（昭和四六）の間に首都東京の海岸線に起こった変化の構図は主に各者の利権を含む極めて政治的な配慮によってなされた。それはおおよそ一般には見えない部分である。しかし、そうした構図の結果として倉庫の配布のされ方とその性質を見れば、港湾における物流の変化が都市の構造へ働きかける実態を最も率直に表現していることに気づく。

具体的には第二の所有権に表現されやすい。倉庫の性質、荷物の種類、そして倉庫用地の面積と位置の確保とその所有権の行方を連続して眺めてみると、そこに至るまでの大方の背景を窺い知ることができる。そしてこうした歴史的、政治的背景を伴った情報の港湾はこれまでの物品を扱った港湾から商品としての情報を扱う港湾へとさらに埠頭概念の抽象化を進めているように思われる。

こうした港湾を巡る旧来の行政構造の変化は、コンテナリゼーションの導入による港湾の近代化の時点で最も顕著に表れた。近代港湾の背後に配布された倉庫群は、その視覚的表現とみなされる。

さらに残りの地政学、インフラの性質、ネットワークの三点から再度一九七一年（昭和四六）の大井埠頭の倉庫の配布を読み解いてみる。

まず一九七一年（昭和四六）の大井埠頭にはコンテナバースが全長二三〇〇メートル、全八バース設けられた。これらコンテナ埠頭の境界線は海運、港運の住み分けが再編成された境界線であり、コンテナ専用使用に供するための一貫責任制の導入が図られたものである。それは背後地倉庫群の性質を更新した。大井町の旧海岸線沿いは倉庫用地としての役割を終え、住宅用地に転用され大井町の都市化が進行した。

この一連の変化は、専用埠頭の新たな海岸線の性質との関係の中で起こる。

埠頭全体に目を向けてみれば、道路や旧国鉄線路のインフラ、港湾労働者のための集合住宅、発電所など埠頭全体が従来の都市インフラを凝縮したような性質を持つことは明らかである。さらに、新たに設けられた埠頭内の背後地倉庫群を眺めると、それらが旧来の流通倉庫に留まらないものであることも、同用地内にコンテナプールが含まれていることなどから窺い知ることができる（図2-9）。

これらの倉庫群はコンテナによる流通を旨とした時、旧来の保管形態の根拠を失った。それはコンテナ群を仮設の倉庫群とみなして扱うことになったことに起因している。このことによって、空コンテナを積む空地をいかに確保するかということが流通倉庫の配布と同等以上の価値を持つようになったのである。

この現象は、埠頭全体の都市インフラ上の性質を従来のインフラに留まらない広義なものとする視点を提供する。つまり、埠頭の性質が一次産品を扱うものから二次産品を扱うものへ、そして将来は商品としての情報を扱うものへ変化していくことまでを見据えてみると、その変化に同調していく倉庫群の性質は、埠頭、ひいては港湾の性質の変化によってもたらされる都市の変化を逆照射してくれるメディアとしてみることができる。

近代化を促進させた資本主義の視覚的表現でもある倉庫の配布から近代港湾が近代都市に提供した構造を読み解き、そしてさらに、これが大量生産・大量消費の都市を形づくるインフラと呼ぶべき構造となったと考えてみたい。

この考えは、すでに背後地倉庫群にストックされる商品もまた高度に情報化されたものへと変化していきつつあることに対する港湾の変遷を眺めることによって強化される。

東京湾最大のコンテナ埠頭である大井埠頭に、一貫責任制が自社に有利に働いたターミナル・オペレーターおよび旧財閥系の倉庫業社が拠点をおいたネットワークを東京湾全体に構築していったことはその伏線と読める。

それは「大井地区の海岸線という一本の線をどのように引くのか」という命題によって、港湾の近代化の際に最も

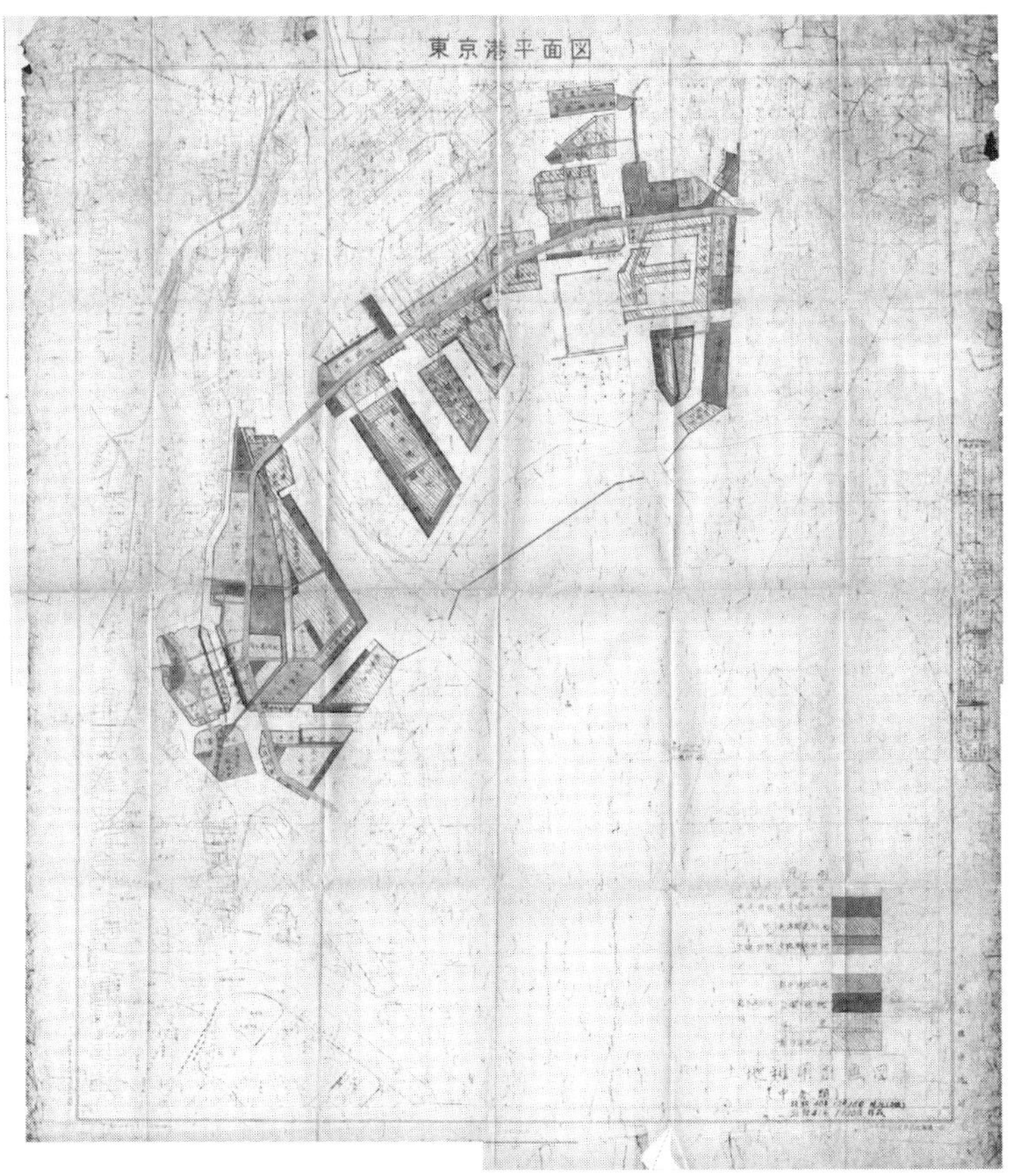

図2-9　東京港平面図（昭和40年）

「東京港港湾計画資料」1965年（昭和40）（東京都港湾局内部資料）．各埠頭空間内の土地利用計画が色分けされて表記されている．大井埠頭には特に陸海のインフラ機能が集中して計画されていることがわかる．

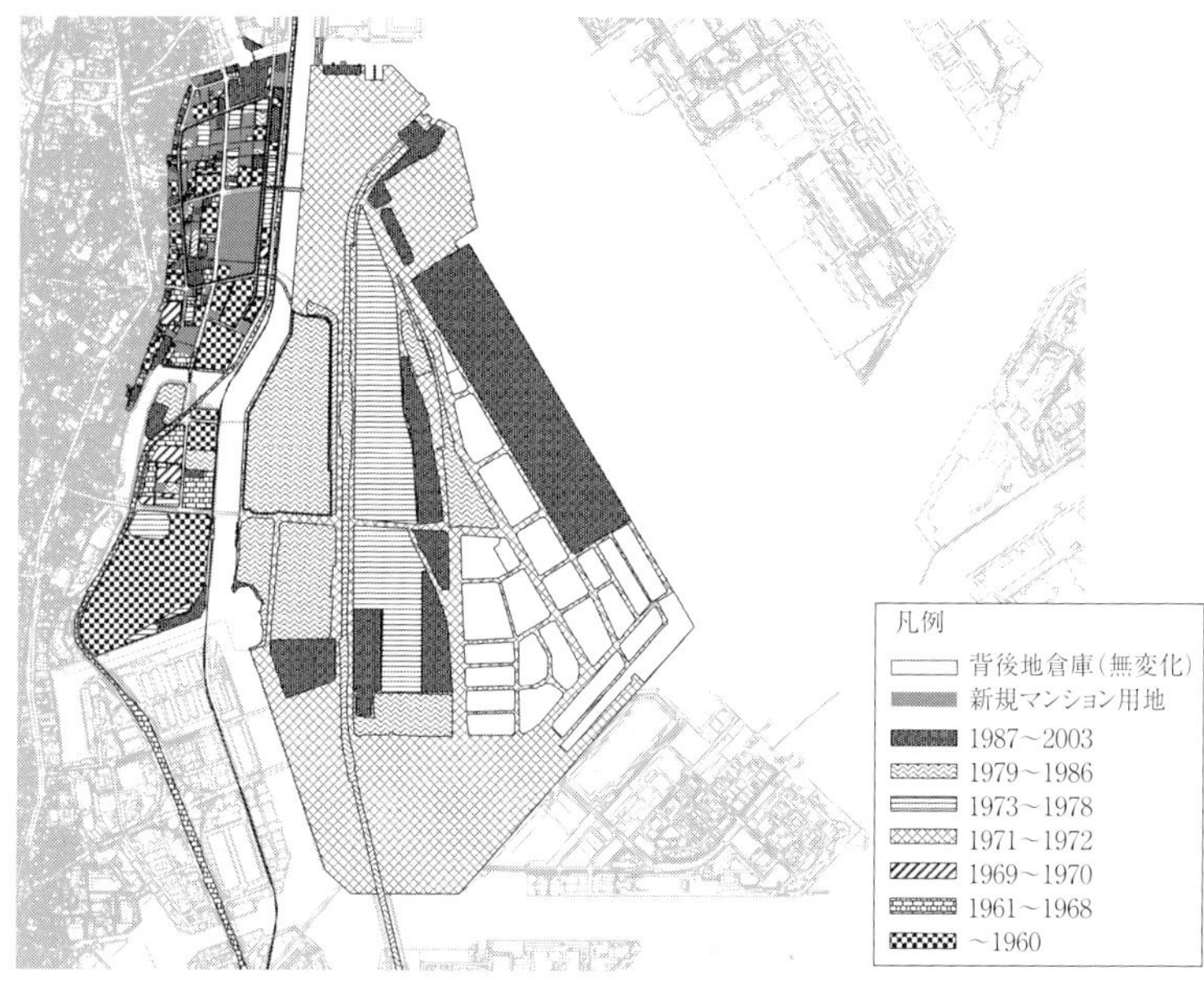

図 2-10　大井埠頭背後地の年代別街区更新状況分布図

『東京都全住宅案内図帳　品川区』（1960 年，1968 年，1972 年，1978 年）をもとに筆者作成．大井埠頭の供用開始（1971 年）の前後で，その背後地の街区更新の頻度と面積に変化があることがわかる．

顕著に表現された。

その修正過程には港湾の近代化をめぐる様々な立場の既得権益の保守の姿勢があり、港湾近代化はその既得権益にメスを入れる構造改革であった。そして、その構造改革自体もまた国、地方自治体、各業界等の間で予定調和的に決定がなされる矛盾も抱えたものでもあった。

しかしたとえそうであったとしても、初めての近代港湾・大井コンテナ埠頭の建設は一九六〇年代後半から一九七〇年代前半にかけての首都東京に大きな影響力を持ち、都市の近代化の構造の一端を有していたことは疑いない。そして現在私たちは大井コンテナ埠頭背後地倉庫群の配布によってその構造の断面を実見している（図２－10）。

コンテナリゼーションの導入は東京の築港計画史において、初めて積極的に埋立地を眺める行為であったと言える。それは旧来の埋立地を航路造成の副産物とみなすのでも陸から荷揚げ作業を行う埠頭とみなすものでもなく、海と陸の狭間に設けられた空地と捉えるものであった。つまり、明治期の星亨の発案以来存在してきた「埠頭」という埋立地の概念を、コンテナリゼーションによって世界的な物流ネットワークの中にプロットされたコンテナの位置情報の集積と捉え、コンテナ・バン・プールの確保はいわば海と陸の狭間にエアーポケットとも言うべき情報の空隙を作ることに他ならなかった。

このとき東京港の近代は水と陸の境界にある倉庫群を「情報の空地」として更新したのである。この概念は、陸の延長とみていた埠頭という概念を捨て去り、海の延長として都市そのものを眺める視点を導くことに活かされていく。コンテナによる海と陸の境界のない一貫責任制による流通がなされるべきとされたこともまた、その一翼を担ったものであったとみなされる。その際、オンラインシステムがもたらした港湾の地勢学的変化は、都市の様々な情報の集積でもある近代都市に空けられた「情報の空地」へと、埠頭という旧来の埋立地を転じさせた。その過程に行われた所作は、目の前にある実物そのものには変化が見られない形式ながらも、新しい埋立地を建設することに等しいものであった。

その意味において、大井埠頭の在来埠頭からコンテナ埠頭への転化は首都東京にとって初めての積極的な埋立地の造成であった。それはコンテナリゼーションという外因によって促されたものであったとしても、首都東京がその歴史上初めて主体的にその後の築港の行く末を実現したものであった。そのため、大井埠頭の新設を主題とする東京港第二次改訂港湾計画は現在の第七次港湾改訂計画に至る骨格を形成したと言える。

明治初期の松田道之東京府知事以来の都市のインフラとしての築港概念は、昨今の情報化の時代になってようやく結実し始めている。近代都市の成果は高度に情報化された世界経済都市であり、その主役は資本（マネー）であることが周知の事実となった。その実態として富を蓄積する倉庫もまた情報によって管理される時代になった。そうした存在である倉庫の配布を都市のインフラとみなす考えは、コンテナリゼーションを経てグローバル化した港運の埠頭に空コンテナのための空地が用意されることに象徴される様に、海と陸のすき間に情報の空地を設けていくことに収斂される。そのとき、コンテナを含む倉庫群は海を介した地球スケールの情報の地図の上に配布されることを意味しており、その事実は実際の地理に拠らない新しい地政学を都市に示し始めている。

そうした都市の近代インフラのあり方の変化を東京港が率先して牽引してきたと言える。それは偏に、従来の都市のインフラとしての築港概念の崩壊過程が港湾史とならざるを得なかったという歴史そのものが東京の築港計画のインフラとなったという、情報の時代になって逆説的に示し始めた首都の弱小港の積極性である。現在私たちがそのわかりやすい表現として眼にする倉庫群の配布を決定する歴史は、明治期から一〇〇年以上をかけて近代都市を形成する一翼を担うに足る厚みをようやく帯びてきたのである。

大井埠頭の利用区分は、国鉄用地、倉庫用地にみられるように陸海の狭間のインフラの権益と組織モデルについて旧体制へ配慮しつつ近代化への圧力を高めていった東京港初のコンテナ専用埠頭モデルとみなされる。そして、その倉庫群から近代埠頭空間の形成を読み解く五つの指標を見出した。

本節では、その先に倉庫群を含む埠頭を海と陸の間に設けられた「情報の空地」とみなす視角を導き出すことで、コンテナ時代の埠頭と倉庫群が明治期以降続いてきた航路浚渫の副産物としての埋立地の概念を更新し、新たな港湾の都市構造として機能していることを明らかにした。

国際標準な海岸線と平準化された港湾空間の都市史的位置

本章では、一九六〇年代後半から一九七〇年代前半にかけて東京港に新設された大井埠頭の形成過程をできるだけ細かく、様々な視点から復元していった。

第1節では、大井埠頭をそれまで我が国に存在しなかったコンテナ専用埠頭とするコンテナリゼーションの運用上の特質について触れ、これを実行するための外貿埠頭公団法の制定がもたらす新しい海岸線の概念を、同法の制定前後の運輸省のとった手順を復元することで明らかにした。港湾法の外に出て一貫責任制による運営を可能としたことで、それまでの我が国の海岸線が海と陸の境界線であったことに対して、国際標準化されたコンテナによって陸海を摩擦なくつなぐ平準化された新たな海岸線がもたらされた。第2節ではこの点に焦点を絞り、その詳細について述べると共に、その一方で港湾管理者である東京都の主導する別のベクトルの港湾の近代化が同時に並行して進んでいたことにも着目している。これによって、一九六七年という我が国の港湾史上象徴的な年に海と陸それぞれのインフラが立体的に交差して現在に至る東京港の骨格が定められたことを明らかにした。第3節では、大井埠頭空間内での倉庫用地および倉庫の配布に至る力学を明らかにし、それが旧沿岸部となった背後地との空間の相対的な交換を都市にもたらしたことを示した。さらに第4節において、大井埠頭の新たな都市インフラとしての空間的側面を普遍化していく作業を行った。

以上を要するに、一九七一年に供用を開始した大井埠頭はわが国最初のコンテナ専用埠頭として、海岸線の国際標準と港湾の平準化という二種類の近代化を東京港にもたらした。このことはコンテナ・バン・プールに代表される、旧来の港湾物流システムによる流通倉庫とは異なる原理による倉庫概念をもたらした。

そして、それらの大井埠頭空間内での配布に多様な力学は総じて東京港の骨格を形成するのみに留まらず、背後に控える首都の構造を主体的に担う築港概念の賦活を果たした。港湾システムが情報としてデータベース化された現代の都市像との極めて始まりに近いと言えるかかわりの表象として、空地としてのコンテナおよびコンテナ・バン・プール、そして専用埠頭の倉庫群の配布がその「構造」の実態である。

(1)　三菱倉庫編『三菱倉庫百年史』(三菱倉庫、一九八八年、三六四―三六五頁)および三井倉庫社史編纂委員会編『三井倉

庫八十年史』（三井倉庫、一九八八年、三〇三頁）に運輸省が海運再建二法を制定し中核六グループに海運業界が集約された経緯が述べられている。

（2）三井倉庫社史編纂委員会編『三井倉庫八十年史』（三井倉庫、一九八八年、一九三頁）を参照。一九五〇年代の「埠頭会社」問題など港湾の管理権、所有権をめぐる運輸省と東京都の攻防などがある。

（3）東京都港湾局編『東京港史』第一巻　通史・各論（東京都港湾局、一九九四年、二〇六頁）にアメリカのマトソン社が「東京港においてもコンテナ船の入港できるターミナルの整備を強く要求してきた」とある。

（4）石原伸志・合田浩之『コンテナ物流の理論と実際――日本のコンテナ輸送の史的展開』（成山堂書店、二〇一〇年、一四七頁）。

（5）見坊力男編『日本港運協会三十五年の歩み』（日本港運協会、一九八三年、六九八―七二〇頁）を参照。従来の貨物船の荷役は人荷式を含めて機械による合理化が進んでおらず、また貨物の大きさや重量も一つひとつ異なるため荷揚げに相当の時間を要していた。さらに港湾整備の近代化の遅れがそれに拍車をかけ、船は着いても荷物は着かないという事態が生じていた。そのため東京湾には、接岸できずに荷揚げを待つ貨物船が所狭しと停泊していた。この近代化の遅れこそが各業界各社の縄張り争いを呈していた。

（6）東京港史には注2に代表される。コンテナリゼーションに伴う海運、港運業界の対立についての詳細は本章第2節以降、順次述べる。

（7）「従来の港湾法による公共規制の枠を外すことによってそれまでの安定した棲み分けが揺さぶられることへの反発であった」（前掲注1『三菱倉庫百年史』三五九頁）。

（8）海運造船合理化審議会答申「わが国海上コンテナ輸送体制の整備について」一九六六年（昭和四一）九月一二日（国立国会図書館蔵）。東京都港湾局編『東京港史』第二巻　資料（東京都港湾局、一九九四年、六七四頁）にも掲載されている。

（9）「東京港は内航の歴史が長く」（前掲注2『三井倉庫八十年史』三二二頁）。一九六七年の外貿埠頭公団法まで戦後の港湾行政は港湾法の公共規制に大きく依っていた。

（10）前掲注8に同じ。

（11）前掲注８海運造船合理化審議会答申「わが国海上コンテナ輸送体制の整備について」にこの点についてさらに次の通りその輪郭が示された。

「この場合公的な機関が岸壁敷地、舗装、クレーンおよび建物まで建設し、これを使用者が賃借できるようにすることが望ましく、また建設に当たっては、ターミナルの使用形態に適合するよう使用者の便を最大限はかる必要がある。」

（12）前掲注５『日本港運協会三十五年の歩み』を参照。

（13）港湾労働等対策審議会答申「港湾労働及び港湾の運営、利用状況の改善」一九六四年（昭和三九）三月三日（国立国会図書館蔵）。前掲注８『東京港史』第二巻（五九二頁）にも掲載されている

（14）前掲注13に同じ。

（15）前掲注13港湾労働等対策審議会答申「港湾労働及び港湾の運営、利用状況の改善」一‐（一）、（二）、（三）、（七）項。

（16）前掲注４『コンテナ物流の理論と実際』「（三）港湾運送事業法による下請企業の扱い」（一四四頁）を参照。

（17）前掲注13港湾労働等対策審議会答申「港湾労働及び港湾の運営、利用状況の改善」一‐（二）‐二‐（一）‐ロ項。

（18）港運労働者による反対運動は一九六九年一二月の「反港湾合理化に関する一六項目」の決議が顕著である（注５『日本港運協会三十五年の歩み』一九八三年、一六七頁）。

（19）前掲注13港湾労働等対策審議会答申「港湾労働及び港湾の運営、利用状況の改善」二‐（一）、（二）、（三）項。

（20）住友倉庫編『住友倉庫百年史』（住友倉庫、二〇〇〇年、一二三〇頁）より引用。

（21）いずれも前掲注13港湾労働等対策審議会答申「港湾労働及び港湾の運営、利用状況の改善」。傍点部は筆者による。

（22）前掲注13港湾労働等対策審議会答申「港湾労働及び港湾の運営、利用状況の改善」三‐（一）、（六）項。

（23）港湾審議会答申「港湾運送事業の集約化」一九六七年（昭和四二）三月三日（国立国会図書館蔵）。前掲注８『東京港史』第二巻（五九七頁）にも掲載されている。

（24）一九一一年の荒川放水路工事および一九〇六年から三期に渡る隅田川口改良工事から始まる東京港の歴史に反映されてきた。

（25）前掲注23港湾審議会答申「港湾運送事業の集約化」。

（26）前掲注２『三井倉庫八十年史』（三〇五頁）に「コンテナ埠頭の借受けをめぐって海運と港運両業界が対立する局面があ

った」とのみ書かれている。その詳細は本章第2節以降で詳しく述べる。

(27) 前掲注20『住友倉庫百年史』を参照。

(28) 海運造船合理化審議会答申「わが国海上コンテナ輸送体制の整備について」一九六六年(昭和四一)九月一二日(国立国会図書館蔵)。前掲注8『東京港史』第二巻(六七四頁)にも掲載されている。その対象事業は東京湾および大阪湾にコンテナ埠頭および背後のコンテナヤード(舗装を含む)、外貿定期船埠頭および背後の上屋並びにこれら施設に必要な道路を整備するものとした。

(29) いずれも運輸省港湾局「外貿埠頭公団の概要」Ⅲ-一(「外貿埠頭公団法説明資料」、一九六六年八月)による。

(30) 前掲注29運輸省港湾局「外貿埠頭公団の概要」Ⅲ-三。

(31) 運輸省港湾局「外貿埠頭公団の構想」(「外貿埠頭公団法説明資料」、一九六六年一〇月)。前掲注8『東京港史』第二巻(二九八頁)にも掲載されている。埠頭の専用貸し方式について強い公共規制の制約を受ける従来の公共埠頭運営方式に替えてコンテナ埠頭を特定の者に専用使用させるためには、その分従来よりも高額の使用料を徴収して借入金の償還に当てる必要がある。これについて運輸省は現行の港湾法を根拠法とした公共埠頭整備方式に替え、コンテナ埠頭および主要外貿定期船埠頭の整備のために新たに公団方式を導入することで施設の効率的運営と資金の効率的運用の両面を同時に可能とするべきとした。

(32) 外貿埠頭公団法第一章第一条より引用。(http://www.shugiin.go.jp/itdb_housei.nsf/html/houritsu/05519670801125.htm)。

(33) 財団法人東京港埠頭公社「TOKYO PORT TERMINAL PUBLIC CORPORATION」(パンフレット)年表(東京都港湾局内部資料、三頁)を参照。

(34) 前掲注30運輸省港湾局「外貿埠頭公団の概要」。

(35) 前掲注3東京都港湾局編『東京港史』第一巻(四四四頁)。

(36) 港湾管理者意見「外貿埠頭公団業務の港湾管理者への移管について」東京都港湾局長島田信次(一九八〇年(昭和五五))。前掲注8『東京港史』第二巻(三〇五頁)。もう一点は「外貿埠頭公団は(……)業務の重点も管理に移行しており、行政機構の簡素化と港湾管理の一元化の方向に即した業務態様のため効率化が望まれている」こと。

(37) 港湾審議会管理部会「外貿埠頭公団業務の移管問題に関する船社意見」一九八〇年(昭和五五)一月九日(港湾審議会管

理部会における船社港湾協議会委員長、日本郵船株式会社常務取締役富岡公夫意見）。前掲注8『東京港史』第二巻（三〇七頁）。あとの三点は「昭和五二年一二月二三日の閣議決定は、事前に何等船社に打診もなく、利用者であり債権者である船社の立場を無視した決定であった」こと、「外貿埠頭公団の設立を促した昭和四〇年一〇月一一日の港湾審議会の答申の内容は依然として今日的意味を持ち、船社は外貿埠頭公団の存続理由は依然としてあると考えている」こと、「コンテナ埠頭運営に係る船社・日本港運協会間の二者協議体制は、地方移管後についても維持されること」。

(38) 前掲注3東京都港湾局編『東京港史』第一巻（四四五頁）。

(39) 海運造船合理化審議会答申「わが国海上コンテナ輸送体制の整備について」一九六六年（昭和四一）九月一二日（国立国会図書館蔵）に代表される港湾行政改革がコンテナリゼーションの導入に際して行われた。

(40) 運輸省港湾局「外貿埠頭公団の構想」（「外貿埠頭公団法説明資料」、一九六六年一〇月）。前掲注8『東京港史』第二巻（一九八頁にも掲載）において、運輸省は現行の港湾法を根拠法とした公共埠頭整備方式に替え、コンテナ埠頭および主要外貿定期船埠頭の整備のために新たに公団方式を導入することで施設の効率的運営と資金の効率的運用の両面を同時に可能とするべきとした。

(41) たとえば、前掲注1『三菱倉庫百年史』（三五九頁）に「従来の港湾法による公共規制の枠を外すことによってそれまでの安定した棲み分けが揺さぶられることへの反発であった」とある。

(42) コンテナ埠頭の運用方式について港運・海運業界間が交わした「若狭裁定」を指す。その詳細は本書において順次述べる。

(43) 東京港第一次改訂港湾計画が策定された一九六一年（昭和三六）に先立って、首都圏整備法に基づく第一次首都圏基本計画が一九五八年（昭和三三）に策定されるなど、首都圏全体の都市計画などと相俟って港湾計画は策定されてきた。したがって、東京港の戦後の構造は都市計画とともにみなければならないが、本章ではその象徴的せめぎ合いの場としての埠頭に注目する。

(44) 前掲注3東京都港湾局編『東京港史』第一巻（九三頁）に、これにより一九六七年（昭和四二）に第二次改訂港湾計画の一部変更が運輸省港湾審議会（第二〇回計画部会）で審議決定された旨の記述がある。

(45) 前掲注39海運造船合理化審議会答申「わが国海上コンテナ輸送体制の整備について」四-（三）、六-（二）、（八）。同項は前掲注8『東京港史』第二巻（六七四頁）にも掲載されている。

(46) 前掲注2『三井倉庫八十年史』（三〇五頁）に「コンテナ埠頭の借受けをめぐって海運と港運両業界が対立する局面があった」とのみ書かれている。本章第三項、第四項でその詳細に触れる。

(47) 『外貿定期船埠頭事業団（仮称）の構想について』にその描写がある。

(48) 日本港運協会編『日本港運協会三十五年の歩み』（日本港運協会、一九八三年、一六二頁）より引用。「船会社の側には、①世界の海運業に伍してその競争力を保っていくには、合目的なターミナル運営が欠かせない。そのためには、主体者となる必要がある。②とはいえ、港湾運送事業法の定めもあり、港湾運送そのものを自営することは得策ではない。とも角もターミナル運営のノウハウを吸収し、蓄積することに意を用いるのが急務である、とする考え方があった」、「一方で、港湾運送事業者の側には、①将来的にどのように展開するのかの予測の難しいコンテナ輸送に、大きな資金を投下し、施設を長期間維持（借受契約は一〇年ごとに更新）するのはあまりにも負担が大きくて危険が多い。②しかし、そこで行われるターミナル・オペレーションは、港湾運送であるから港湾運送事業者の業域であって、その域を明け渡すわけにはいかない、との考え方があった」と記載されている。

(49) 前掲注48『日本港運協会三十五年の歩み』（一六二頁）参照。

(50) 前掲注1『三菱倉庫百年史』（三六〇頁）に港運業界がターミナル・オペレーションを自らの業域として「港運業者がコンテナ埠頭を借り受けて運営すべきであると主張した」とある。

(51) 前掲注48『日本港運協会三十五年の歩み』所収、「日本港運協会創立三五周年記念特別座談会」（二四八頁）より抜粋。その背景について「革新輸送は時の流れとしてどんどん進展していく。港湾運送事業者がそれに取り残されては困る。したがって、革新輸送の中に、港湾運送事業者の存在を大きく植え付ける必要があるということで、新日本埠頭株式会社の設立を、行政の指導を受けつつ進める必要があるという考え方で取組んでいった」と述べている。

(52) 外貿埠頭公団法の制定による運輸省の狙いは、コンテナリゼーションの導入により事業集約化のための各業界のスリム化を図ることであった。

(53) 京浜外貿埠頭公団第一次募集　一九六八年（昭和四三年）一二月二〇日告示。

(54) 運輸省の外貿埠頭公団を巡る一連の港湾行政は、基本的にアメリカのシーランド社に代表される船会社によるコンテナ埠頭の専用使用による物流の近代化と合理化であった。
(55) 「東京都港湾審議会議事速記録」一九六九年（昭和四四）二月二五日（東京都港湾局所蔵資料、一三頁）にある「運輸省のごあっせん」という小川遥三委員の発言はこのことを指す。筆者の瞥見した範囲では唯一、石原伸志・合田浩之『コンテナ物流の理論と実際——日本のコンテナ輸送の史的展開』（成山堂書店、二〇一〇年、一四六頁）に文書の存在とその内容の骨子のみ公にされている。
(56) 前掲注48『日本港運協会三十五年の歩み』（二六八頁）より引用。
(57) 前掲注48『日本港運協会三十五年の歩み』（一六三頁）より引用。
(58) 横浜港が明治期以来東京港の築港計画を阻止し、牽制してきたことは東京港に国際港の地位を奪われることを怖れたためである。寄港地の変更はそれを助長する可能性があった。
(59) たとえば東京港の場合、それまでの在来型外航定期船のすべてが横浜港を寄港地としていたが、東京港のより大規模なコンテナ埠頭を京浜港の船寄港地とすれば在来型船舶も東京港に寄港する傾向が顕著になる。
(60) 前掲注48『日本港運協会三十五年の歩み』（一六四頁）参照。
(61) 前掲注48『日本港運協会三十五年の歩み』（一六一—一六二頁）より引用。
(62) 天田乙丙『港湾がわかる本』（成山堂書店、一九九四年、二一七頁）を参照。
(63) 昭和四四年三月一四日の借受者の決定をみると、募集した大井コンテナ埠頭第四バースおよび第五バースはそのうちの五社で独占していることがわかる（前掲注3『東京港史』第一巻、四三九頁）。
(64) 前掲注60『コンテナ物流の理論と実際』（一四五頁）に「いわゆる若狭裁定」の言葉が用いられている。
(65) 前掲注48『日本港運協会三十五年の歩み』所収、「日本港運協会創立三五周年記念特別座談会」（二四八頁）より引用。
(66) 前掲注65に同じ。
(67) 前掲注60『コンテナ物流の理論と実際』（一四六頁）注釈より引用。
(68) 前掲注1『三菱倉庫百年史』（一九三頁）に「埠頭会社」問題についての若干の記述があるように、埠頭の実質的な運営権をめぐるものであった。

(69) 東京港港湾管理者『東京港改訂港湾計画資料』(一九六一年、五八頁)と東京港港湾管理者『東京港港湾計画書』(一九六三年、五五頁)を比較すると大井埠頭に割り当てられた機能が改訂されていることがわかり、「東京港新旧対照図」(一九六三年)に改訂前後の大井埠頭の形状が記載されている(いずれも東京都港湾局所蔵資料)。

(70) そのうち、明治期の経緯は東京都公文書館編『都史紀要二五――市区改正と品海築港計画』(東京都公文書館、一九七六年)に詳しい。

(71) 前掲注69『東京港改訂港湾計画資料』(一九六一年、一〇頁)に記載された「第四表　埋立地造成計画内訳表」を論拠とする。

(72) 表向きは池田勇人内閣の所得倍増計画に基づく経済情勢の変化に伴って改訂したとされている。前掲注3『東京港史』第一巻を参照。

(73) 港湾管理者自ら埠頭の事業運営にかかわろうとする埠頭問題は、船会社、港運業社間のコンテナ埠頭の運営業務をめぐる争いを根本から覆しかねないものであった。指導する立場にある行政間の埠頭問題はコンテナリゼーション導入にともなう制度の不備と模索の時期の混乱をさらに助長した。前掲注1『三菱倉庫百年史』(一九三頁)を参照。

(74) 港湾施設は公物的に管理されるべきという従来の港湾法の考えを港湾管理者である地方自治体も刷新できておらず、そこに運輸省との軋轢が生じた。

(75) 前掲注1『三菱倉庫百年史』(一九二頁)に「昭和三二年、運輸省より、「港湾管理者は、地元の関係官公庁、関係業界の代表者等をもって構成する審議会等を設置し、港湾管理者又はいわゆる埠頭会社が港湾運送業、倉庫業等を経営することの適否について事前に慎重な審議を行い、その結果を尊重すること」という裁定が出され、以後このルールによることになった」と記述がある。

(76) 前掲注3『東京港史』第一巻(八四頁)を参照。

(77) 前掲注69『東京港改訂港湾計画資料』(一九六一年)を論拠とする。その結果として大井埠頭について主に三つの埠頭機能に関する改訂内容が記載されている。すなわち外貿公共ふ頭、内貿公共ふ頭、専門ふ頭計画である。

(78) 第一航路は明治期の第一期から第三期に渡った隅田川改良工事の際に隅田川口から品川埠頭に至る海底を浚渫した跡を前提としている。

(79) 前掲注3『東京港史』第一巻（八四頁）より引用。

(80)「東京都港湾審議会議事速記録」一九六八年（昭和四三）一〇月一六日（東京都港湾局所蔵資料）を論拠とする。当時の東京都港湾局局長玉井正元の発言が記録されている。その内容は次の通り。

「埋立地の真ん中を貫通いたします百メートル道路の建設、造成でございますが、これも一応国が直轄で、外郭環状道路の一環として取り上げるという方向で、本年度一億五千万円の調査費をもって鋭意調査検討が進められ、四十四年度から具体的にまず大井ふ頭と一三号地を結ぶ隧道の設計並びに着工という運びになってまいるように、現在進んでおります。（……）逐次、湾岸百メートル道路についても、四十四年度以降具体的に道路整備に着手されるような段階になってまいります」

(81) 前掲注80に同じ。

(82) 大井埠頭の中心に現在位置する東海道新幹線の操車場（当時の国鉄用地）については本章第3節にて詳述する。

(83) 前掲注70『都史紀要二五』を参照。

(84) 表向きには二次改訂は地質調査等による建設条件に伴う変更とされた。つまり軟弱過ぎる東京港の沖積層が大井埠頭近海に広がっており、埋立て計画上先の埠頭形状を改めなければならないとされた。そして大井埠頭の形状変更は外貿埠頭機能の更なる充実など、一次改訂とまったく同じ理由によって改訂されたことになっている。しかし改訂の本当の狙いはそこにはなかった。

(85) 前掲注80「東京都港湾審議会議事速記録」（二一〇頁）。東京都港湾局の玉井港湾局長は当時「東京港全体の運営については、あくまで管理者であるものが指導権をにぎっている」との認識を示した。

(86) 前掲注80「東京都港湾審議会議事速記録」を論拠とする。それをもとにした筆者による箇条書きを含む要旨は次の通りである。

「埋立法線計画の変更につきまして説明申し上げます。コンテナ埠頭を中心といたします外貿ふ頭施設の大幅な拡充整備の必要から、埋立法線の一部を次のように変更したいと考えております。一、東側法線（第一航路に面した側）・全面的なコンテナリゼーションに伴う東船だまりの廃止。二、北側法線（品川ふ頭側）：火力発電所の用地を百メートル道路の北側に変更。三、南側法線（大田区側）：中央市場の北側に大井南船だまりを新設。四、外貿埠頭公団用地：コンテナ化にともない鍵型の形状をスムーズな形とする」

(87) 当然それに対する批判的な意見がなかったわけではない。前掲注80「東京都港湾審議会議事録」一九六六年（昭和四一）二月二三日（東京都港湾局所蔵資料）に記録された「埋立地の利用計画については、（……）、特に政治的に配慮しますと港湾計画として成立する場合、目的の一つは既成の市街地再開発にあるのではないか」という福村委員の発言は二人の意図を見透かしている。

(88) 運輸省港湾局「外貿埠頭公団の構想」（「外貿埠頭公団法説明資料」一九六六年一〇月）。前掲注8『東京港史』第二巻（二九八頁）にも掲載されている。埠頭の専用貸し方式について強い公共規制の制約を受ける従来の公共埠頭運営方式に替えてコンテナ埠頭を特定の者に専用使用させるためには、その分従来よりも高額の使用料を徴収して借入金の償還に当てる必要がある。これについて運輸省は現行の港湾法を根拠法とした公共埠頭整備方式に替え、コンテナ埠頭および主要外貿定期船埠頭の整備のために新たに公団方式を導入することで施設の効率的運営と資金の効率的運用の両面を同時に可能とするべきとした。

(89) 東京港が明治期に隅田川口改良工事による河川港から始めざるをえなかったため、現在も外洋から晴海に至る第一航路を計画の前提としなければならない制約がある。この航路は東京港を東西に分断するものであり、大井埠頭の建設はこれをつなぎとめる陸路のインフラ整備でもあった。

(90) これが大井埠頭空間形成の直接的な根拠法となったことがもたらした結果は、本節において順次述べていく。

(91) 群あるいはネットワークという空間構造の形式がかたちづくられるとき、個々の人間や社会のある意図・思惑などが上部から働いて一つひとつの位置を規定する場合に、微小なものを含めたそれぞれからなる集団意志を含めて「配布」と総称する。

(92) 前掲注80「東京都港湾審議会議事速記録」一九六八年（昭和四三）一〇月一六日（東京都港湾局内部資料）によれば、当日の「諮問議案」の一頁に大井埠頭その一埋立地利用区分表が添付された。審議会は浮穴港湾局長が同表を説明する形式で進行した。

(93) 大井埠頭新設に伴う空間利用を決定した東京港第二次改訂港湾計画全体の見地から、国鉄の第三次長期計画と擦り合わせを行う必要があった。国鉄の第三次長期計画で取り入れられているのは通勤輸送の解決と貨物輸送の近代化であった。具体的には山手線を当時走っていた貨物列車を旅客、通勤客用に割り当てることが目的の一つとされた。当時汐留にあった貨物駅を大井操車場から発しようという拠点貨物駅の構想であった。これが大井埠頭に国鉄の土地を確保する大義名分となった。

(94)　一九七八年（昭和五三）二月六日付けで施行された「東京都埋立地開発規則」には、「鉄道事業法第二条第一項に定める鉄道事業、軌道法第三条に定める運輸事業及び道路運送法第三条第一号イに定める一般乗合旅客自動車運送事業の用に供するとき」、「知事が別に定めるところにより無償で、又は時価より低い価額で埋立地を処分し、又は使用させることができる」（第三条）と定められた。

(95)　これについて、前掲注80「東京都港湾審議会議事速記録」には「結局増えたのは国鉄と道路だけだ」という指摘がある。

(96)　前掲注80「東京都港湾審議会議事速記録」を論拠とする。

(97)　若狭得治は運輸省事務次官としてコンテナリゼーションによる港湾の近代化を主導してきた。その区切りが一九六七年（昭和四二）の外貿埠頭公団法であった。その翌年に開催された港湾審議会であるので、すでにコンテナリゼーションによる物流革命が起きることを全員が承知していたことになる。

(98)　海上の船舶から荷揚げまでは船会社、荷揚げから倉庫までは港運会社としてきた従来の埠頭運営を一括して行うことがコンテナリゼーションのもたらした合理的な近代港湾の姿であった。

(99)　前掲注80「東京都港湾審議会議事速記録」を参照。交通機能用地は二〇八万三〇〇〇平方メートルとし、このうち鉄道は一四三万七〇〇〇平方メートルであった。

(100)　これを実現する過程で、小林港湾局計画第一課長は、さらなる国鉄用地の拡張を要求していた。その内容を、前掲注80「東京都港湾審議会議事速記録」より引用（傍点は筆者）。

「鉄道の変更もございます。京葉線の路線変更及び操車場、貨物駅、専用線等、鉄道の機能拡充のために、鉄道の用地を追加いたしたい。（……）、特に国鉄のほうの計画で申し上げますと、第三次長期計画（……）の中で、いろいろと検討を重ねました結果、貨物の取扱量を、従来の約二百数十万トンの倍程度にふくらませまして、この地点で取り扱う必要が生じてまいりました。（……）国鉄自身の、たとえば拠点貨物駅計画といったようなものも織り込みまして、（……）原計画一〇〇万㎡の用地面積を、一四四万㎡に拡張いたしまして、港湾貨物の円滑な輸送を中心とした、国鉄輸送力の拡充に資したい」

(101) 前掲注89と関連して、大井埠頭から一三号地に至る道路と大井埠頭を縦断して羽田へ抜ける一〇〇メートル道路は接続して考えられていた。

(102) 外貿定期船貨物量に占めるコンテナ貨物量のうち一九七〇年に一三・一%であったコンテナ化率は一九七五年に四七・三%に跳ね上がり二〇〇二年には九六・一%を占めるに至った（日本港運協会『港運』二〇〇九年、七頁を参照）。

(103) 一九六七年（昭和四二）に大井埠頭関連用地はコンテナ埠頭の一貫責任制による運営を効果的に機能させるため、邦船六社（川崎汽船、大阪商船三井船舶、日本郵船、昭和海運、ジャパンライン、山下新日本汽船）に合計二〇四万三〇〇〇平方メートルが売却処分されていた。前掲注3東京都港湾局編『東京港史』第一巻（九五九頁）を参照。

(104) 東京都規則第七五号「東京港港湾用地の長期貸付けに関する規則」（一九八三年（昭和五八）一二月二八日公布）によれば、大井埠頭その一埋立地に続くのは一〇号その一埋立地（有明）の一六万六〇〇〇平方メートルであり大井埠頭の規模が東京港の中で群を抜いていることがわかる。

(105) コンテナ埠頭の各バースに邦船六社が割り当てられ、そこに各ターミナル・オペレーターが割り当てられた。海貨上屋をターミナル・オペレーターが使用することは船舶と岸壁が一体となった運用の効率化に寄与する。

(106) 社団法人東京都港湾振興協会編『東京港ハンドブック２００９』（東京都港湾振興協会、二〇〇九年、四六頁）を参照。海貨上屋は一階を都営倉庫として上部階を民間企業に貸付けるもので、一棟当たり約一万五〇〇〇平方メートルの延床面積が民間に貸付けられた。

(107) 港湾法に制限されない一貫責任制を新たに導入するにあたって、ターミナル・オペレーターが背後地倉庫を有することが手続き上最も効率よく貨物を海上から陸上へと移送することができる。前掲注105と同様にこれを可能とする事が、運輸省が主導した外貿埠頭公団法の眼目であった。

(108) 前掲注106『東京港ハンドブック２００９』をもとにした数値を論拠とする。

(109) 東京港の整備は明治期の隅田川口改良工事を端緒としており、その際に政府の意向によって政府米を備蓄する目的で各財閥系が倉庫を構えたことが起業のきっかけとなった倉庫業社もある。

(110) たとえば三井倉庫は一九三四年（昭和九）以来借り受けてきた佃島の倉庫用地を一九八一年（昭和五六）に都市再開発計画により返還の要請を受けた。そこで一九八三年（昭和五八）に「土地賃貸借の合意解約と土地明け渡しに関する協定」を締結した。この結果、大井埠頭の新たな倉庫用地を賃借し倉庫を建設した。

(111) 一九六八年（昭和四三）一〇月一六日の東京都港湾審議会で議論された大井埠頭利用区分表で定められた倉庫用地のうち、その後新たに売却されたのはわずか三倉庫であり、当時の倉庫配置の構図がほぼそのまま現在に至っている。

(112) 大井埠頭には交通機能用地：国鉄用地一四四万平方メートル、道路用地六四万三〇〇〇平方メートルの合計二〇八万三〇〇〇平方メートルが計画された。

(113) 前掲注80「東京都港湾審議会議事速記録」を論拠とする。

(114) 船主協会の米田委員はこの状況について「東京港の計画にも大変な影響が出てくる」、「ぜひ取り急いでご決定をいただいて東京港のコンテナ埠頭の整備をおはかりいただきたい」と述べている（前掲注80「東京都港湾審議会議事速記録」）。

(115) 「東京都港湾審議会議事速記録」昭和四三年一一月一五日（東京都港湾局内部資料）を論拠とする。

(116) 前掲注80「東京都港湾審議会議事速記録」（一一頁）および「東京都港湾審議会議事速記録」一九六九年（昭和四四）二月一七日（一一頁）にはこの矛盾を指摘した記録がある。前掲注100の小林港湾局計画第一課長の発言にある大井埠頭における国鉄用地のさらなる拡大はすでにその前年から既定路線であったことをうかがい知ることができる。

(117) 東京都品川区編『品川区史』通史編　下巻（一九七四年（昭和四九）、一九五頁）より引用。

(118) 前掲注117『品川区史』通史編　下巻（三五二—三五三頁）をもとにする。

(119) 一九五六年（昭和三一）に東京都内湾漁業対策審議会、一九六〇年（昭和三五）一二月に臨時内湾漁業対策本部が設けられた。

(120) 前掲注117『品川区史』通史編　下巻（九八八頁）より引用。

(121) これは品川浦漁協他の場合が大森漁協とは異なり、「土砂を直接漁場に投下され、海面が陸地に変じたことが、補償の原因となった」ためである。

(122) 当初東京都は、一九六二年（昭和三七）に総額二七〇億円の補償額を示したのに対して、漁業者側は一二九〇億円を要求した。

(123) コンテナリゼーションの導入のためには埠頭を一括して運営することを可能とする外貿埠頭公団法の制定が必要であった。このことは従来の港湾法によって安定的に棲み分けてきた港湾業務について港運、海運両業界に揺さぶりを掛けることになる。船会社側は①世界の海運業に伍してその競争力を保っていく合目的なターミナル運営のためその主体者となること、②ターミナル運営のノウハウを吸収し、蓄積することに意を用いるのが急務であることを主張した。一方、港湾運送事業者側は、①どのように展開するか予測の難しいコンテナ輸送に、大きな資金を投下し、施設を長期間維持（借受契約は一〇年ごとに更新）するのは負担が大きく危険が多い、②しかし、そこで行われるターミナル・オペレーションは、港湾運送であるから港湾運送事業者の業域の延長上にありその域を明け渡すわけにはいかない、とした（注5『日本港運協会三十五年の歩み』日本港運協会、一九八三年、一六二頁より適宜抜粋）。結局、コンテナリゼーションの導入を主導した元運輸省事務次官で当時港湾近代化促進協議会会長であった若狭得治が両業界の利害を斡旋して決着した経緯がある。

(124) 運輸省主導による新規埋立地について、港湾管理者自ら埠頭の事業運営にかかわろうとすることで権利を主張する埠頭問題などがあった。

(125) 運営方式上の問題は前掲注123に代表される。その他に都市インフラとしての問題があった

(126) 「東京都埋立地開発規則」第四条、一九七八年（昭和五三）二月六日公布。

(127) 前掲注126「東京都埋立地開発規則」第三条。

(128) これについて、前掲注80「東京都港湾審議会議事速記録」一九六八年（昭和四三）一〇月一六日（東京都港湾局内部資料）には「結局増えたのは国鉄と道路だけだ」という指摘がある。

(129) 前掲注80「東京都港湾審議会議事速記録」を論拠とする。

(130) 前掲注97を参照。

(131) 前掲注80「東京都港湾審議会議事速記録」によれば、当日の「諮問議案」の一頁に大井埠頭その一埋立地利用区分表が添付された。審議会は浮穴港湾局長が同表を説明する形式で進行した。

(132) 参加した委員には、学識経験者には港運協会、陸運協会、船主協会関係者が、関係行政省庁には国鉄、運輸省関係者が、

都議会議員には地元である品川区選出の議員が含まれていた。

(133)　前掲注3東京都港湾局編『東京港史』第一巻（一二二一頁）所収の「一輸送機関別国内貨物輸送分担表」（運輸省情報管理部統計課資料）による。

(134)　前掲注80「東京都港湾審議会議事速記録」（三九頁）の計画目標決定の資料として「東京湾地区における国際貿易機能の一翼を担う外航定期船港としての整備」が総括に記載がある。

(135)　この点について玉井港湾局長は「東京都という広域的な立場から、東京港全体の整備計画の一環として」いることに対して、地元は「地先の品川区ということだけで議論」するため議論が嚙み合わないとしている（前掲注80「東京都港湾審議会議事速記録」二八頁より部分的に抜粋）。

(136)　大沢三郎東京都議会議員は「国鉄さんはここで百四十四万平米という土地を確保して、いまの汐留の土地は東京都に拠出するのですか。それとも原価ででも売るのですか。（……）こんな大幅な埋立地をやらなければいけないということまで考えなければこの港湾の開発はできないのか」と述べた（前掲注128「東京都港湾審議会議事速記録」）。汐留の国鉄の土地は後に国鉄の民営化にともなって民間に払い下げられ、バブルの契機となる。その遠因もまた大井埠頭の新設にあった。

(137)　前掲注80「東京都港湾審議会議事速記録」の石川発言による。

(138)　一九六七年に運輸省は外貿埠頭公団法を制定し、若狭は退官する。同年、東京都は一連のオリンピックに伴うインフラ整備を一区切りとし、鈴木は大阪万国博覧会事務総長へと重心を移した。

(139)　「東京都港湾審議会議事速記録」一九六九年（昭和四四）二月一七日（東京都港湾局内部資料）では、港湾審議会において大井埠頭建設における当時の状況を振り返って整理している。ここで「公団と決めたことと、東京都のほうで、それをどう措置するかということは、独立した権限である」の原則論があったことが言及されている。一方、「東京都港湾審議会議事速記録」一九六九年（昭和四四）二月二五日（東京都港湾局内部資料）にはコンテナの専用埠頭をめぐって大手六社の港運会社の最高首脳との「運輸省のごあっせん」という文言で、暗に若狭による斡旋があったことが記録されている。

(140)　前掲注13港湾労働等対策審議会答申「港湾労働及び港湾の運営、利用状況の改善」を論拠とする。ここで運輸省は近代港湾の実現のために業界のスリム化と運営のスリム化を各業界に促した。

(141) 前掲注3『東京港史』第一巻（八四頁）に「環状七号線を延長して京浜二区埋立地から、新埠頭地帯の基部を縦貫して、葛西地区七号線端部で環状に連絡する。この線は新港湾地帯の幹線道路であり、大井埠頭一三号地間で橋梁または隧道で連絡する」との記載がある。これは東京オリンピックを控え、競技会場・選手村と羽田空港を結ぶ都市インフラ整備の一環でもあり、当時東京都副知事であった鈴木はこれを東京の都市計画の一助として主導した。
(142) 渡邊大志「東京港における大井埠頭建設の都市史的位置」（『日本建築学会計画系論文集』第七七巻第六七九号、二二五一—二二五七頁）を参照。
(143) この審議会において国鉄用地の確保の議題に関しては、それによる緑地面積の増減などへの影響についての質疑応答などもなされた。しかしながらこれらは審議会の結果に何ら影響を与えるものでもなく、国鉄用地は議案通り次回の港湾審議会で答申された。
(144) 一九六七年（昭和四二）一月一日「東京都埋立地開発規則」が施行された。
(145) これを可能とすることが運輸省が主導した外貿埠頭公団法の眼目であった。
(146) 東京港の整備は明治期の隅田川口改良工事を端緒としており、その際に政府の意向によって政府米を備蓄する目的で各財閥系が倉庫を構えたことが起業のきっかけとなった倉庫業社もある。
(147) 前掲注2『三井倉庫八十年史』（七三頁）より引用。
(148) 前掲注2『三井倉庫八十年史』（一九九頁）より引用。
(149) 三井倉庫は一九三四年（昭和九）以来借り受けてきた佃島の倉庫用地を一九八一年（昭和五六）に都市再開発計画により返還の要請を受けた。そこで一九八三年（昭和五八）に「土地賃貸借の合意解約と土地明け渡しに関する協定」を締結した。この結果、大井埠頭の新たな倉庫用地を賃借し倉庫を建設した。
(150) 前掲注2『三井倉庫八十年史』（四九九頁）を参照。
(151) 前掲注1『三菱倉庫百年史』（一一五頁）を参照。
(152) 前掲注1『三菱倉庫百年史』（一一五頁）より引用。
(153) 前掲注1『三菱倉庫百年史』（三二九頁）を参照。

第3章　世界都市概念の根本
——言説と経済の中の一九八〇年代臨海地区

世界都市のインフラストラクチャー

最初に本章の主舞台となる東京港臨海部の東京港史上の位置を確認しておきたい。

わが国の首都・東京の主港である東京港は、一八八〇（明治一三）の「東京市区画定之問題」で松田道之第七代東京府知事が東京築港説を唱えて以降その歴史が始まった。

しかしながら、あらゆる東京築港計画が頓挫し、一般に東京港の歴史は挫折の歴史であったとみなされる。その原因の過半は隣接する横浜港による既得権益の独占と維持であった。国際港の地位を横浜港に独占された東京港は築港とは程遠い隅田川口改良から始めることしかできず、壮大なマスタープランを描くことが許されなかった港である。そのため、東京港は背後に世界有数のメトロポリスが控えるにもかかわらず、それに充分な港であるとは言いがたかった。むしろ世界の近代都市の港の中では、その規模と交易の額の両方において際立って小さな港であったと言える。

その一方で、戦後の東京計画には、明治期の市区改正計画で断念せざるを得なかった東京築港へのポテンシャルが潜み続けてきた。その過程で考案された諸計画がそのまま実践されることはなかったが、少なくとも戦後、丹下健三は新宿副都心への都庁舎の移転などの布石を打ちながら、一九八〇年代の臨海副都心構想に至るまで「東京計画一九六〇」（図3-1）を実現する機会をうかがっていた。そして、高度経済成長期以降の都市を拡張する時代の焦点が「東京計画一九六〇」の主舞台に位置する一三号埋立地を始めとした臨海部に絞られていった。そのことがウォーターフロント再開発、臨海副都心構想の一連の流れを推し進める原動力の一端を担い、一連の論争を牽引したことは疑いない。そしてその中核には、当時の鈴木俊一都知事、堺屋太一、丹下健三といった大阪万博以来の陣容が構えていた。

本章における基本的な姿勢は、世界都市博覧会の中止に象徴される東京およびその臨海部の転換点の持つ都市史的意義を、当時の言説史の中からあぶり出そうとするものである。したがって、当時のウォーターフロントをめぐる一連の開発論を批判することが目的ではない。その主眼はひとえに丹下健三が「東京計画一九六〇」で示したような都市を背骨のように可視的に横断して、骨格を形成する類のインフラストラクチャーとは異なる次元のインフラの存在を記述することにある。

一九八〇年代の言説史において東京港臨海部を俯瞰すると、バブル崩壊に代表される経済至上主義と都市形成との臨界点が浮き彫りになる。本章ではジャーナリズム、アカデミズム、行政の内部記録、の三つに分類した言説群から、当時臨港部で起きていた同一の事象に関する記述の相関関係を明らかにすることで、土地投機による経済至上主義以降の東京を形成するインフラストラクチャーについて考えてみたい。

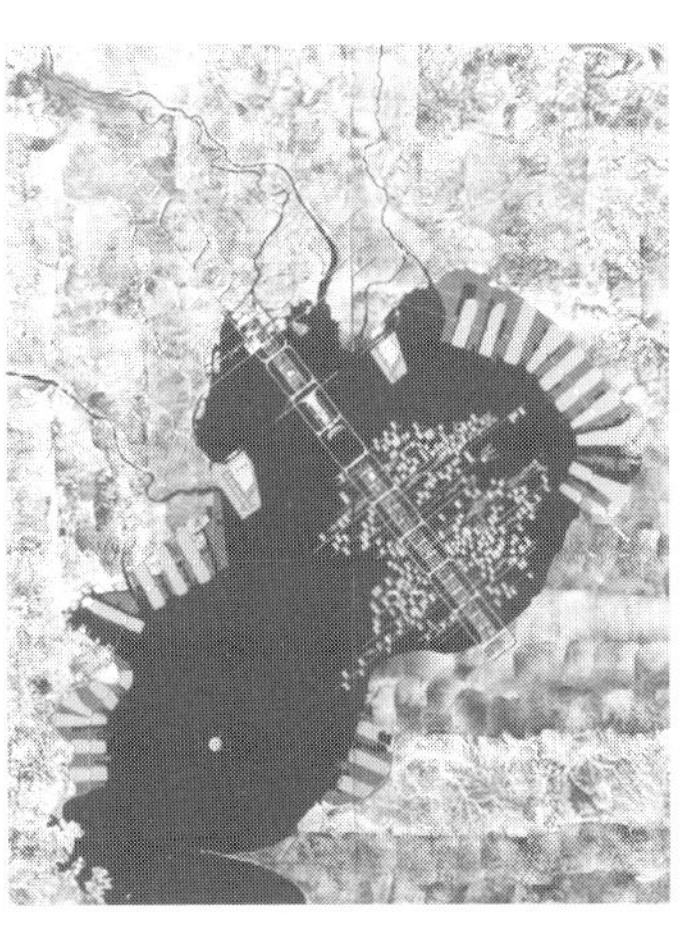
図 3-1　東京計画 1960

その当時、拡張論ではない類の東京論も存在はしたが、バブル絶頂期を迎えた時代のうねりは埋立地を都市再開発の最後のフロンティアへと仕立て上げていく。東京都がマイタウン東京構想を掲げ、多心型都市の理論武装のもとに都庁舎を新宿に移転できたのも、丸の内の再開発という都市への投資の時代であったためである。最終的に東京都は多心型都市構想の仕上げを臨海副都心の建設に見据え、その中核を東京テレポートの建設と一三号地の開発とした。これには中曽根政権の民活化路線の強い意志が背景にあったこともすでに指摘されている。多心型都市と銘打ちながらも、現実には従前の都市拡張時代の土地への投資形態の構造がそのまま都市形成に反映されるシステムが東京の戦後史の中で確立されていたことは疑いない。

バブル崩壊後も臨海副都心計画が予算上実質的な継続路線を維持したことは、世界経済のシステムの外に都市が存在することはあり得ないという「世界都市」・東京の現実を端的に示してもいた。しかしながら、それがバブル崩壊以前の拡張する都市像の継続のみを意味したかといえば、必ずしもそうではない。

そのことを明らかにするために、本章では以下の四つの柱を立てた。

すなわち、まず一九八〇年代の臨海部に関する言説を精査し、世界都市博覧会の中止と前後して様々に変化していく東京の「フロンティア」の根源を明らかにする。そこにはジャーナリズムにおいて東京構造論としてのウォーターフロント論が臨海部開発論の端緒としてすり替えられ、その構造がアカデミーに移植されたことがあった。これを受けて当時の行政内部で港湾空間が都市空間とみなされるまでの過程を復元する（第1節）。その上で、そうして生まれた臨海副都心構想の果てに「世界都市」概念を生み出すに至った圧力の詳細について検証する（第2節）。そして、世界都市博覧会の中止以前の「世界都市」概念の具体的な中身を明らかにし、都市博の中止が当初の「世界都市」の概念を変容させていった詳細を明らかにする（第3節）。最後に、世界との関係の中での世界都市への書き換えが、分節構造という新たな港湾の特質に依拠したことを示し、情報時代の世界都市モデルが実は港湾という唯物的な場所性に根をはることで生まれたことを明らかにする（第4節）。

以上の四本の柱を立てることにより、次章において世界経済の情報化と結びついた港湾空間に港湾倉庫が留まり続けていることに新たな都市構造を見出そうとする基本的な姿勢の論拠を示す。

1　捏造された港湾近代都市化論の正統

ウォーターフロント論からすり替えられた臨海副都心論

一九九五年（平成七）四月二七日、東京都は世界都市博覧会（以下、都市博という）の中止を正式に発表した。都市博の中止はその敷地となった一三号埋立地の開発のみならず、都がそれまで推進してきた多心型都市の名目と臨海副都心構想の実際との乖離に疑念を持たせ、かつ、世界有数の人口を抱えるメトロポリスの都市構造のヴィジョンそのものに大きな疑問を投げかける契機となった。

最終的に都市博の開催に集約された東京港の臨海部開発に関する主導的なスタンスは、一九八〇年代の海辺の都市空間に抱いた幻想論でもあるウォーターフロント論によって牽引されてきた。ウォーターフロント論はこれまで物流の場であった水際線を、夜景の見えるレストランやテラスなどのレクレーションの場とすることを論じ、都市生活者の日常生活の中に親水空間の景色を借りた新たな消費社会の幻想を抱かせることに一役買ったことは否定できない。当然、この流れに警鐘を鳴らす論考もあったが、バブル崩壊の現実に至るまでの主流派は臨海副都心開発論者たちであった。これら一連の言説は専ら論者の立場を色濃く反映したものであった。

まずは新聞、雑誌などのジャーナリズムにおける言説を俯瞰することから始めたい。

『日本経済新聞』（以下、日経という）朝刊の見出しに初めて世界都市博の文字が踊ったのは一九八九年七月一五日の『三〇〇万人に宿泊体験、世界都市博、基本構想は「滞在型」』という記事であった。それによれば、座長を丹下健三とする東京世界都市博覧会基本構想懇談会が前日の一四日に基本構想を発表したとある。都市博は「東京フロンティア」と名を冠した都市づくりの現場そのものを博覧会の展示品にしようとするものであった。つまり時の鈴木都政は、この博覧会を臨海副都心開発の実質的な起爆剤と捉えていた。

一九九〇年代に入ると、臨海副都心開発並びにその起爆剤としての都市博の開催の必要性をめぐって、次第に論議が沸いてくる。日経の一九九〇年四月二二日付けの「臨海副都心開発は必要か」には法政大学田村明、東京都の大塚昶之助東京フロンティア推進本部長の対談が掲載されている。その論旨は明らかに反対論者たちを牽制している。すなわち対談の前半では、田村が反対論の主論である多心型都市構想は結局のところ都心の拡張であって一極集中を益々助長するだけとの見方を示した。その上で田村はセントラルパークのような都心の空地の必要性を訴えている。

これに対して、都市博の実質的な責任者である大塚は東京都心の一極集中の原因を縷々述べて臨海部開発の必然性を訴えた上で「臨海部開発にあまり税金は使いません」と都民に負担を強いるものではないことを強調する。これを受けて田村は一転して、「博覧会は一過性だから、空いているところでやるのはいい。どうせなら、しゃれたホテルもつくって船で渡ってくるのも面白い」と発言する、といった具合であった。

この記事にみられるシナリオの構成は、当時の推進派の議論展開の典型的なものであった[1]。それを掲載した日経を始めとした新聞各社は、まだ鈴木都政、自民党政権の民活路線の流れに異を唱える態度を現してはいなかった。そこには中曽根政権の民活化路線の推進が強く影響しており、こうした新聞メディアの態度は後に「新聞は衰退したか」という特集を雑誌『世界』に組ませる要因の一つにもなった[2]。

日経は一九九〇年一〇月に「東京湾岸知事シンポ」を主催、その特集を同紙上で展開し、明らかに都政の側を支持している[3]。その前兆として同年の五月六日朝刊に掲載された「臨海副都心の顔に——都庁の声望を集め博覧会開催も推進（ヒトこま）」では柴田護元自治省事務次官の第三セクター・東京臨海副都心建設社長の就任を報じ、「中央の政、官界に顔が利き、自分と意思の疎通が十二分に図れる人物」と鈴木俊一知事の談話を紹介しながら「まさに〝はまり役〟といえるだろう」と結んでいる。そして自社主催のシンポジウムを開催し、一〇月一〇日朝刊で一七八一文字を割いて鈴木知事の主旨を解説している。

その中で鈴木は、多極分散国土の形成を目指し、臨海副都心開発がその一つであること、そして世界都市博覧会「東京フロンティア」を九四年に開催することを明言している。

この記事が掲載されてから都市博の開催予定期間までわずか四年しかなかったわけであるから、当時拙速論が叫ばれたことは必然であった。それにもかかわらず、日経はさらに同年一一月九日朝刊に二〇四二文字を割いて「第二部・東京フロンティア特集――「都市の時代」をリードする臨海副都心」の記事を組んでいる。その見出しからも容易に推量できるように終始鈴木都政の施策を支持する内容のものであった。

こうした日経の鈴木都政支持論調に変化が見られるのは翌年（一九九一年）になってのことである。一九九一年（平成三）一月一三日朝刊「検証鈴木都政の一二年（下）臨海副都心見直しの声、資材・人材ひっ迫（九一都知事選）」で東京湾埋立地十号その二にある雑貨埠頭の運用問題を指摘し、「本来の用途を無視してまで都が砂の陸揚げを急ぐのは、近くに建設中の未来都市「東京臨海副都心」が原因だ」と記している。これは鈴木都知事の四選の是非をめぐる報道の一環であった。この鈴木都知事の四選には後援会長丹下健三の力が大きかったことはよく知られている。

一週間後の二月二〇日には同紙に東京都議会予算特別委員会の審議が一五年ぶりに止まったことが掲載された。これは前年に決まった臨海副都心への進出企業選定の透明化を野党が二か月後の都知事選を視野に入れて求めたことによる。続く三月八日付けの記事では初めて東京フロンティア（都市博）の延期の可能性が言及された(4)。

一連の新聞報道における都市博並びに臨海副都心開発に対するスタンスの一八〇度の変化は、その他のジャーナリズムで八〇年代から東京論を唱えてきた反対論者たちの気勢をより一層強めるものとなった。

新聞で推進論が展開される一方で、新聞以外のジャーナリズム、たとえば岩波書店のような由緒あるとされる出版社の雑誌では、臨海副都心開発、都市博を一九八〇年代から起こった東京論ブームの延長から捉える反対論が大方を占めていた。特に江戸学と呼ばれた東京に江戸の足跡を発見し、それを賦活していこうと唱えた論者たちはその色を鮮明にし、大型都市開発に警鐘を鳴らした。

また、藤森照信は「東京論ブームの裏側」と題した特集を組んだ雑誌『世界』の一九八六年（昭和六一）七月号において、同時代に起きていた都市論争の傾向を生んだ根について「日本の近代国家が農本的世界をベースにしていましたから、アカデミーは明治以降延々と日本の農本的世界の解明ということをやってきた。（……）大学紛争がひとつの契機だったと思いますが、あそこで戦後のアカデミーがガタガタになって、その破れ目から、新しい都市の現象が活字の世界に吹き出している」(5)と評している。藤森が指摘したように、当時のジャーナリズムが半ば機能不全に陥りかけたアカデミズムのはけ口になっていたことは否定できない。

同特集に掲載された宮本憲一論文「TOKYOとエドの谷間」にその傾向が凝縮してみられる。宮本はこの中で民活論について、田中角栄の都市政策大綱に触れた上で「民間活力の導入は税制危機の下で内需拡大策が国際国内的に「至上命令」となってくると、新自由主義にもとづく行政改革を補完するものとして、「錦の御旗」のようになってきた」と述べ、住民自治にもとづく都市政策の必要性を訴えたところで論を終えている。(6)この宮本の論考は、反対論の要旨を最も端的に表現したものと言ってよい。

都市博の発表は一九八九年（平成元）だが、一九八六年（昭和六一）の同特集には須田春海論文「鈴木都政を点検する」も収録されており、すでに「一三号地のテレポート建設を起爆剤に、晴海、竹芝などの埠頭を開発し、汐留を通って新橋にいたる、臨海副都心の形成は、新交通システムを動脈とした情報都市、国際金融センターづくりとして、すでに青写真化しはじめている」(7)と、都市博の眼目を論じている。引き続いて、須田春海は五年後の一九九一年（平成三）一一月号の『世界』でも「矛盾が集中する臨海副都心計画」と題した論文を発表し、一貫して経済優先の開発論を批判した。(8)

一九九三年（平成五）八月号の『地域開発』に第二七七回地域開発研究懇談会における大西隆の発言が「ウォーターフロント開発の行方――東京臨海副都心開発をめぐって」と題して掲載され、都市博の是非から遡行して臨海副都心開発、東京論、ウォーターフロント論の原点に至る構造があることを示唆している[9]。

大西によれば、バブル経済の崩壊を契機にオフィス需要の鈍化が起こったという一般論があるが、むしろ「問題なのは、今は需要が冷えていても、やがて景気がよくなった時、頓挫しているものが動きだすことになれば、それでいいのかという点[10]」であった。大西は臨海副都心開発問題の焦点を頓挫した新土地利用制度に当て、インフラ整備事業の頓挫を指摘する。その上で東京テレポート構想から始まった一九八五年の四〇ヘクタールの事業が世界都市論を背景に次第に規模を拡張し八六年に九八ヘクタールから二二六ヘクタール、八七年には四四〇ヘクタール、一年後の八八年には四四八ヘクタールへと四年間で一一倍の規模の事業へと拡大していった変遷を都市の一極集中の流れとして辿り、これは「コルビジェ型の都市ではないか」と結論づけている。そしてバブル崩壊後の段階的な臨海副都心の計画の必要性を訴えるわけだが、ここで注視しておきたいのは大西が都市博の開催そのものには反対していない点である。

つまり臨海副都心開発の反対論の多くは、そのイデオロギーの発生する構造に反対したのであって、すべての事業に反対するという単純な構造を持っていなかった。

東京論の三分類

ここのところは言説史の中に東京の湾岸をめぐるイデオロギーをみようとする上で重要である。それを確認するために、大西が示した道に従って臨海副都心開発論の前段階としての東京論、さらにその前段階としてのウォーターフロント論まで、各論のそれぞれの立場のイデオロギーとその構造を確認しながら順に遡行していく。

東京テレポート計画が臨海副都心構想まで拡大した背景には、都庁移転を断行した時勢における東京論ブームがあった。いずれもこれからの東京をどのようにしていくかを論ずるものであるが、一連の東京論は大きく三つに分類することができる。すなわち、①雑誌『東京人』の創刊に代表される当時の東京のありのままを見直そうとするもの、②東京での江戸の発見、もしくは江戸の東京への読み替えに代表される虫の目の場所論、③日本全体もしくは世界的視野から東京を眺める鳥の目の視点によるもの、である。これらは、多心型都市論などの都市計画論において臨海副都心を構想させる呼び水となった。

当然これらの三分類をそれぞれの論考は少なからず横断し、連環していくが、大きくこの三つに分類することで、後に臨海副都心開発の通底となったイデオロギーの出路を見出すことができる。ひいては、臨海副都心開発そのものには反対であっても都市博の必要性を認める論拠が明らかにされる。

まず、現在目の前にあるありのままの東京を見直そうとする視点からの東京論をみていく。

すでに触れてきたように東京論の数々が掲載され、「東京論ブームの裏側」と特集が題された雑誌『世界』の一九八六年（昭和六一）七月号（四九〇号）は、同時代のジャーナリズムの中でも顕著に当時の東京の現実を再検証する視点を表明している。さらに同年は雑誌『東京人』の創刊の年に当たる。「東京の面白さの奥行きと広がりを模索していきたい」と発刊の意図を『世界』の編集部が評したように[11]、一九八六年は一定の東京論が出尽くした「東京論ブーム」の絶頂期を迎えた年であったと言える。この年には三か月の間に東京をタイトルにした本が三一冊も出版されたと『世界』編集部が語るように、一連の東京論ブームを外から客観的に見る視点がようやく発生し始めた。

このような状況において、『世界』一九八六年七月号は、文化論だけではなく、政策的な視点からも「東京の「面白さ」と「不安」」を検証する必要を世論にもたらした。

この記事は田村明と藤森照信の対談であったが、田村は二〇世紀後半は都市の時代だが「従来の都市像とは明らかに違う都市にいまわれわれは入りつつある」と指摘する。その本意は東京論を二つに類型化することにあり、田村はそれを新旧混在する東京の文化論と最先端都市としての都市論と位置づけている。その上で後者の必要性を訴える。それに対して藤森は東京ブームの裏にある田舎の失墜を指摘し、学問の世界を眺めてみればそれがわかる、と語っている。

すなわち、柳田国男の民俗学を通底とした農村社会学が明治以来続いてきたが、それが昭和四〇年代に入って商業化していく社会の中で都市から田舎を眺めに来る（観光に来る）ようになって田舎は終焉を迎えた。このように話す藤森の真意は、都市のことを論じるためには農村について考える必要があり、それはかつての良質な民俗学が持っていた草の根の視点からなされるものであることを主張するところにあった。現実には田舎の消滅と農村を含めた日本列島全体の都市化は連動して進んでおり、これがアカデミーの世界で日本の近代国家が農本的世界をベースにしてきたことの根幹を揺るがしたと指摘する。

この指摘は近代日本における天皇制の農村的な家父長体系の性質と明治以後のアカデミーの構造を重ねた考察であり、重要な指摘である。つまり藤森は都市を学問することの矛盾を指摘しているのであり、さらにそこに都市の面白さを見出そうとしているのである。

次に虫の目の場所論については、『東京人』の編集委員でもある陣内秀信の一連の東京論が代表的である。陣内は『水辺都市——江戸東京のウォーターフロント探検』や『東京の空間人類学』で一貫してウォーターフロント空間から東京をみる視点を提出している[12]。特に前者では江戸湊から東京港への変化の歴史の概説を述べるとともに、東京港の近代埠頭の中に江戸以来の内港のシステムが残っていることを指摘する。その上でウォーターフロントというキーワードを提出し、若者のロフト文化に代表される物流倉庫の転用の歴史から、同地域が持つ都市空間としてのポテンシャルを描き出している。さらに一三号地から眺める東京湾越しの隅田川と東京の遠景に関する考察は、風景から形成される都市像を情報時代の都市像として提出する足がかりを示した点で重要であった。

また、『東京の空間人類学』では「水の都・東京」に至る江戸期からの接続が指摘された。陣内はまず隅田川を始めとした江戸の水系の成立過程について言及し、これによる掘割などによって構成された江戸の町を復元する。その上で日本橋川などの江戸の河岸空間に着目し、これが水辺の名所となっていく要因として寺社とのかかわりについて述べる。こうして生まれた江戸の水辺の盛り場が、現在の東京に江戸の都市構造を引継がせたルーツであったとした。

東京の水辺空間に対して港湾空間と都市空間という両極の視点から眺めた陣内の仕事は、一九八〇年代の東京論の中で大きな影響力を持っていた。そのため陣内のウォーターフロントをめぐる言説は、一九八六年（昭和六一）にピークを迎えたあと世界都市博の中止へ向けて下降線を辿っていくポスト・東京論の中で開発論とその反対論の中庸を探しだす役割も果たした、とみることもできる。結果的に陣内によるウォーターフロントから都市空間を再読していく視点は、少なからず東京都港湾局によるその後の東京港改訂港湾計画にも適宜反映されていくことになる。

最後に、東京を東京内部の事情のみで語るのではなく、まわりとのかかわりを含めた鳥の目でみた東京論をみていく。

平山洋介は『東京の果てに』[13]で一九八〇年代当時の行政の内部事情について言及し、臨海部を制度や行政指導などのソフト面から見直した。まず平山は一九八〇年代当時の国策の拠点が、農村などの地域開発から大都市の再開発へ力点が移行したことを確認する。これによって東京を「世界都市」へ改造しようとした八〇年代の政治経済的背景を明らかにした。その上で、「世界都市」概念について論じたサスキア・サッセンの論考[14]に言及しながら、「国家のコントロールのもとで相対的に閉じている」東京の特異性を指摘する。

平山はこれらを踏まえた後に、東京港の臨海部を眺めていく。そこには丹下健三に代表される「ビッグネーム」のプロジェクトによる東京のフロンティア探求の渇望が描かれ、臨海部の当時のポテンシャルを浮かび上がらせる。しかしそのまなざしは一貫して過去の遺構を眺めるかのようであり、平山は二〇〇〇年代に八〇年代を振り返る基本姿勢が自己反芻的なものであるべきことをスタンダード化することに成功したと言える。平山の論考は二〇〇六年のものであり、前の二分類のものから二〇年ほど後に事が終わってから述べたものではある。しかしながら、『東京人』の創刊から始まり陣内が江戸—東京を結ぶことによる新たな東京のフロンティアを発見するまでの民の視点ではなく、官の視点による東京論の実践過程を客観的に検証する重要な論考として位置づけられる。

これと同種類の論考を八〇年代当時の言説の中に発見しようとするならば、尾島俊雄の一九八〇年代の臨海部をめぐる言説の変遷をたどる必要がある。

東京論ブームの絶頂期と評した一九八六年（昭和六一）に、尾島は『東京二一世紀の構図』[15]を発刊し、その中で環境との共生を示しながらも二〇世紀的な拡張構築する都市像の延長に「絵になる東京づくり」として「東京リサイクルトンネル」などの同地区を含むインフラ計画および都市計画を発表している。その一方で、その六年後の一九九二年（平成四）に尾島は『異議あり！　臨海副都心』[16]を著し、その一元的な都市開発の延長政策を批判する。ここで尾島は一九八七年（昭和六二）に発表された第四次全国総合開発計画（四全総）に端を発する地方分権への流れから繙き、東京フロンティアおよびそれを核とした臨海副都心構想に異議を唱えた。

東京港臨海部の実際に密に接していた尾島が自らバブル崩壊前後の時勢の変化を相対化しようとする姿勢は、同時代的な視点から現在に用意された備忘録として読むことができる。

尾島が行政に正面から異議を唱えたように、一九九一年（平成三）の越澤明『東京都市計画物語』[17]では東京湾プロジェクトおよび東京湾臨海部のインフラ計画を負の遺産として扱っている。これ以降、東京フロンティアや臨海副都心構想は東京論を語る上で失敗の象徴・負の遺産とみなされることが既定路線となり、東京フロンティア推進本部の創設に代表される東京都（地方自治体）の内部権力闘争と当時の政府の民活懇談会、鈴木知事の選挙活動などを経た政治的な力学を批評する舞台として同地域を扱う論考が散見されるようになっていく。(18) こうした潮流が生まれたことは、一九九一年以降、九五年の世界都市博中止を経て、一連の臨海副都心政策を批判する姿勢が一般的な基本認識として確立されたことを示している。

つまり尾島が備忘録として示した「世界都市」と東京のフロンティアに対するまなざしの根本的な変化はその後の九〇年代言説史の基調を形成し、その流れは平山によって結実された。

以上の三つに分類したジャーナリズムにおける東京論に共通していることは、バブル崩壊という経済的な転機であった一九八〇年代後半の日本人が持っていた都市へのまなざしを、特に臨海部の空間をどう捉えるのかを表明することで表現した点である。これによって、一九八〇年代の東京という都市の構造を考える上で東京港の臨海部に焦点を当てて考えることの有効性が理解されるだろう。すなわち、各人の臨海部への言説は都市への自らのまなざしの性質を表明するものであり、そのイデオロギーにおいて都市博開催の是非との接続は本来なかったと言える。

そのため、都市博の是非をめぐる議論と臨海副都心開発に象徴された多心型都市という東京の都市構造の是非をめぐる議論は本来その根を異にするものであって、別に仔細に語られるべきものであった。このことが、臨海副都心開発に反対することは都市博開催に反対することを必ずしも意味しないという視角を臨海副都心反対論に提供したのである。

しかしながら、都市博を臨海副都心開発の起爆剤とすることの経済的な接続観点と、イデオロギー上の問題を次第に混同していったところに、一連の東京論が資本至上主義を基調としたシニシズムに陥りやすい根本的な原因があった。

ジャーナリズムの台頭とアカデミーの衰退

藤森がジャーナリズム上で「ガタガタになった」と表現した当時のアカデミー[19]がどのように東京港の臨海部を扱い、何を表明したのかを次にみていきたい。

藤森が指摘したことは、都市を論じる際に田舎の消失が新たな視角を生んでいることへのアカデミーの無自覚と自己矛盾であった。

ジャーナリズムにおける言説を俯瞰して得た法則をアカデミーにも適用するならば、臨海副都心開発論およびウォーターフロント論の中に当時の都市観が埋め込まれていたという構図があるはずであり、それは農本的世界の学問を基盤とするアカデミーの体質に一種のアレルギー反応をもたらしたに違いない。

実際はどうであったか。ここでは主に日本建築学会『建築雑誌』の記事タイトルにウォーターフロントが含まれる二八件について検証する[20]。

『建築雑誌』にウォーターフロントのタイトル記事が最初に登場したのは一九八八年八月号である。

この号には海洋部門研究協議会での「東京湾をとりまくウォーターフロント再開発への提案と課題」と称した協議会の内容が記録されている[21]。その中で横内憲久は「どちらかというと陸域から水域をみる発想がかなり多くを占めている」と当時の開発提案を総評し、海洋から陸域のコンテクストへと連続する資質を見出すことを「海からの発想」と呼んでその必要性を訴えている。また風呂田利夫は生態学的視点からみれば埋立てによる一連の再開発は最悪の構想であると断罪し、坂下昇は「日本経済にとっての地域開発、首都圏整備、内需拡大等のいずれの観点から考えても、かかるプロジェクトは不要である」と断言している。

しかしその一方で、同号で一九八八年度日本建築学会設計競技の課題として「わが町のウォーターフロント」がテーマとして選択され、出題されている。その設計要項をみてみると、『全国でさまざまな水辺空間の再生をめざすプロジェクトが企画され、あるいはすでに実施されているが、今回の設計競技はそれぞれの地域の特性に応じた個性と創造性豊かな「わが町のウォーターフロント」の提案を求めている』と〈主旨〉に記載がある。日本建築学会の設計競技課題の内容はその時節の一般的な風潮を反映した一定の尺度として考えることができよう。

そうであるならば、ジャーナリズムではすでに一九八〇年代半ばから都市構造を考える上でウォーターフロントを扱うことが論じられていたことを考えれば、このときその潮流を反映させた設計競技課題の出題がウォーターフロント論を介した都市再開発論への批判とともに同号において初めて掲載されたことは、批評と風刺が時差を持って相互に相矛盾してまみえたということになる。

それだけ当時のアカデミーはドキュメンタリーに展開される都市論の批評の場として機能していなかった。

このように、ジャーナリズムで構築された東京論の構造が次第にアカデミーの基調となっていく中で、同年末の『建築雑誌』建築年報で陣内秀信がようやく「ウォーターフロント」と題した論文記事を学会に寄せている[22]。その内容は陣内がそれまでジャーナリズムを舞台として論じざるを得なかった論旨を概要として整理したものであった。とりわけ東京湾臨海部の変化に焦点を当て、臨海部の倉庫および工場の劇場などへの用途転換による「ロフト文化」の発生から「最後に残されたフロンティアとしてのウォーターフロント」に至り、それがさらに一三号、一〇号埋立地の副都心開発事業、「東京テレポート」へと至った当時の状況を概観している。

この陣内の論文記事は、ジャーナリズムを主舞台として論じられた内容がアカデミーに紹介されるという当時の構図をよく表している。

その後日本建築学会では、一九九二年（平成四）の北陸大会でウォーターフロント特別研究部門パネルディスカッション「ウォーターフロントの開発――大規模埋立地の都市づくり」[23]が行われ、九三年四月号でようやく「東京――住める都市への条件」の特集が組まれて、東京論ブームについてのいくつかの寄稿がなされた[24]。これは雑誌『世界』

で「東京論ブームの裏側」という特集が組まれた一九八六年から七年後のことであった。

同特集内の座談会「暮らしの舞台としての東京」(25)においてこれまでのジャーナリズムにおける東京論が総括的に論じられている。ここで司会を務めた陣内は、江戸東京学、プランナーにとっての歴史、地域雑誌といった括りでこれを整理している。そして「マスタープランが不在」である、「中心がいっぱいある」、「大きさを規定するファクターがない」といった東京の世界の都市の中での特異点を挙げ、四全総で「世界都市」を唐突に旗揚げした当時の鈴木都政を批判する。これは鈴木が「マイタウン東京」を標榜していたこととの矛盾を指摘したものであるが、全体としてそれまでのジャーナリズムの動きを総括するに留まった感は否めない。少なくとも、アカデミーでの論争がジャーナリズム、ひいては社会の根幹を論じていたとは言い難い。

その中で北原理雄は論文記事「ウォーターフロントの光と影」(26)で東京のウォーターフロント開発における「歴史的ストックに対する冷淡さ」を批判し、『異議あり！　臨海副都心』を著した尾島俊雄は「建築学会の新潟大会におけるシンポジウムの状況から考えても、多くの「異議あり！」を無視し、「異議ある臨海副都心」への見直しが行われない硬直した東京都の行政機構こそが一極集中の弊害」と批判した(27)。尾島はこのように述べてジャーナリズムにおいて展開してきた私見をアカデミーに記録した。

さらに、「東京——住める都市への条件」と同年の一二月には『建築雑誌』で特集「日本のウォーターフロント」が組まれ、陣内が『東京の空間人類学』などで従来主張してきた内容が繰り返し掲載されている(28)。

こうして一転した開発批判の流れの中で出色なのは、横内憲久が「国際的視野からみたわが国のウォーターフロント開発の差異と問題点」(29)という寄稿の中で「開発に否定的な報道や評価がこのところ目につく。これは、一面では事実であろうが、また一面では誤解を含んでいると言えよう」と述べている点である。横内は臨海部における行政の停滞ぶりを批判しつつ、ウォーターフロント開発そのものを否定しない視点を呈示した。そして、ウォーターフロントを水辺を包含した都市（計画）レベル、沿岸域は国土（計画）的レベルと位置づけ、ボルティモア、ボストンなどの世界のウォーターフロント開発の事例と比較する。これによって、ウォーターフロント開発は陸域、海域ともにその周辺領域も計画の対象として考慮する必要があることを訴えた。

横内はこれを実現していくために、「海や河川にとってほとんど意味を持たない自治体界を超えた組織体の存在が必要」として、東京都や関係省庁と異なる次元の共同体の必要を指摘した。ここで示された臨海副都心を批判しつつもウォーターフロント開発を是認していく姿勢は、バブル崩壊後に一気に開発反対論が体制を占めていく中でそれとは異なる価値基準を提出している点で際立つものがある。

伊藤滋はこの論に同意し、同特集の最後に東京港の近代史を総括的に語る(30)。三井、三菱といった財閥が国家企業として果たした役割と、常に横浜港に先行された東京港の歴史の果てに、現在のインナーハーバーにおいても横浜港のMM21の後に東京港の一三号地が開発の的になっている構図を指摘した。その上で、新たな開発構造として建設した東京湾の埋立地全体を既存の地方自治体である二三区のどこにも属さない二四番目の区とする東京二四区構想を提唱した。

以上のように一九八〇年代当時のアカデミーにおいて、都市構造からウォーターフロントや港湾を眺める基調がジャーナリズムに先導されただけでなく、その議論や論考の質においてもジャーナリズムの引き写しの範囲を出るものではなかったとみなされる。これはアカデミーにおける執筆者が、より速効性を持って社会に視点を提供する場としてジャーナリズムを選択した結果でもあった。そのため臨海部の言説の多くはジャーナリズムを舞台とした。

このことは、図らずも運輸省下の国家統制と港湾管理者である東京都の政治的なせめぎ合いの空間であり続けてきた一九七〇年代までの港湾空間の性質を、次第に資本主義の経済最優先の理論下にある港湾以外の一般的な都市空間と何ら変わることのないものへと変質させていく一助となった。この構図が臨海部を港湾空間ではなく都市空間として開発していこうとする臨海副都心構想の本質であり、当初の都市イデオロギーとしてのウォーターフロント論からのすり替えが起きていった根本的な要因でもあった。

この背景に当時の中曽根政権下での民活路線があったのは言うまでもない。臨海部の変化とそれがもたらした都市史的影響については、「世界都市」を冠した博覧会が中止される前後に港湾と都市を接続してきたイデオロギーの変化が指摘される。その仔細を明らかにしていくためには、七〇年代まで都市の近代化の政治的空間として港湾を制御してきた港湾行政の細部に入り込む必要がある。

港湾空間の都市空間化のための三つの壁——行政内部の発言録一

ジャーナリズムにおいて組み立てられた論理をアカデミーが追随した一連の東京港臨海部へのまなざしが、今度は行政内部で実行されていった過程を東京都議会各委員会の会議録および東京都港湾審議会会議録を用いて復元していく。その目的は、ウォーターフロント論に表現された東京の都市構造をめぐる議論が次第に単なる臨海副都心構想による開発論と都市博開催の問題にすり替えられていく中で、「世界都市」の概念が生まれていった過程を明らかにすることにある。

その根底には一貫して港湾による都市の近代化から港湾の近代都市化への転換があった。そして臨海副都心構想の果ての「世界都市」と「都市フロンティア」概念の提唱は、その実践と位置づけた都市博の中止によって頓挫することになる。

本来の東京構造論の是非から臨海副都心構想の是非に問題がすり替えられた東京港の臨海部であったが、実は都市博の中止の副作用こそが元々の概念よりもよほど先進的と思われる別種の「世界都市」概念をもたらしたという込み入った経緯がある。その結果、都市博の中止は港湾による都市の近代化の新たな局面を生み、「世界の中での都市」

へと「世界都市」の概念を読み替えていくのであった。

こうした重層した世界都市の因子を一枚一枚剝がしながら検証していくためには、港湾空間の都市空間化による都市の近代化の経緯を詳らかにしなければならない。それは都市博中止以前に鈴木都政が東京港臨海部に敷いた「世界都市」概念の根がどこにあったのかをたどることでもある。その上で、港湾空間の都市空間化には以下の三つの壁があったとみなされる。すなわち、①港湾の都市化への方針転換の既成事実化、②その法的根拠の解決、③新たな臨海副都心の権益の帰属先である。これらの順にその詳細をみていく。

一九八五年（昭和六〇）一一月二八日の東京都港湾審議会における議題は、東京都の「マイタウン東京構想」の下で策定された「東京都長期計画」についてであった(31)。その会議の冒頭、續副知事が「重要な拠点の一つ」として東京港臨海部を挙げている。そして佐藤計画部長が臨海部の現状を概説した後、同年五月に発表された首都改造計画に「東京圏を多核多圏型の地域構造に変えていく」ことが主方針となっていることに言及し、「新しい副都心を育てていくことの必要性を述べた。さらに同年四月に運輸省によって発表された全国的な二一世紀に向けての港湾という報告の中から、「総合的な港湾空間の創出に関して、高度情報処理空間を港湾の場で考えていく必要がある」という方向が示されていると佐藤は述べている。

ここに、①東京の都市構造を考える上で臨海部に注目する必要性、②そこに新たな副都心を育てていく必要性、③情報都市を臨海部に設ける必要性、の三点が東京の都市構造の新たな要として示された。以降、臨海副都心構想の端緒が東京テレポートの建設であったこととこの三つの骨子の関係を明らかにしていく。この審議会の内容を受けて、翌年（一九八六年）一二月一九日の港湾審議会で、臨海副都心構想に沿った具体的な発案がなされた。その要点を議事に沿って復元する(32)。

竹下港湾局長は東京港第五次改訂港湾計画の指針として、同年二月に設置した東京港の将来像について検討する委員会の報告書を議論の俎上に上げることから始めた。

報告書の要旨は、①物流拠点としての港湾機能と客船埠頭の整備拡充という港湾プロパーの問題、②埋立地における臨海部副都心の育成整備、豊洲、晴海等のいわゆる内港地区における再開発のあり方、③臨海部における基幹的な道路や大衆輸送機関などの交通体系の整備、④都市廃棄物の処理と埋立て、⑤水辺と緑を活かした美しいウォーターフロントの創出、といった大きく五つの項目であった。

佐藤計画部長は、埋立地の都市的土地利用という本筋から議論に入った。そして、その第一点目に臨海部の副都心の育成を位置づけ、その具体的な埋立地を特定した。

その上で、臨海部の副都心の中に都市機能を順次配布していく考えを示した。すなわち、一三号地その一、その二地区について、一三号地のその一地区を東西方向に横断する東京湾岸道路よりも南側の地区には東京テレポートを中核とする情報関連の業務機能を配置する。さらに、同湾岸道路から北側の部分には、すでにお台場海浜公園等の整備が進んでおり、住宅、ホテル、商業施設、文化施設を配置するのが適当とした[33]。

そのための臨海部副都心の開発方式は、事業の早期完了、民間資金の活用等の視点から、都が中心となって設立する第三セクターによって実施する必要があるとした。基本的にはこのときの構想に従って臨海部埋立地の現在に至る骨組みは定められている。

その具体的な方法は港湾空間であった従来の埋立地空間における都市的土地利用の実現に集約された。このことが経済成長を目的とする当時の社会情勢全般の要求であったことはすでに見てきた通りである。

これを実践するためには、港湾法の臨港地区に指定された範囲における建築物の建設に対する規制を緩和していく必要があった。つまり、臨海部を従来通り運輸省が港湾法によって主導していく港湾空間とするか、それとも都市計画法によって建設省が主導する都市空間とするか、という両者間の綱引きにつながっていく。

佐藤計画部長はさらに、これら臨海副都心の計画によって発生する交通インフラの整備について、都心と連絡する連絡橋（現在のレインボーブリッジ）や大井埠頭と接続した交通緩和を担う第二湾岸道路（現在の東京港臨海道路）の増設などについても言及している。いずれも現在は実現された計画がこのとき佐藤の口から語られた。

加えて、質疑応答において将来像検討委員会の基本的理念である「都民に開かれた東京臨海部の創造」という項目のなかで「物流機能中心の港のあり方を改め」ることが指摘された[34]。このことは大井埠頭の新設によって実現しつつあったコンテナリゼーションの導入（コンテナ化）による東京港の近代化という大方針を修正していくことを意味している。

これによって東京港は純粋な港湾としての近代化を目指すのではなく、港湾空間を都市空間化していくことで東京港を近代都市化していくことを指針としたことになる（図3‐2）。

都心部
都心
都心周辺部
副都心
副都心
臨海部副都心
周辺地域

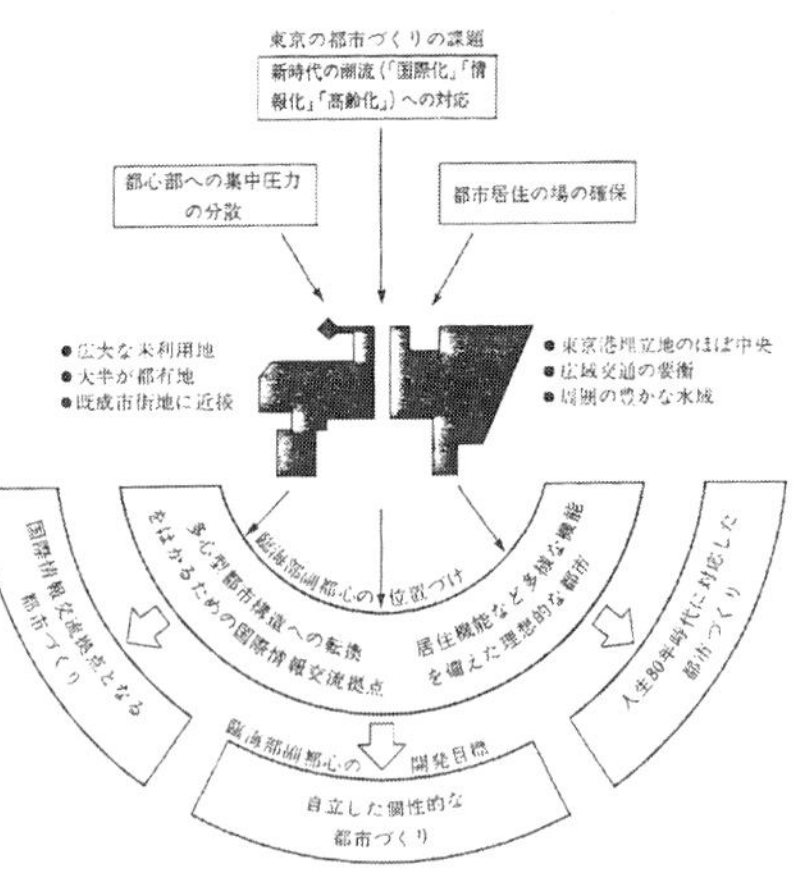

図 3‒2　『東京港第五次改訂港湾計画』における「臨海部副都心の位置づけ」（上図）と「臨海部副都心の開発目標とその背景」（下図）

東京港港湾管理者『東京港第五次改訂港湾計画資料』（東京都港湾局，1988 年，106 頁）．

この事実は東京港を港湾と呼ぶ真意を変えてしまうのであった。

一九六七年（昭和四二）にコンテナリゼーションの導入を決定することで近代港湾たろうとしたにもかかわらず、今度は一転して都市を臨海部に延長して海上に拡張していく古典的なアイデアを受け入れたことは、結局は港湾を都市にすればよいと短絡したとしか言い様がない。

多心型都市下の東京港空間

明治期以来独自の港湾計画を立てることが困難であった歴史をもつ東京の港湾を考えるとき、その都市構造から港湾を放棄することは最も簡単な方法であったに違いない。港湾機能を捨象し、あるいはそれよりも都市機能を優先するのであれば、はじめから港湾計画に固執する必要はなかったのである。このとき、明治以来の一〇〇年以上の東京港をめぐる相克の歴史自体が土地への投機の圧力によって葬り去られようとしていた。

この点について、港湾審議会の委員からも異論が出なかったわけではない。

（……）いわゆる港湾プロパーといいますか、物流としての東京港についてのウェートが非常に低いんです。そして、それは十三号地を中心にした副都心、そしてまたこれを世界都市に造成するんだ。それが東京都全体の多心型都市構造への転換の一環として進むんだ。（……）東京港の位置づけというもの、現状はどうなんだ、将来どうあるべきなんだ、どう振興していかなければならぬという視点が極めて弱いんです。(35)

東京港における「物流としてのウェートが低い」ようにされた原因は、この方針が東京港の将来像検討委員会という港湾審議会とはまったく別の諮問機関によって作られたことにある。

そこに臨海副都心構想および都市博の開催に漕ぎ着けたい鈴木都知事の意向が働いていたのは疑いない。すなわち、港湾審議会長のもとでつくられる専門の部会で将来像について審議をされて報告がなされるのではなく、将来像検討委員会という実質的な「知事個人の諮問機関」によって計画された内容を港湾審議会で審議することの矛盾があった。

このことについて佐藤港湾審議会長は「東京都としては、付託された業務が港湾本来のものと東京都の長期計画と両方をやってもらった」という認識を示し、「港湾審議会の問題と、もう一つは、東京都の将来計画というものとがたまたま時間的に一緒だった」ため「我々が考えたものよりもより広い範囲で港湾を取り扱ったのが、今回のこの将来像ということになっている」と説明した(36)。

つまり港湾計画を考案する上で東京の都市計画全体から眺めれば港湾ではないことが望ましいとは港湾審議会で報告できないため、鈴木知事の諮問機関である検討委員会で一三号地などの埋立地の将来計画と臨海副都心構想という同土地の都市的土地利用を決定したというわけである。そしてそれが港湾計画の策定と時期的に重なったことは偶然であるとした。

「都市論が優先して、港湾がどうあるべきだという視点が極めて弱い」という指摘の背景には当時の港湾審議会に一貫していた構造が表現されている。

東京港はそんなには伸びないよ、この辺でコンパクトにまとめておけ。(……)東京港だけが大きくなろうとしたって、それは無理なんだ。東京港としての限界もその辺に来たという感じで、コンパクトにまとめて、そのかわりあれだけ広い土地があるんだから、都市を前進させてつくる。むしろどちらかといえば港湾を押し詰めて、そこに広く都市を前面に出させるんだということに聞こえるわけです(37)。

この旨の指摘は一九八〇年代の港湾行政に通じて言えることでもあった。そこに当時民活路線を推し進めていた政府の意向があったことも否定できない(38)。

いずれにしても、この港湾審議会で港湾による都市の近代化から港湾の近代都市化への基本方針の転換が既成事実化され、これが臨海副都心構想の骨格となったのである。

港湾空間を都市空間化する方策

一九八六年（昭和六一）の港湾審議会で港湾を都市化する方針を決定した次に必要なことは、臨海副都心の法的根拠を得ることであった。

これには先に触れた臨港地区の指定解除の問題があった。従来の港湾では港湾機能を目的とする空間は港湾空間と定めた上で、さらに運輸省が港湾法に基づいて臨港地区を指定することで一般の建築物の建設を規制してきた。建築物を建設して臨海副都心を実現するためにはまず臨港地区を解除し、その後に新たに都市計画法を根拠とする用途地域の指定が必要であった。これを主導するのは建設省であり、ここに港湾空間対都市空間すなわち運輸省対建設省という新たなせめぎ合いが生じたのである。

一九八八年（昭和六三）四月二七日の港湾審議会の議論は専らこの問題に集中した。

東京港第五次改訂港湾計画に盛り込まれる最重要項目は、従来の臨港地区と臨海副都心構想を実現する都市計画区域の範囲指定図であった。そのため同年八月の同審議会の基本計画の答申では「中部地区において、未来型の副都心を育成・整備していくための土地利用計画を再編する」とされた。ここでいう中部地区とは一三号地、一〇号地、有明を指し、ここに臨海部副都心の建設が予定された。その一三号地については、テレポートを中心とした業務施設のほかウォーターフロントを生かした商業・住宅施設が考案された。その他に臨海部副都心を形成するために必要な埋立地として、有明貯木場、一〇号地の小型船だまり、一三号地の小型船だまり並びに有明南運河、合計八二ヘクタールの埋立てが計画されていた(39)。

これらの実現のためにも臨港地区の解除が必要であった。土地利用区分の法的根拠を示す必要を確認した上で、①既定計画にはなかった「交流拠点用地」が新たな土地利用区分として盛り込まれていること、②これによって既定の土地利用区分が変更になっていることが問題とされた(40)。

その真意は次の二点であった。一つは土地利用区分の根拠法となるべき都市計画法上の臨港地区の分区の指定が改定されていないにもかかわらず、港湾計画の土地利用区分が先行してそこに建設されるべき構築物を実質上規定していること。そして第二に、この交流拠点用地の追加は運輸省の通達のみを根拠とし、かつ、「いわば何をやってもよろしいという用地区分であって、港湾ではなくなる土地ということ(41)」を意味したことであった。

さらに、次のやり取りから新たに盛り込まれた交流拠点用地が一等地である内湾地区と中部地区に集中していることに、臨海副都心開発への意志が隠されていたことをうかがい知ることができる。

（オフィス面積の占める割合が）内湾地区では、二四万一〇〇〇㎡、六・七%、中部地区では九五万八〇〇〇㎡、一二・七%なのです。都心に最も近い一等地を、こういうふうにしてオフィス型の土地のために吐き出すということは、港湾事業の範ちゅうから離れた議論かもしれませんが、臨海部の開発は過密集中の排除ということが金看板になっているわけです。

中部地区は、ご指摘のような面が全然ないとはなかなか申し上げにくいわけですけれども、臨海副都心建設のために、従来の用地を一部変更しまして、交流拠点用地、あるいは　都市機能用地に変えた(42)。

つまり中部地区については、埠頭用地、港湾関連用地、工業用地、緑地がすべて減り、都市機能用地、交通機能用地、交流拠点用地を多くとる。その大義名分は一一万副都心をつくるという一点にあった。そして佐藤計画部長はこの土地利用区分を決定する根拠法を明らかにしないまま、今回の変更が「臨海副都心の建設という大きな都市改造に寄与をしていくことになる」という狙いを赤裸々に語っている。

このことからもわかるように、土地利用の重点を港湾的なものから都市的なものに移す鈴木都政の基本姿勢はすでに固まっていたに違いない。この方針に対して「港湾事業や設備を廃止縮小して、テレポート、見本市会場、国際会議場など、いわゆる東京の国際化、情報化、非港湾化の方向へ推し進めようとしているのではないか、（……）、この背景には、ウォーターフロント、港湾事業社の独占低利用状況から、いわば資本に開放し、都心型用地として安価に高度利用させようという要求に沿ったものだ、（……）、そんなことはほかのところでやること[43]」だとの抵抗はあったものの、結果に影響を与えることはなかった。

ちなみに、ここで指摘された「港湾事業社の独占低利用から都心型用地として高度利用させる」とは、従来の利用区分における港湾関連用地を指している。港湾関連用地はその具体的利用を特定されず、運輸省の通達に基づいてその都度協議されながら決定されるという特徴がある。すなわち、港湾関連用地の定義は「総合的な港湾空間の創造を先導する拠点」であり、このような拠点づくりは港湾再開発によりなされることが多く、この場合は順次利用転換を図ることになる。そのため港湾関連用地等との相互融通を図るものとされた。つまりこの港湾関連用地の定義を利用すれば、法的に管理する必要のない港湾関連用地を実質的な再開発用の都市空間用地としてプールしておくという仕掛けが可能であったのである。

そのため交流拠点用地をできるだけ増やし「港湾用地とも相互に融通して、公共的管理が外れて、私的所有の自由を拡大する」ことを心掛ける。そういう新規要求を運輸省および都港湾局の縄張りである港湾事業の中に何とか取り込むことによって、いわば「港湾事業が都市デベロッパーに変身していく[44]」ことを促していくことこそが当時の港湾行政の実態であったことは事実である。

これに加えて臨海副都心構想を前提としたこの港湾計画には、将来都市計画を立案できるための用地をプールすることについてさらに別の二者の企図が絡んでいた。それはこの都市機能用地を港湾用地の中の分区として位置づけるか、もしくは、従来の都市空間と位置づけるかによってその管轄が運輸省と建設省とで異なるためであった。

「都市機能用地」をめぐる思惑の根

東京都港湾局は歴史的に長く運輸省の影響下にあり、埋立地の土地利用地区についてもこれまで港湾用地の各分区を割り当ててきた。一方で、建設省にしてみれば臨海副都心構想を足がかりとして、これまでの港湾用地を都市機能用地とし、その管轄権を握る格好の機会であった。同審議会で建設省関東地方建設局の委員がこの構図を踏まえた発言をしている。

> 港湾につきまして、一般的な都市空間と何ら変わらない空間としての性格を与えようとする表現が随所に見られますので、これらの部分については了解できない。（……）、陸域四三〇〇ヘクタールすべてを港湾空間として位置づけているが、この中に都市機能空間がたくさん含まれている。（……）、一般的な都市空間と何ら変わらない空間を港湾空間として位置づけるということについては大きな問題であり、建設省といたしましては了解できない[45]。（傍点は筆者による）

港湾審議会における資料説明の段階で事前に関係省庁の了解を得られていないことは極めて異例のことであった。

将来の都市機能用地の管轄をめぐる運輸省と建設省の綱引きは、現行法下においては都市計画法の臨港地区制度によって港湾管理者に対しての管理優先権を認めてきた領域の扱いについてなされる。その内情は次の発言で説明されている。

> 特に現行法制度上は、臨港地区制度ということで、都市計画あるいは建築行政の面で、港湾管理者に対しまして、大幅な特例を認めているが、これは港湾の交通物流拠点としての性格に着目した特例、例外措置でございます。今回の計画のように、港湾が産業、生活、一般の拠点としての性格を有する、こういうことになりますと、この特例的な扱い、根拠は根底から覆るということで、現行の臨港地区制度の抜本的な見直し、こんなことも考えざるを得ないような状況になるんじゃないか[46]。（傍点は筆者による）

つまり建設省は新たな港湾空間への進出に増して、臨海副都心を端緒として現行の都市計画区域に港湾を主導する運輸省の権限が及ぶようになることへの危惧が少なからずあったのである。

このように臨海副都心構想を眼目に置いた上で二つ目に解決すべきことは臨港地区の指定と解除をめぐる運輸省と建設省の対立であった。

三つ目に、港湾と都市の主従関係をどう捉えているかという点が挙げられる。

このことは都市空間化した埋立地を既存のどの区に所属させるのか、つまり新たに海上に新設した臨海副都心の権益の帰属先をめぐって具体的なやり取りがなされた。

コンテナリゼーションの導入を実践した大井埠頭の建設が陸海共通のインフラの整備を兼ねており、港湾から都市を近代化していく視点を盛り込んでいたことはすでに述べた[47]。これに対して、これまでの港湾空間を都市空間としてみなして港湾計画を立てることはその理念の根本を変えるものである。港湾局の佐藤計画部長は港湾と都市の関係の歴史に対する認識について「東京港の区域は、明治以来大幅な埋立てを行いまして、（……）街が少しずつ海の方へ広がってきたという経緯がある」と述べている[48]。

このように港湾局のスタンスは最初から陸側から海を眺める視点に立っており、そこには二〇年前に運輸省が主導したコンテナ化による海から陸を眺める視角を見出すことはできない。そのため、このときの港湾局は運輸省よりも鈴木都政の影響下にあったと見るべきであろう。その延長上に、該当地区を何区にどう編入していくのかという問題が議論された。この問題に対して建設省はその原則を次のように述べている。

川から流れるものは建設省、港にあるものはそこの市の港管轄になっているのです。それが縄張り争いのような形でもって物事が解決をしない[49]。

こうした認識の中で、港湾計画の中での臨海部の開発と臨港地区を解除した場合の権益をどの区が享受できるのか議論がなされた[50]。

港湾局が策定する港湾計画における臨海副都心の位置づけについては、二年前の昭和六一年一一月に鈴木都知事によって第二次東京都長期計画が決められた。そしてそこにおいて七番目の副都心が策定され、今度の第五次改訂港湾計画で七か所の埋立地のうち三か所が臨海副都心構想で覆われてしまうなど、臨海部の開発が中心に置かれているのは明らかであった[51]。特にその端緒とされた東京テレポートが経済界で果たす位置を見ると、その牽引力の根が明らかにされる。

テレポート関係で当時発足していた研究会は、①東京海上火災保険、新日本製鉄、三菱銀行等六七社で構成する東京テレポート研究会、②三井銀行、東芝、三井物産等九社で構成するタス設立準備委員会、③富士銀行、日本鋼管、安田信託銀行等二九社で構成する東京テレポート推進協議会、④伊藤忠商事、第一勧業銀行、日立製作所等八五社で構成する東京ヒューマニア研究会があった。

また、有明関連では①三井物産、三菱商事、日本興業銀行等一三社で構成する東京港ウォーターフロントプロジェクト研究会、②伊藤忠商事、日本長期信用銀行、清水建設等九社で構成する有明ウォーターフロント開発研究会、③丸紅、安田信託銀行、川崎製鉄等一二社で構成する有明地区開発研究会があった(52)。

こうした研究会を構成する企業群を眺めてみれば当時の臨海部が財界からいかに注目を集めていたか推量できる。東京テレポートおよび臨海副都心の都市的な位置づけに関して空間論よりも経済論が優先されたことは疑いないことであった。

以上の大きく三点、①港湾の都市化、②これを可能とする根拠法、③権益の所属先、これらを総合した「都市と港湾の主従関係」が来るべき第五次改訂港湾計画のテーマであると同時に、臨海副都心構想が越えなければならない三つの壁でもあった。

港湾審議会の最後に高橋港湾局長が次のように述べている。

> 勇気を持って率直に申し上げたいと思います。(……)建設省の代表の方のご意見でありますけれども、これは率直に申して、私どもも大変残念であります。何が残念かといいますと、今までも調整に努力をしてまいりました、しかし、調整がつかなかったという点であります。なぜかといいますと、基本的に哲学が違うのではないかと思います。それは一つは、港湾空間論というのがありまして、そのほかに都市空間論というのがありまして、この二つの空間論の根底が違うわけであります。私どもは、どちらかというと運輸省が指導官庁でありますから、

運輸省の指導のウェートが少しは高い。この計画書にはそういう要素が高まって反映されておるということは率直にいわざるを得ないと思います。建設省と運輸省では何が違うかというと（……）、まさに空間論であります。[53]（傍点は筆者による）

都市と港湾の主従関係においてその優劣は時代によって異なりはするものの、一貫してそのどちらかがどちらかの優位に立とうとする点においてまったく変わることのない旧態依然とした綱引きの連続が東京港の歴史であったと言っても過言ではない。

しかしながら、一九八〇年代の臨海部をめぐる言説において港湾から港湾空間を無くしていこうとしたところにこれまでの都市と港湾の綱引き関係とは異なる次元の問題があったのである。

すなわち陸と海の接続域であった埋立地・埠頭は港湾空間から都市空間となることでいわば海から独立したとも言える。その時もはや埋立地は陸と海を接続する媒介ではなく、海が陸になろうとしたのが臨海副都心開発であった。そして臨海副都心構想を背骨とする第五次改訂港湾計画は港湾審議会より鈴木知事へ「原本を適当と認める」答申が出されたこのとき、東京港の都市空間化は決定的なものとなった。

一九八〇年代の臨海部における言説史において専らジャーナリズムを主要な舞台として東京の都市構造が議論された。一連のウォーターフロント論はもともとその中での論理であったが、臨海部の再開発を望む経済至上主義の圧力によって次第に臨海副都心論へとすり替えられていった。そしてジャーナリズムにおいて形成されたこの基調はアカデミーへと移植され、行政内部において具体化されていく。

このことは港湾空間を土地への投資対象とする都市空間化していくこと（港湾の近代都市化）を意味し、コンテナリゼーション導入期に一度は定められた近代港湾機能を主としながら東京の都市インフラを担っていくという方針の抜本的な変更を意味した。

それは東京という都市全体から俯瞰して見れば、その臨海部においては港湾を放棄したということに他ならなかった。

本節ではジャーナリズムからアカデミーを経て行政内部に至る一九八〇年代の言説群からその過程を復元し、この時代に作られた港湾の近代都市化の論理の正統性がウォーターフロント論に求められないことを明らかにした。これによって従来は臨海副都心構想が依拠したとされる東京港の臨海部の開発と東京の都市像を結びつけることの矛盾を指摘した。

2　世界都市の論理

臨海副都心の偶像化過程——行政内部の発言録二

港湾を臨海副都心として都市化していくことを自ら決定した港湾行政は、今度は都市を丸ごと博覧会とすることでそのモデル化を図っていく。

一九八八年（昭和六三）の三月に臨海部副都心開発基本計画が策定され、臨海部副都心開発推進会議が設置された。このときすでに「東京フロンティア」という名称で一九九四年（平成六）に催事が行われることの記載がある。一九八九年（平成元）八月二一日の総務生活文化委員会で、これに関して吉田総務部長が当時の状況を次の様に説明している。(54)

I　東京世界都市博覧会（仮称）の準備について

①本年（一九八九年）七月一四日、東京世界都市博覧会基本構想懇談会から、新しい都市づくりの運動・東京フロンティアの実施が提言された。

②これを受けて、七月一六日に博覧会準備担当の理事が設置され、一九八九年度（平成元）末を目途に、東京フロンティアの基本計画の策定を進めている。

③八月二三日の庁議において東京フロンティア実施の基本方針が決定され、知事を委員長とする臨海副都心開発・東京フロンティア推進会議を設置した。

④東京フロンティア準備局（仮称）を早期に設置する予定。

Ⅱ　東京フロンティアの準備、開催あるいは運営を行う財団法人について

①第一回定例会において必要な予算の議決をいただいており、平成二年一月を目途に設立の準備を進めている。

ここで登場した「東京フロンティア」という言葉に対して、同年の東京都議会第三回定例会（第十四号）で鈴木都知事は「東京フロンティアは、これまでの博覧会と異なり、東京臨海部において展開される東京テレポートタウンの建設を通し、都市づくりのプロセスを示しつつ、世界の英知を集め、二一世紀に向けて、人間的な躍動と潤いに満ちた、新しい都市の仕組みと営みを明らかにしようとする試み[55]」と定義している。

その一方で、その政治的背景を専ら根拠とすることを批判する次のような声もあった。

都は、五年後の平成六年からおよそ会期三百日にわたり、臨海部副都心を舞台に大規模な世界都市博覧会なるものを計画しているようですが、この構想は全く都民不在のまま、例によって知事選挙の後援会長を座長に、私的

な性格の強い懇談会によってその計画が進められております。[56]

ここで言及された知事の私的懇談会とは、東京港の将来像検討委員会のことであり、その座長は丹下健三であった。東京フロンティアの構想計画はこの検討委員会で基本計画が考案されたのであった。

過剰な調整時間が必要となる行政の外に計画の策定機関を独立して設けたところに鈴木の並々ならない推進意欲が表れている反面で、その策定された計画自体は行政処理上の裏付けがないという自己矛盾に陥っていた。

その一つとして東京都港湾局の港湾審議会で議論の的となった臨港地区の指定解除をめぐる運輸省と建設省の綱引きは、港湾審議会での事前調整も落とし所を見つけることができないままその議論の場を東京都議会に移していた。

一九八九年（平成元）九月二一日の第三回定例会（第十六号）の主題は、このことであった。

臨海副都心について質問いたします。

その計画区域四百八十ヘクタールのうち青海、有明南、台場など八七・六ヘクタールが既に臨港地区に指定されておりますが、（……）、これには運輸省と建設省の激しい対立的介入があり、これが天下公知の縦割行政、つまり縄張り争いに起因するだけに極めて難しい状況にあります。（……）運輸省は、臨港地区指定のまま、いわゆる分区条例の改正により建築規制を緩和すればよいという方針であり、建設省は、住宅はもとより商業、文化施設など完全な都市機能を臨港地区指定のままで開発するのは矛盾であると強く反発、原則的かつ基本的には両者の対立は平行線のままであろうと推測できます。結局は、港湾区域における本来的な港湾機能に対する都市機能の進出という時代的な流れの中で、両機能の整合性をいかに図るかであり[57]……。（傍点は筆者による）

この発言に始まる臨港地区問題の状況に対して、鈴木知事は「極めて難しい対応を迫られており、現在、関係各局を督励して調整を図っている」、「私はこの問題が臨海副都心開発のための極めて重要な課題であると認識[58]」していると答えるに留まっており、依然として決着をみていないことがわかる。この臨海副都心開発に伴う臨港地区の見直しについて、事務方の企画審議室長・関岡武次によれば

①運輸省は近年の港湾に対する高度化、多様化する社会的要請に的確に対応するため、分区条例の規制を緩和して総合的な港湾空間の形成を図るとしている。

②建設省は臨港地区は港湾の管理運営上、必要な最小限度の範囲について定めるものであり、その本来の目的とは異なった土地利用に転換され、または、今後転換を図る土地については臨港地区の指定を解除すべきであるとしている。

③都は運輸省、建設省にも強く働きかけ、年内を目途に結論を得たい。

として一応の期限は区切っているものの、その根拠はやはり示されていない[59]。

この対立構造の背景には臨海副都心開発による過剰な土地投機を避けるために原則として土地は売却しないとされていたことがあった。新たな臨港地区解除地区のほとんどが国有地もしくは都有地となるため、これをめぐる権益争いが行政側にあったことは疑いない。

この問題は解決されないままであったが、その偶像化と位置づけた都市博の開催期限との関係から残された時間は少なく、臨海副都心構想はもはや立ち止まることは許されない状況であった。そのため、新たな副都心開発という理解のしやすいかたちに落とし込まれた東京の構造論は、これまでにすでに指摘されている鈴木都知事の選挙対策や堺

屋太一や丹下健三らと協同した都市計画への意志以上に、先の各東京テレポート研究会の構成組織にみたような消費型経済の論理がその背中を強く押していたと考えられる。そのような流れの果てに、ある意味ではオートマチックに「世界都市」概念は作り出されていった。

その「世界都市」の偶像として世界都市博覧会、後の東京フロンティアを位置づけることができる。

「世界都市」の発露

東京都議会の各委員会での議論は港湾局の港湾審議会で既定路線とされた港湾の近代都市化と臨海副都心構想を経た東京フロンティアの是非に初めからあり、少なくとも臨海副都心の是非を問う段階はとうに過ぎていたと言える(60)。

一九八九年一〇月時点で、東京フロンティアの開催は臨海副都心構想上の最重要項目であったことを確認することができる。

そして臨海部副都心開発東京フロンティア推進会議や東京世界都市博覧会基準構想懇談会は、この直後の東京フロンティア推進本部の設置へとつながっていく。

同年一二月六日の総務生活文化委員会において、同組織の設置と大塚昶之助が本部長に就任したことが報告されている。その役割は「臨海副都心開発の総合調整と東京フロンティアの準備、推進(61)」であった。これによって東京フロンティア開催の実現のための組織が従来の行政枠の外に特命として正式に発足し、大塚本部長の下で臨界開発調整部と事業推進部の二部が設置された。

このとき一般に言われた東京フロンティアへの懸念は、鈴木がかつて副知事時代に行った東京オリンピック、事務局長として取り仕切った大阪万博の再来を単に狙っているだけではないかという次元の低いものでしかなかった。

しかしながら、それでもそうした疑念を払拭するために鈴木がここで持ち出したのが「世界都市」という概念であった。

鈴木は翌年の一九九〇年（平成二）第一回定例会（第三号）において、①国際金融センターや高度情報機能の集積、②文化の面でも世界をリードする機能を持つこと、③世界の平和と発展に貢献できる都市活動を展開することと「世界都市」を定義づけている。

そしてこのためには「各種社会資本を整備し、風格のある都市づくりを進めるとともに、内外すべての人にとって開かれたコミュニティをつくることが世界都市としての重要な要件(62)」であると述べた。

このように鈴木はこれまで一港湾、一都市の中だけの問題として生じてきた行政間争いを含む障害を越えるため、従来の枠を跨いでいく「世界都市」という概念を持ち出すことで臨海副都心構想を超法規的な位置づけのものに押し上げようとしたのである。

そのための具体的な手法として鈴木は以下の四つを挙げている(63)。

①臨海副都心の開発においては業務、商業、居住、文化、レクリエーションなど、さまざまな都市機能を導入する。

②臨海副都心の開発計画はマイタウン東京構想の基本理念を受け、だれもが安心して住み続けることのできる人間性尊重の都市づくりを目指す。

③臨海副都心開発の第一段階が修了する一九九四年には新しい都市がその営みを見せ始めており、この始動期の終わった時点で臨海副都心を舞台に世界の英知を集め、建設途上の都市を体験し、二一世紀の都市のあるべき姿を共に考える場として東京フロンティアを開催する。

④東京フロンティアの目的は、臨海副都心において二一世紀のモデルを内外に示すことである。

以上の四項目によって、鈴木は港湾空間を都市空間とみなすことと都市モデルとして東京フロンティアを開催することを結びつける道を示そうとしたのであった。

「世界都市」を実現する方法とその矛盾

鈴木は臨海副都心構想の果てに「世界都市」を定義づけることで従来の行政の枠組みを外して東京港臨海部の新たな「都市フロンティア」を創出しようとしたわけであるが、それでもまだ障壁が二つ残っていた。一つは民間資本を利用するための新土地利用方式を含む土地の用途処分や地権者問題であり、もう一つは工期の問題であった。特に工期についてはこの時点で一九九四年の開催期限まで四年を切っており、残り時間を逆算してもこの二点を解決することは極めて困難であった。

これについて一九九〇年三月八日の第一回定例会（第四号）に象徴的な質疑がなされている。

> 臨海副都心の開発も、いよいよ用地を処分していく重大な段階に差しかかりました。（……）投機的な地価形成やキャピタルゲインの不当な私的利益を防ぐために、長期貸付または信託によることとし、貸し付けの際の権利金の率は五〇％としたのは、第一には、進出者の当初負担を軽くして資本力が弱い企業にも門戸を閉ざさないため、第二には、取得後の地価上昇に伴う開発利益を適切に都が回収できる道を確保するためとしております。（……）開催日は平成六年四月としておりますが、果たしてそれまでに間に合うのでしょうか。(64)

これには「平成六年までに開発される恒久施設を中心にしながら仮設施設も併用し、会場を計画する」としか答えようがなかった。(65)

さらには、既存の行政の枠から外して発想することを行政間のせめぎ合いを解決する方法とした反面で、今度は東京の枠を超えた観点から東京構造論を語る必要に迫られたことはより一層鈴木にとって困難なことであった。東京フロンティアを経た臨海副都心による東京の都市的位置づけについて、東京内部での都市構造論上の論拠としていた多心型都市論が、東京の外から東京に「世界都市」概念を展開していく必要に迫られた状況を俯瞰してみれば、それは東京一極集中以外の何物でもないという矛盾が生じてしまったためである。

続く第三回定例会（第十三号）においてこの点が議論されている(66)。

この指摘に対する鈴木の答弁の中には、政治家としての鈴木の都市に対する考えの総合がある。

> 東京都では、かねてからの都心の一点集中がもたらす諸問題に対応するため、職と住の均衡のとれた多心型都市構造への再編を目指した都市づくりを進めてまいりました。（……）わが国を多極分散型の社会に転換していく（……）ためには、国の行政権限を地方自治体に大幅に委譲する、いわゆるソフトな遷都が重要であります。（……）臨海副都心開発は、東京の都市構造を一点集中型から多心型へと転換させるため、昭和六十一年の第二次長期計画において第七番目の副都心として位置づけたものでございます。（……）東京テレポートタウンは、東京都の都市構造を多心型へと転換させ、東京全体の均衡ある発展を促すとともに、（……）東京フロンティアは、開発途中にあるこの東京テレポートタウンを舞台に、世界の英知を集めて、世界の都市が抱える都市問題の解決の方途と二十一世紀の都市のあるべき姿をともに考える場として開催するものであります。（……）このように、東京フロンティアと東京テレポートタウン開発は表裏一体のものとして進めるものであります(67)。（傍点は筆者による）

鈴木がここで持ち出した考えを要約すれば、東京テレポートが東京の都市構造を多心型都市へと転換する装置となり、その装置を建設する実体を東京フロンティア（都市博）と名付けようということであった。この鈴木発言にみる都市論の展開は、その是非にかかわらず当時のジャーナリズム、アカデミーを通して骨太の都市論であったことは間違いない。

これに対して指摘すべき余地は多々あったとしても、この時点で鈴木は「世界都市」という概念を持ち出すことで、実利的にも臨海副都心構想に立ちはだかっていた三つの壁を乗り越えるシステムを作る仕掛けとしたことは極めて巧妙かつ、野心的なものであったと言ってよい。また、その世界都市概念の枠で建設される臨海副都心の建設途中自体を、世界都市のアイコン（偶像）として「東京フロンティア（都市博）」と名付けたことは、ビジネスモデルとしても当時の社会的要求に充分に応え、それ以上の経済効果を社会に還元する魅力を持ち合わせた部分があったことも確からしい。事実、この鈴木発言以降の港湾行政は港湾空間を都市空間化していくことへさらにその舵を大きく切っていくことになる。

こうして一九六〇年代から一九七〇年代にかけて行ったコンテナリゼーションの導入等の港湾機能の近代化によって港湾を近代化していこうとした港湾行政はその大方針を転換していったのである。それは港湾空間を、オフィスビルを建設し、そこに資本を投資していく都市空間と同様のものとすることによって港湾を近代都市化していく道であった。

そして東京港臨海部における一九八〇年代の言説群がジャーナリズムからアカデミーへと場を移し、具体的な実践として行政内部で鈴木が「世界都市」を発言するまでの一連の流れは、たとえその通底に少なからぬ従前の都市観が引き摺られていた部分があったとしても「世界都市」という一言を生んだことに結実した。

しかしながらその一方で、鈴木が「世界都市」と名付けたこの都市モデルが、世界の中でも大規模な都市、あるいは、世界を代表する都市という従来のメトロポリス像から逃れることができなかったところに最終的にこの臨海副都心構想と東京フロンティア（都市博）が破綻に至る深い根があったと言える。その根本には、東京の都市構造への表明としてあったウォーターフロント論がいつの間にか臨海部の臨海副都心論争にすり替えられてしまったことを検証しないままに突き進んだことの限界が結局は来てしまったことにあった。

ただし、さらにその先の結果としてこの「世界都市」概念が本節でみてきた数多くの言説群の中を推移してきたことから、このあと世界都市博覧会の中止を経てまったく異なる次元で新たな「世界都市」像を生んでいくことにつながっていくこともまた、このすり替えの歴史が根本に横たわっていることの別の側面に他ならないのである。

海（港湾空間）を土地投機の陸（都市空間）に変える近代都市化の論理

本節では一九八〇年代に東京港の臨海部に展開した「世界都市」概念が生み出された過程を復元しつつ、その論理的基盤が東京の都市構造論としてのウォーターフロント論の臨海副都心論へのすり替えにあったことを明らかにした。臨海副都心構想を推し進めるためのわかりやすい偶像として提起されたのが、後に世界都市博覧会と呼ばれることになる「東京フロンティア」の開催であった。

一九八八年（昭和六三）の段階ですでに都議会の委員会に議題として掛けるに至っていたが、その早期実現を目的として鈴木俊一が考えた仕掛けは行政の外にその立案、計画する組織を立ち上げてしまうことであった。

このことは、猥雑なある種の儀式的議論と手続きを省略化できるという反面で、そこで策定された案を再度行政の胎内に戻してみると、まったくその手続き上の論拠を持ち得ないという一長一短があった。

そこで鈴木は催事としての「東京フロンティア」実現のためにさらに大きな枠組みの都市論の中でその正統性を獲得しようとした。それが最初の「世界都市」という概念であった。これによって鈴木は確かに臨海副都心構想のための「東京フロンティア」の実現という目の前の事に落とし込んだ問題を解いていくことには成功したと言える。しかしながら、そこにはそもそも都心一極集中の都市像を否定していくことを大義名分とした多心型都市論の表徴としての臨海副都心構想と「世界都市」が相容れないという大矛盾が生じてしまう。

この事態の原因は、この時点での「世界都市」という都市の理念が世界の核としての都市とか、世界的なスケールの都市といった経済が一極に集中した都市の時代の〝ニュアンス〟を引きずっていたことに他ならない。

3　転形する都市のフロンティア

世界都市博覧会中止以前の世界都市モデル

これまで一九八〇年代の言説群を俯瞰しながら、ジャーナリズムにおいて東京構造論の表現としてのウォーターフロント論が臨海副都心論に読み替えられた果てに「世界都市」が生まれるまでの変遷を辿ってきた。ここでは、それらのことが具体的にどのように埠頭空間に現れていったのかをみていきたい。

臨海副都心を既存の二三区のどれにも属さない二四番目の区として独立させるという二四区構想は、世界都市という概念が東京圏を越えたわが国全体から東京を眺めたとしても一極集中の論理に取り込まれることのない具体的な方策として謳われたものであった。これにはすでに述べた運輸省と建設省の争いの他に、京葉線を旅客用として延長させる臨海副都心線計画などのインフラ整備をめぐる臨海副都心に接する各区同士の権益争いとも少なからず関係していた。

二四区構想は境界線が可視化されにくい海上にあって、こうした様々な権益が複雑に絡む現実の状況に対処する友好な手段と思われた。

表 3-1　臨海副都心の開発計画策定の経緯

1986 年（昭和 61）11 月	「第二次東京都長期計画」において臨海部副都心を新たな第 7 番目の副都心として位置づけ，その整備の基本的方向を示した．
1987 年（昭和 62）　6 月	この長期計画に基づき臨海部副都心開発の基本的方向を示す「臨海部副都心開発基本構想」を作成した．
1988 年（昭和 63）　3 月	臨海部副都心の整備の具体的内容と事業化の道筋を明らかにした「臨海部副都心開発基本計画」を策定した．
1989 年（平成元）　4 月	「臨海部副都心開発基本計画」等を受け，開発事業推進の基本となる「臨海副都心開発事業化計画」を策定した．

「東京都議会第四回定例会（第十七号）議事録」1990 年（平成 2）12 月 3 日より筆者作成．

表 3-2　東京フロンティア基本計画の計画策定の経緯

1988 年（昭和 63）年 9 月	東京ルネッサンス企画委員会からの報告において，平成 6 年度まで繰り広げられる東京ルネッサンスの締めくくりとして臨海副都心を主会場とした「東京世界都市博覧会（仮称）」の開催が提唱された．
同 12 月	この報告に基づき，「東京世界都市博覧会（仮称）」の内容検討のために東京世界都市博覧会基本構想懇談会が設置された．
1989 年（平成元）　7 月	同懇談会から，都の臨海副都心開発事業化計画と調和を図りつつ，1994 年（平成 6）に「新しい都市づくりの運動　東京フロンティア」を開催することを求める報告が提出された．
同 8 月	同懇談会からの報告のあった「東京フロンティア」について，推進体制を整備し，積極的な推進を図る旨の基本方針を庁議決定した．
1990 年（平成 2）　4 月	この基本方針に基づき，「東京フロンティア基本計画」を策定した．

「東京都議会第四回定例会（第十七号）議事録」1990 年（平成 2）12 月 3 日より筆者作成．

しかしながら現実には、江東区、品川区、港区に属する現在の権益を各区が放棄するには至らず、この二四区構想は東京という都市、あるいは首都圏といった包括的な視点から臨海副都心が語られないことへの不満と渇望の表明に留まったと言ってよい（同地は昭和五七（一九八二）年の自治紛争調停委員の調停に基づいて、昭和五八年一月から江東区、港区、品川区の区域に属している）。

結局は有効な都市概念と実効的な具体策を得られないままに、開催時期から逆算して鈴木が表裏一体とした臨海部開発と東京フロンティアの中身を一刻も早く具体化しなければならない時間的な制約が優先されてしまったのである。

ここで、臨海副都心構想と東京フロンティア（都市博）のこれまでの経緯を時系列でまとめておく（表3－1・表3－2）。

こうしてみると、一九八八年（昭和六三）

の三月に「臨海部副都心開発基本計画」が策定された後の一二月に東京世界都市博覧会基本構想懇談会が設置されるなど、臨海副都心開発と東京フロンティア（都市博）開催の相関関係に特別な配慮があったことがよくわかる。これらは同一の事業にも、並行して行われる異なる二つの事業のどちらにも見えるように企図されていた。

そして、丹下健三を座長とする東京世界都市博覧会基本構想懇談会は世界都市を実現するための臨海副都心の都市計画案を策定する特例機関に他ならず、その骨子として特に「東京計画一九六〇」の東京湾へ軸状に伸びるハードなインフラは、臨海副都心構想において東京テレポートという世界都市のソフトなインフラに翻訳されていた。

つまり、このとき丹下は世界都市という概念を世界と電子マネーを含む金融情報をインフラとして接続した都市として考えていたのである。後に触れるシンボルプロムナードは、確かに臨海副都心を横断する可視的な軸のようにも見えるが、それは「東京計画一九六〇」の軸とは異なり見かけ上のものでしかない。この時代において、すでに可視的な軸は丹下が望む都市概念を貫く都市インフラや計画を支える骨格としての「軸」になり得なかった。

丹下の「軸」のアイデアはこの時点で情報時代と結び付いた不可視のものにすでに昇華されており、丹下がテレポートの概念を「東京計画一九六〇」における「軸」の後継者と捉えていたことは疑いない（図3-3）。

その上で鈴木はこれによって将来生まれる四つの東京の機能を、①一二〇〇万都民の暮らしの場、②東京圏の中核、③日本の首都、④国際金融市場や情報センターとして開かれた世界都市、としている[68]。この考えに基づいて策定された臨海副都心開発のガイドラインと東京フロンティアによって形成される空間的展開を比較することで港湾を都市化することの実態が明らかになる。

まちづくりガイドラインはその所管局をそれぞれ都市計画局と東京フロンティア本部としている。これを臨海副都心開発・東京フロンティア推進会議が決定事項として認可する形式をとった。ここで認可されたガイドライン[69]は「事業化計画に沿った優良な開発を誘導し、良好な都市環境、都市景観の形成を図ることを目的」とされた。この事業化

図 3-3 『東京港第五次改訂港湾計画』に掲載された「臨海部副都心鳥瞰図」

台場の東京テレポートを中心として，臨海副都心越しに東京港を挟んで都心を臨む鳥瞰図は，「東京計画 1960」の延長上に臨海副都心構想があることをわかりやすく表現している．東京港港湾管理者『東京港第五次改訂港湾計画』（東京都港湾局，1988 年）．

目的を踏まえて、国際化、情報化に対応した「世界都市東京の新しい顔にふさわしい景観等の形成を誘導する」ことを開発誘導の基本目標とした。

この目的と目標を特徴づけるため、有明からお台場に渡って中央を横断するシンボルプロムナードとその沿道利用を重点的に誘導する計画となっていることがわかる（図3－4）。これによって、四方を海に囲まれたウォーターフロントの活用を含めて、できるだけ開発自由度の高い大きな単位で開発誘導を進めることで経済政策としての臨海副都心空間が実現される。そしてそのための開発を誘導する方策は、都心や海からの見え方、臨海副都心から夕日を見る夜景などを考慮した景観上重要な位置を商業ベースで高地価が予測される部分として押さえたものであった。この臨海副都心の主舞台を構成するシンボルプロムナードの基本構造形式は「平面と盛り土構造を基本に、一部ウエストプロムナードの台場地区に立体構造を取り入れ、主要幹線道路とは立体交差をする」とした。

また、開発に伴う総合的な都市空間の確保および防災

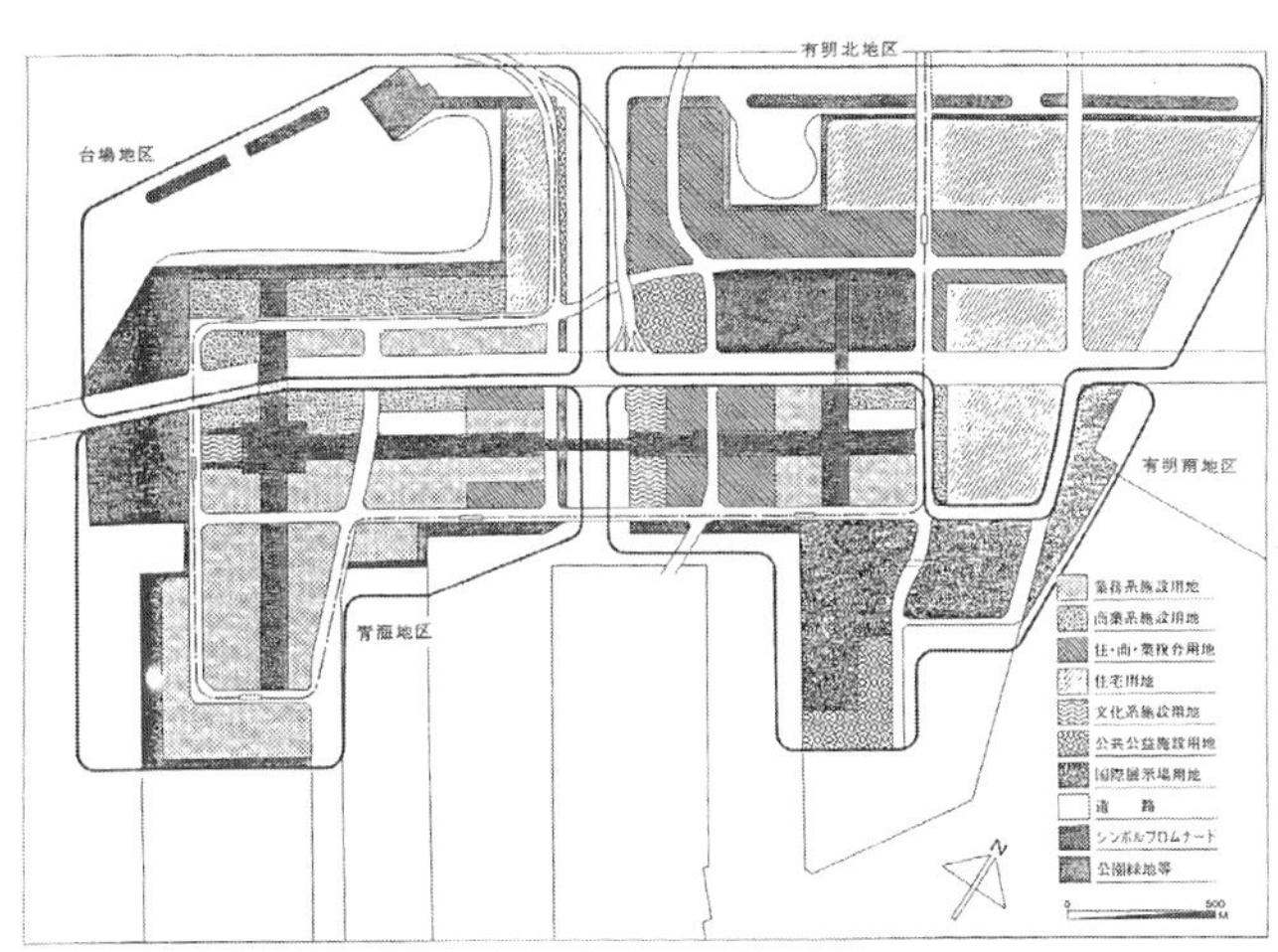

図 3-4　『東京港第五次改訂港湾計画資料』に記載された「臨海部副都心の土地利用」

東京港港湾管理者『東京港第五次改訂港湾計画』（東京都港湾局，1988 年，107 頁）．

性能の向上を図るため、壁面線の位置を定めている。具体的には幹線道路沿いに一号壁面線として建物の高さに応じたセットバックを行うこととした。

さらに二号壁面線として「センタープロムナード沿いなどでは、八〇メートル幅のシンボルプロムナードをにぎわいの空間とするため、シンボルプロムナードに接する敷地間口の二分の一以上は六メートル以内に接近させるセットフォワード」としている。

三号壁面線については「お台場の水際線に面し、歩行者中心のにぎわい空間をつくるため、主要施設の壁面線を二〇メートル程度セットバックさせる」とした。

シンボルプロムナードを軸としたこれらのガイドラインに加えて、すべてのシンボルプロムナード沿いの施設の低層部に延べ床面積の一%程度のギャラリー、ホール、ショールーム等の文化的空間、集会所などの公共サービス空間を設けることを義務付けている。このように有明からお台場の一二号埋立地に至る臨海副都心の主空間をシンボルプロムナードを軸として構成し、その他のコードはこの軸をガイドに振り分ける構成をとった(70)。

その一方で、臨海副都心の建設途中である東京フロンティア（都市博）開催時での空間は次のように考えられていた。

そもそも行政は都市フロンティアを「世界の都市の抱える諸問題の解決と二一世紀の都市のあるべき姿を探るため、人類の英知を集め、人間性に満ちた都市の実現を目指す新しい都市づくり運動」と定義している。この「運動」の一貫として東京フロンティア（都市博）は企画されたものであった。(71)

また、東京都は主会場となる東京テレポートタウンの開発を主導的に進めながらも、自身は東京フロンティアに開催都市として参加する立場として、主催団体としては財団法人東京フロンティア協会が準備、開催および運営するという形式を作ったのであった。つまり、主催を東京都行政の枠の外に置き、開発該当地の港湾管理者である東京都がこれに参加するとしたのである。これは都市フロンティアを東京以外の世界中の都市に普及するための催事体系の普遍化と、関係省庁との調整の直接的な責任を回避する東京都固有の実利を一手に兼ね備えた仕掛けであったと言えよう。

こうした体制の上に展開された東京テレポートを中心とした会場空間に入り込んでみる。この時点では平成六年（一九九四）四月に開催し、期間は二〇〇日程度と定めて想定入場者数を二〇〇〇万人程度としていた。

その主会場とした東京テレポートタウンでは、一九九四年（平成六）三月までに建設さる恒久施設を積極的に活用し、これと併せて仮設施設を併用する計画であった。その上で「東京テレポートタウンの四つの地区とそれらを有機的に結び合わせるシンボルプロムナードから構成」した。(72)ゾーニングは、用途によって恒久施設を中心として行事を展開するライブステージと、仮設施設を中心として行事を展開するトライアルステージとに大きく二つの区分から構成され、これに加えて都内他地域や内外の諸都市などと連携した催事空間としてサテライトステージが設けられた。

また、これらを実現していく基盤として交通計画は会場計画においても都市計画同様に重要な位置を占めていた。すなわち、外部と会場を結ぶ開催中の交通輸送として新たに新交通システム（現在のゆりかもめ）を設けると同時に、それまで旅客輸送機能を有していなかった京葉線を新木場から東京テレポート駅へ旅客輸送線として延長した。

これらの臨海副都心空間と会場空間を比較してみれば、特に一三号埋立地のお台場から青海埠頭にかけて臨海副都心空間と会場空間が実際には同一空間であることがわかる。

この空間は東京フロンティアという催事の形式と連動しており、その運営システムも含めて一催事の会場計画とも臨海副都心という都市計画とも、そのどちらにでも解釈できることが企図されたのは疑いない。そこには実質的な臨海副都心開発の資金調達と博覧会予算を相互に乗り入れさせていく企図が働いていたと言える。

新土地利用制度と臨港地区の指定解除問題

このように臨海副都心と東京フロンティア（都市博）を結びつける上で最も重要であったことは、この催事が観光による収益と併せて、臨海副都心開発の建設中の風景を隣接する埋立地に臨海副都心を建設するためのインフラ整備の財源に還元していくマネーサイクルを構築することであった。

その仕組みは以下の通りである。まず、進出予定の企業に前金を払ってもらい、最初のインフラ整備を行う。その後に民間企業が各自に施工する風景を博覧会として仕立て上げ、その収益を一部は企業に還元しつつ、さらなる臨海副都心開発予定の埋立地のインフラ整備資金としてプールする。これを繰り返していくと、港湾管理者であり、開発主体である東京都は限られた税金のみを拠出し、開発費用のほとんどを民間資本で賄うことができるというものであった。

そして、そのサイクルの中心には「新土地利用制度」の発案があった。民間企業が臨海副都心に進出するためには東京フロンティア（都市博）に自動的に参加することになるところが巧妙な仕掛けであり、さらに企業は臨海副都心進出の権利金を予め負担しなければならなかった。権利金は相当な額であったが、バブル当時の経済状況からすれば可能であると判断された。

そのため、各企業への投資への圧力となるように臨海副都心は「魅力的なウォーターフロント」に広がる「フロンティア」であらねばならなかったのである。新土地利用制度はその幻想の上に成り立つ制度であった。

今から見れば巨大な自転車操業とも思えるこの資金循環構造が臨海副都心空間と東京フロンティア（都市博）空間を同一の埠頭空間に重ね、結びつける命綱であった。そのために、結果としてバブルの崩壊後にこの新土地利用制度による資金循環の見通しが立たなくなったことが、港湾を都市化していく臨海副都心構想の根本を崩していったと言えるのである。

この資金計画を実現することが港湾を都市のフロンティアに仕立てていく秘訣であり、そのためには港湾空間を不動産とみなして投機できる法的な根拠が必要であった。それこそが行政内部の発言録での主要項目の一つとなった臨港地区の指定解除の問題の本質であった。

運輸省と建設省との縄張り争いの感が強い臨港地区問題であったが、住宅港湾委員会で七久保計画部長がこの結論を述べている。その要旨は次の通りである。(73)

これまで住宅を予定した地域に臨港地区が設定されていた台場地区は指定を解除し、これまで臨港地区がかかっていなかった有明北地区は一部親水公園を予定している地域の護岸敷および水際線の部分に新たに臨港地区を指定する。次に、東京湾岸道路から南側の青海地区および有明南地区はこの両地区を結ぶ青海、有明南の連結道路（新交通が通るルートであり、東京湾岸道路と並行に約四五〇メートル沖側を走っている路線）を境にして、これから北側（東京湾岸道路との間四五〇メートルほどの部分）は青海地区、有明南地区ともに臨港地区を解除する。この境より南側は、これまでかかっている臨港地区はそのまま残し、新たにかかっていない地域は、青海地区では一部かけない部分があるが、おおむね臨港地区を設定する、というものであった（図3－5）。

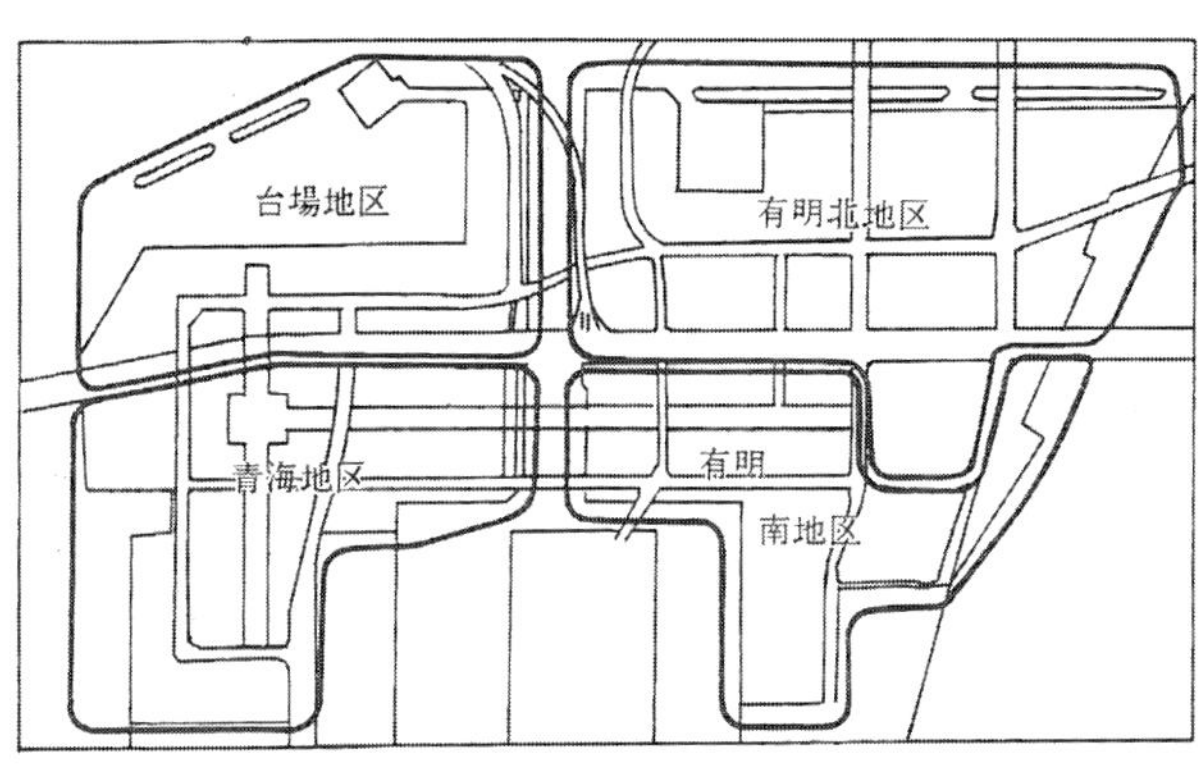

全体面積	448ヘクタール
青海地区	118ヘクタール
有明南地区	90ヘクタール
有明北地区	164ヘクタール
台場地区	76ヘクタール

図3-5　『東京港第五次改訂港湾計画資料』に記載された臨海副都心「地区構成図」

埋立地の中央を東西に横断するシンンボルプロムナードより北側の台場，有明北地区を臨港地区指定解除とし，南側の青海，有明南地区を臨港地区として残した．しかしながら，臨港地区の指定を残しても副都心として開発する方法があった．このことは，図3-3の鳥瞰図には青海地区が臨海副都心として開発された姿が描かれていることからもわかる．東京港港湾管理者『東京港第五次改訂港湾計画』（東京都港湾局，1988年，108頁）．

東京港全体を俯瞰してこの構成を見ると、東京港第二次港湾計画で作られた立体十字のインフラの東西軸をなす東京湾岸道路に並行して四五〇メートル沖側の連結道路上に新交通システムを新設し、それを境として陸側は建設省所管で臨港地区を解除し、南側は解除せずに運輸省所管として残すということであったと整理することができる。その主旨は、東京港の北側は港湾であることを放棄して新たに都市空間とし、せめて南側は港湾空間として残しておこうという港湾にとっては消極的な姿勢に他ならない。

両省が永久に相容れることがないと思われたこの問題を決着させるためには、東京都港湾局は「東京都臨港地区内の分区における構築物に関する条例」第三条に明記された「知事の特認」を持ち出す以外に方法がなく、自らかけた臨港地区の縛りを自らの条例の特認を用いて解除するという矛盾した手続きに目をつぶらなければならなかったのである。このことには、臨港地区の指定が残された青海地区の南側も極力開発対象地としたい当時の鈴木都政の本音が表れており、実際に図3－3には開発された青海地区の姿が当初から描かれてもいたのである。

東京の港湾をどのように捉えていくか。その認識は「運輸省から見た哲学は、これは総合的な港湾空間の中での都市、建設省は、あくまでこれは都市空間の中の都市」という高橋港湾局長の総括に尽きる。

結局は南北で折半するかたちをとって企業が投資意欲を持つような土地を東京湾岸道路より北側の臨海部に確保したため、従来の港湾はこれより南部に追いやられるしかなかった。かつて東京港第二次改訂港湾計画で描かれた東京港の構造と位置づけた立体十字が港の中央で交差して東西南北を陸海で結ぶ構想（第2章第2節参照）は、その北部を港湾が放棄したことによって崩れ、東京湾岸道路は港湾による都市のインフラから単なる人工的に作られた物理的な境界線に矮小化されて、それ以南を海とする概念上の海岸線となったのである。

この東京湾岸道路より以北を都市空間と定義して建設される臨海副都心を見越して、世界都市博覧会実現のための組織が東京都の外に設置されたことはすでに述べた通りである。

実は、この世界都市博覧会という名称は一度「東京フロンティア」に変更された後、ふたたび「世界都市博覧会」へ戻されたという経緯がある。名称も二転三転し、現在から振り返ってみてもなかなかその実態を把握しにくい理由の一つに、その主体がいまいちはっきりしないことがある。

港湾管理者の東京都港湾局はこれを主導せず、最終的に東京フロンティア協会に至る主催機関も幾度も名称変更や別名の組織が新設され、極めてわかりにくい。「実はフロンティアというのは、本当に正直いいまして、私は責任持って、自信を持ってお答えするほどよくわからない(74)」と港湾局長が発言するほどであり、その開催時期についてもまたその根拠が不明瞭なままであった(75)。

それについても当事者である主幹が「平成六年にあえて固執しないで、この際延期すべきだ」という意見に「ここで、結構でございますといえないのが残念」と発言する有り様であった。

その背景に「知事の方針」があったのは疑いないが、このように港湾局の役割と東京フロンティア推進本部が行う直轄事業の棲み分けも不明瞭であった(76)。

また、臨海副都心で東京フロンティアを企画することに関して大塚東京フロンティア推進本部長はその二重性について東京フロンティアは都市づくりそのものを舞台にしてむしろ恒久施設を中心にして展開するところにねらいがあると説明した。しかしこれには新宿副都心ではなく臨海部に未来都市をこだわる理由について追及があった。このような指摘についても、まだ共通の理解に至っていないことを認めざるを得ない状況であった(77)。

このように、その最終的な目標と意味を具体的に描くことができないまま、東京フロンティアという名称のみを拠り所とした四兆一四〇〇億円の開発費が臨海副都心全体に傾注されていったのである。そしてその内容よりも事業規模を確保する予算取りが優先していたことは、東京フロンティア（都市博）開催が「知事の方針」であったからに他ならなかった。

鈴木俊一が描く「世界都市」概念

実態を端的に捉えにくい都市博ではあったが、鈴木が描く「世界都市」概念は発案時の世界都市博覧会という名称が変更されていく過程を追うことである程度その姿が浮かび上がってくる。

以降、実務担当者であった大塚東京フロンティア推進本部長の発言を参照しながら復元していく。

まず、東京都の第一次長期計画の中にイベント二一シリーズという事業名があった。これにはいくつかのイベントが考案されていたが、それらを別々に催すのではなく一連のシリーズとして考えたらどうかという意見が出た。そこで、「東京の都市文化を中心に、これから新しい都市文化の創造を目指して、記念的な行事を展開する」(78)目的で、この一連の活動を「東京ルネッサンス」と正式に呼称することにした。

その東京ルネッサンス企画委員会の中で、一連のシリーズの最終の締めくくりに位置づけられたのが臨海副都心地域における世界都市博覧会であった。これが一九八八年（昭和六三）九月のことであった。それを受けて、同年一二月に知事の諮問機関で東京世界都市博覧会基本構想懇談会が設置され、一九八九年（平成元）七月一四日に答申がなされた。

しかしながら、その世界都市博覧会が従来の博覧会であるということに対して批判的な見方が多かった。そこで、その博覧会イメージを払拭するための別な呼称が必要とされたのであった。

そうして、一過性のものではない「フロンティア」という呼称が浮かび上がってきた。このフロンティアの本義について大塚は次のように述べている。

> フロンティアの言葉の意味は、本来は、最果てのとか、あるいは国境とか、そういう意味だったんだろうと思いますけれども、たまたま東京の都心方向から見ると、港湾地帯が一つの最先端地域だし、現在の都市の姿から未来の都市へつないでいく、これから未開拓の分野というふうなものも挑戦していくという意味の、両方の意味でひっかけたフロンティアという意味だった。（……）これから、フロンティアといえば新しい都市づくり運動なんだ（……）ということを定着させていきたいなと思っている。[79]（傍点は筆者による）

つまり具体的な内容は世界都市博覧会の名称時と同じではあるものの、博覧会という一過性の性質を薄め、都市開発という恒久的な意味合いを強めるためにフロンティアという言葉が発明されたと言える。その背景にはいわゆる「堺屋レポート」と呼ばれる提案が「東京フロンティアは、知価創造社会にふさわしいマイタウンのモデルをつくることを目的とする」とし、それまでの鈴木都政のマイタウン東京構想を擁護するなど「国の中曽根民活路線をここで実現をしていく[80]」側面があったことは否定できない。

しかしながらその政治的な思惑よりも、ここでの主眼は鈴木都政が最初に作り上げた「世界都市」の概念が都市博の中止によって変容した当初のそれとは異なる世界都市の実態を現実の東京港の空間論として明らかにすることにある。

この世界都市を実現していくに当たり、まったくまっさらな敷地にゼロから計画できる場所は東京には埋立地以外残されていなかった。「東京湾は、閉鎖性河川の出口であり、むしろ水際線をできるだけ減らさない形で、あの不整形な土地で区分された中で、どうやって一体的な開発をするか。あるいは町のど真ん中にクリーンセンターを持ってくるという発想をどう考えるか。あるいは車の走らない、幅八〇メートルのシンボルプロムナードを、まさに町並みのど真ん中に置いて、これを人々の交流の場とか、にぎわい空間に持ってくるというのは、既成市街地ではなかなかできない[81]」という大塚の主旨は、この計画が臨海部に展開される必要を示している。

これらを実現するために陸と海を接続するラインを面的に把握しようとすることの制度上の工夫は臨港地区の定義に表現されていた[82]。

すでに触れたように臨港地区の制度をめぐっては、その指定を解除した場合は当該埋立地が工業専用地域として建築基準法の用途地域の制限を受ける対象となってしまうため、あえて臨港地区のまま残しておいた上で知事の特認を用いてこれを解除する方が実質的には自由に用途を決定でき、建築物もある程度制約をかけずに建設できるという抜け道があった。

つまり、港湾空間すなわち臨港地区であるという従来の等式を成り立たせないことが実際には起きていたのである。そして港湾空間の臨港地区であることがむしろ逆に都市空間として機能させるという矛盾があった。これらの与条件がなぜ世界都市の定義が東京港の臨海部を舞台とせねばならなかったのかということに具体的に結びついてくる。

無から都市計画を行う意味でも、臨港地区を逆手にとった都市開発手法を見出す意味でも東京港の埋立地は都合のよい敷地であった。

この事実を直接的に語る言説は、東京都議会会議録からは見つけることはできない。それは大塚東京フロンティア推進本部長や高橋港湾局長といった当事者たちも「説明できない」としたように、一種の禁句でもあったのだろう[83]。

そこでここでは、台場地区の公募（コンペ）に用いられた要綱に描かれた臨海副都心全体のマスタープランをその手がかりとして分析を進めていく。

> 大変不思議なのは、具体的な各処分今回公募対象地域、またそれ以外の図面が入っていますよね。そこに、（……）、各建物の配置図というんですか、そういうのがきめ細かくかいてある。これは何なんですか。こういうのは台場地区とか有明地区に全部入っているでしょう[84]。

> ガイドランの中に、建物平面図や立面図（……）を入れておりますのは、テレコムセンターと三セクビル、いわゆるこの副都心の中のモデルとなるビルを事例的に入れてある。こういうものを参照して下さいという趣旨のもとに、そういったものの建築図面が入っているものでございます。（……）大変失礼いたしました。台場地区等に入ります配置図でございますけれども、これはこういう建物を要求しているものではございません。これは六十三年三月につくりました基本計画の時点で、（……）模型としてやったものをここに入れたものでございまして、実際の建築物がこのとおりになるとは限りません[85]。

このやり取りの行間からもうかがえるように、すでに誰かがガイドラインとして建物の機能、配置、平面、立面を全地区に設計し終わっていることへの疑念が多分にあった(86)。

それが誰の手によるものであったかは当事者以外知る由もないが、このときの「六十三年の計画」について次の様な記録がある。


昭和六十三年九月、東京ルネッサンス企画委員会からの報告において、平成六年度まで繰り広げられる東京ルネッサンスの締めくくりとして臨海副都心を主会場とした「東京世界都市博覧会（仮称）」の開催が提唱され、昭和六十三年十二月、この報告に基づき、「東京世界都市博覧会（仮称）」の内容検討のために東京世界都市博覧会基本構想懇談会が設置された(87)。


「六十三年の計画」がこれに併せて作られたものであることを考えれば、その座長であった丹下が鍵を握っていたことは疑いない。つまり、丹下もしくはその周辺人物と推察される設計者の手による「あのモデル」が発案当初の「世界都市」概念の具体的な空間像であったとみなすことができる。そしてこれこそが、臨海副都心開発と都市博会場を結びつける新土地制度他を生む港湾空間の特質を利用した世界都市の具体的な空間モデルであった。

そのため、世界都市の舞台は東京港の臨海部であらねばならなかったのである。

以上により、①臨海副都心空間と都市博会場空間を融合させる資金循環・還元システム、②港湾法による臨港地区指定を逆手に取った都市開発スキーム、そして③これによって従前の港湾を東京湾岸道路を境として南北に分断した埠頭空間における都市空間の実践、の三つが鈴木の発案した世界都市の具体であったとみなすことができる。

ここで明らかになった世界都市像を構成するこの三点をみれば、当初の世界都市はまだ従来のメトロポリスの範疇を出るものではなかったとも言える。土地を対象とした投資への圧力によって定義される都市モデルである以上、当初の世界都市もまた従前の都市像から免れることはできなかったのである。

そのため、その実現の足がかりであり、シンボルとされた世界都市博覧会・東京フロンティアの中止によってのみ、旧来の都市像の延長でしかなかった世界都市概念を真に更新することが実は可能であったと考えることもできるのである。

首都圏計画と多心型都市の折衷

世界都市を実現するための仕組みづくりには、新土地方式に代表される資金循環構造と対をなす大きな構造がもう一つあった。都市博の中止による世界都市像への影響を明らかにするためには、これを主導する組織の構造を知る必要がある。そこにはやはり国と都の施策が折り合う方法をうかがい知ることができる。

一九九〇年（平成二）頃から世界都市博覧会から名称変更した東京フロンティアの中止のみならず、臨海副都心開発自体の凍結が公の場で言及され始めた。この動きが結果的に世界都市概念を新たな次元へと押し上げていくのだが、その最初の原動力は残念ながら世界都市の理念をめぐるイデオロギーに関する議論ではなく、これを主導する都の体制への疑念に端を発していた(88)。

その要点は、臨海副都心開発のために設けられた第三セクターである東京臨海副都心株式会社の人事についての議論の中で明らかにされていく。臨海副都心の展開する東京港の臨海部を国家の海岸線とみなすか、あるいは港湾管理者である地方自治体（東京都）が主導する空間とみなすかの問題は常に港湾行政についてまわる。このとき、第三セクターを設けた理由はこれを解決するためであった側面が多分に強かった(89)。

その第三セクターの社長となった柴田護の経歴について、一九四一年（昭和一六）四月に内務省へ入り、自治省財政局長、自治省事務次官等を歴任、一九九〇年（平成二）三月に財団法人東京フロンティア協会の副会長に就任した、と中村主幹が述べている(90)。

臨海副都心開発事業を実際に進めていくために、議会の承認がなくても予算を執行できる第三セクターの組織を設立し、その長には鈴木と同じ自治省事務次官上がりの人物を付けたのであった。

「世界都市＝土地への投機」とする構図から見れば、この人事から自治省に代表される国との政策的なつながりの中で世界都市が考えられていたことがうかがえる。この遠因は、国土計画にとっての首都圏計画と東京都が独自に進める多心型都市の実現が臨海副都心構想において合致したことにあった。東京都の臨海副都心構想は、第四次首都圏基本計画、第四次全国総合開発計画（四全総）といった国土計画の一部でもあり、その取り合いをどう位置づけるかの調整があったと思われる。

第四次首都圏基本計画は一九八六年（昭和六一）に策定され、東京港の臨海部について「この首都圏基本計画においては、埋立地について既存空間との有効活用を図りながら、背後地との連携に配慮しながら、物流機能、業務管理機能、国際交流機能、工業機能、親水レクリエーション機能、居住機能等、多様な空間利用を図る」と記載されている(91)。

このことを指して、同年一一月の東京都の第二次長期計画には「東京を職と住の均衡した個性ある多心都市へ転換していくことを目指し、二三区内に七つの副都心、また多摩地区に五つの心を育成して、（……）臨海部を七番目の副都心」と位置づけている。さらに四全総の中で「いわゆる全国レベルでは、多極分散型国土の形成を図るということを基本目標としながら、首都圏レベルでは、業務核都市の整備による機能分散を図る」ことを目的とし、「東京圏は全国的な中枢機能あるいは国際金融機能などを適切に果たす」とした。

このようにして東京都の臨海副都心構想は国土計画において同じ内容を示唆するものを臨海副都心と読み替えつつも、その反面では国土計画の中には臨海副都心という言葉を使わないかたちで空間を確保していった。

このことは、逆の言い方をすれば「臨海部副都心は、東京都政の創造物ではなくて、国土開発計画の一部である、東京都としてそれを消化した」[92]と言うこともできる。

つまりここでは国土計画と東京都の都市計画の主従関係を指摘しているわけであるが、臨海副都心構想でその大義として掲げた東京都の多心型都市の実現と国土計画の中での首都圏計画との取り合いについて当時の都議会では「東京におきます都市構造の問題につきましては、かねがね東京都が都心区の、具体的に言いますと、都市の中でも三区を中心にした一点集中というのが、都市構造の問題として大きく指摘をされてきたところでございまして、これを、東京都は多心型都市構造へ転換をするという基本政策を一貫してとって[93]」きた、と答弁されていた。

議会ではこのように説明せざるを得なかったが、その実態は自治省の出身者を都の推進事業組織の要職に付けることで調整を図ったのであった。このことは、首都を抱える地方自治体が摩擦なく自治による都市改造を行う上で最も合理的な方法であり、当時としては当然の施策であったと思われる。

このような背景の中で東京都の港湾計画を含む都市計画が首都圏計画と四全総に配慮しながら進められてきた結果、一九八六年（昭和六一）一一月二八日に国と都による東京都臨海部開発推進協議会が設置された。

これは総理府外五省庁、運輸省、建設省、郵政省、国土庁といった国家機関が国から見て一地方の一プロジェクトでしかないはずの計画について討議をするという異例なことであった。その「最初の取りまとめは、一九八七年（昭和六二）十月に、東京都臨海部における地域開発及び広域的根幹施設の整備などに関する基本方針、中間の取りまとめが出ており、その後、一九八八年（昭和六三）三月に最終方針[94]」が出ている。

東京都が臨海副都心と呼んだ東京港の臨海部における国と都の関係は、国土庁主導の形式をとりながらもその協議会のメンバーに東京都の企画審議室長、港湾局長、都市計画局長の三名が入ることで実質的には「臨海部副都心計画というものは、東京都が策定主体」となる方法をとった。企画審議室のメンバーとして後にこの協議会に参加した大塚の説明によれば、「広域的な根幹施設、例えば道路であるとか（……）を整備するに当たっては、当然国の協力がなければならない。また、新しい開発手法として（……）、公共負担と開発者負担の取り決めもあるので、（……）そういう意味でこの協議会を設けた。行政計画全体をこの協議会においてまとめるという趣旨ではない」ということであった。そしてその推進機関として東京都が特例で設けた組織が、前項で触れた大塚が本部長を務める東京フロンティア推進本部であったのである[95]。このような込み入った経緯そのものが当時の臨海副都心構想の技術的な困難さを物語っている。

そしてこの東京フロンティア推進本部が果たす具体的な機能は「都としての全体的な考え方を決定するため」の「知事をキャップとする臨海副都心開発東京フロンティア推進会議という会議」を設置することであり、都の基本的な方針を決める際の事務局と位置づけられた[96]。

こうした推進体制を整えた上で「東京は、世界の都市と共通する課題のほか、地価の高騰、通勤距離の遠隔化、業務機能の都心部への集中等の諸問題」に対して「こうした世界の都市の抱える諸問題を解決し、二一世紀における人間性にみちた都市を実現しようとする運動、それが「都市フロンティア[97]」」であると改めて「都市フロンティア」という概念を提唱したのである。

鈴木都知事はこの都市フロンティアに関連して「二十一世紀は都市の時代であり、人類の大半が都市で生活すると言われている」とし、流動的な国際社会において「国境を超えた地球規模での発想」が肝要だと述べている。そして、ますます都市が主体性を持つという観点から「臨海副都心を中心として開催する東京フロンティアを通じ、世界都市への道を歩む」と東京を位置づけている。その上で東京フロンティアは「二十一世紀に引き継がれる万国博覧会、オリンピックと並ぶ第三の国際行事にしていきたい[98]」とした。

そして「世界都市への道を歩む東京」を臨海部に実現することを目的として大量の建設資材が現場に持ち込まれる段階まで計画が進んでいったのであった。

フロンティア開始前までの主要な建設資材だけで、生コンクリートが約一五〇万立方メートル、鋼材・鉄筋が約五一万トン、砂・砕石が約一四〇万立法メートル必要とされた。これだけの資材を、十号その一鉄鋼埠頭、豊洲鉄鋼埠頭、十号その二公共埠頭、品川埠頭、大井その二建材埠頭、晴海埠頭、その他第三埠頭－若洲建材埠頭、日の出埠頭、十一号地建材専用埠頭、大井その二建材埠頭、晴海埠頭、若洲建材埠頭、豊洲埠頭、十号その一鉄鋼専用埠頭など、東京港の臨海部の各埠頭に分配して陸揚げすることが計画された[99]。

そして東京フロンティア（都市博）では臨海部に新たに建設される諸施設の恒久利用を唱え、その開催までに完成していなければならない施設として「シンボルプロムナード、コンベンションパーク、テレコムセンター、相当数のオフィスビル、二千戸の住戸、二、三棟のホテル、国際デザインセンター、アートセンター等々」を挙げて、「そこに新しい街が既に出来上がっていることが不可欠であり、しかも、未来都市の仕組みと営みが体験できるものでなければならない[100]」とした。

また、臨海副都心開発事業化計画における位置づけとしては、臨海副都心完成時の建築物の総床面積を「業務系、商業サービス系、住宅系及び公共施設などを合わせて七百ヘクタール程度[101]」とした。

これが「建設現場をも都市づくりのプロセスとして見せる」とした東京フロンティアの具体であり、国土計画の中に位置づけられた首都圏計画の実態でもあった[102]。

このように、首都圏計画、四全総といった国土計画上での位置づけと東京都の多心型都市の取り組みが東京港の臨海部で重なったものが臨海副都心構想であった。そしてこれらの折り合いをスムーズにつけるために東京臨海副都心株式会社という第三セクターを設立した。その上で、行政の枠を横断した組織として東京フロンティア（都市博）を主導する東京フロンティア推進本部を鈴木都知事が特例で組織したのであった。

「都市」単位系の上で世界都市を語る矛盾

これまでその実態が不明瞭なままに予算組みだけが進められてきた東京フロンティアとその推進事業は、その中止に言及され始めたときになって、ようやくその主旨と中身の一致が明確にされていったことは皮肉なことでもあっただろう。

もともと一九九四年に開催が予定されていた東京フロンティア（都市博）は、一九九一年になる頃にはその開催の延期、中止が主たる議論の的となっていた。その理由には、先に挙げた実際の工事量からみて開催までの期間が短すぎたこと、そして財政上すべてをやり遂げる見通しが立たなかったことが挙げられる。都市博中止の意見が声高になっていく中で、世界都市という都市概念の必要性について鈴木都知事は一九九一年（平成三）の東京都議会第一回定例会（第二号）で次のように答弁している。

臨海副都心開発は、七番目の副都心として、国際化、情報化という時代の要請に的確にこたえるよう、業務機能を適切に配置するとともに、多様な階層の居住者が混在するコミュニティの実現を目指すなど、職と住のバランスのとれたまちづくりを進めるものであります。（……）臨海副都心計画の見直しを求めるとのお尋ねでありますが、臨海副都心の開発は、都心部への業務機能の過度の集中抑制と、東京の都市構造の多心型への転換を求めるとともに、情報化、国際化という時代の要請にもこたえることにより、東京全体の均衡ある発展を促すものであり、お話の一極をあおるものではないと考えております。（……）単なるベッドタウンとして整備しようとするのではなく、東京を多心型の都市構造に変えるとともに、実務、居住機能などをあわせ持った、職と住のバランスのとれた潤いのある総合的な都市として整備することを目指しております。(103)

この「世界都市＝世界規模の都市」の建設は東京の一極集中を助長する、という指摘は「東京駅からわずか六キロしか離れていない四四八ヘクタールの更地に、居住人口六万人、就業人口一一万人、一日の出入り人口四五万人、オフィス床面積延べ三八〇ヘクタール、霞が関ビルが二五棟分の巨大な都市を新たに建設することが、東京一極集中を促進すると考えるのは当然」という発言に集約される(104)。

つまり鈴木が「東京＝東京都における多心型都市」を目指す限りは、首都圏全体の中でみればそれは東京への一極集中に他ならないという矛盾が確かにあり、したがってこのときの世界都市の概念もまた一地方自治体、もしくは一都市の枠からはみ出て構想されるものではあり得なかった。

それは首都の首長であるとはいえ、一地方自治体の長である限りは東京都という行政区分の枠の中でもたらす利益の追求から逃れることは不可能というわが国の地方分権システムの問題でもあっただろう。また、国土計画における東京港臨海部をめぐる取り合いの調整の結果がそうさせたことも推量されるところである。

この点はこの後に再度名称を改めた世界都市博覧会（元東京フロンティア）の中止がもたらした当初の世界都市概念からの更新内容を知る上で重要である。

当然ながら都市博中止論の横行は臨海副都心に進出予定であった民間企業に少なくない不安を与えた。すでに東京都議会では臨海副都心の始動期の二年順延とそれにともなう都市博開催の二年延期が決定されており、関係予算の凍結がなされた状況に陥っていた。必然的に民間企業が投資に二の足を踏む事態となり、臨海副都心全体の契約および資金運用に不具合を生じ始める悪循環が生まれていた(105)。

つまり臨海部におけるインフラ整備は埋立地に進出する企業から事前に集めた資金を運用して充てる新土地方式を採用したものの、予算の凍結によってその資金運用の回転が止まってしまい開発途上のまま立ちゆかなくなることは明白であった。この影響を藤中港湾局長は率直に述べているまず影響につきましては、新規工事が発注できなくなったこと、土地賃貸借契約の締結がおくれたこと、都市計画決定などの法的手続きがおくれたこと、鉄道事業免許の取得がおくれたことなどにより、全体として都市基盤施設及び建築物の整備スケジュールのおくれが生じていることでございます。

また、開発スケジュールにつきましては、予算の凍結による事業の中断のほか、現時点での事業進歩状況、計画段階では調整が困難であった工事相互間の競合、及び工事用車両や労働力の集中緩和などを考慮しながら総合調整を行った結果、始動期の期間を平成七年度までとした[106]。

臨海副都心構想においてこれまで一貫してきたことは、国土計画の多極分散型都市であれ、都の掲げる多心型都市であれ、特に臨海部の新都心を一つの都市単位によって把握していこうとする姿勢である。それは特に契約、資金運営上において踏襲された。臨海副都心はそのインフラ整備によって埋立地全体の輪郭を新都心の輪郭線とし、この単位の中の歳出によって循環運営するシステムをいかにして作るかに考えが集中していたと言える。このことは従来の都市インフラ整備の一環として臨海部のインフラ整備を新土地利用方式による資金運用によって行おうとしたところに端を発している。

そして世界都市もまた「世界経済の中枢を担う都市[107]」と都市単位によって把握され得るものである限り、都市博の中止を迎えるまでの臨海副都心は従前の近代都市計画の地図の上で認識される新規の近代都市の一つでしかなかった。そのため、この時点では世界都市は新しい都市概念になり得ていなかったとみなされる。

しかしながらこれ以降、世界都市博覧会の中止へと臨海副都心構想が追い詰められていく中でこの臨海副都心を一つの包括的な都市単位として扱うことの限界が提示されていくことになる。そして副次的に従来の都市単位による臨海部の埋立地の把握から、それとはまったく別の小さな構成によるものへと仕分け直す作業が行われていく。それはわが国の明治以降、敗戦を経て初めて農村を端緒とするのではない固有の都市像が誕生する機運を感じさせるものであった。

都市による都市の諸問題への解決

臨海副都心をめぐる言説を振り返ってみれば、最初に世界都市に対する認識の変化が見られたのは、一九九一年一二月の米川東京フロンティア推進本部事業推進部長の「都市づくり運動の担い手は、都市であると思います。世界の都市が連帯してネットワークをつくり、これを進めることによって、効果的な都市づくり運動となる[108]」という発言であったように思われる。

これまで「二十一世紀の未来都市を作る」や、「世界経済の中心を担う」などといった拡張型の都市像を世界都市のモデルとみなしてきたが、世界都市博覧会の中止が公然と発言され始めた一九九一年（平成三）の末になって「都市づくりの担い手は都市である」という認識が当の東京フロンティア推進本部長から示された。このことは臨海部の開発を七番目の副都心としてしかみてこなかった東京都政が、必ずしも増設や拡張によって都市の未来は更新されるものではないと表明した画期的な転換点であったとみなされる。

この観点に立って、一九九二年（平成四）以降の世界都市概念の転換をみていきたい。

丸山事業推進部長は総務生活文化委員会で国際都市を「人や文化などの面で外国との活発な交流がなされている開かれた都市」とする一方、世界都市を「国際金融あるいは情報センターなどが立地し、政治や経済、文化などの面で、その時代の世界に大きな影響力を持つ都市[109]」であるとした。

その定義の是非はともかく、少なくともここでは国際都市と世界都市を区別しようという意志が働いている。その上で、ようやく世界都市とは何かという臨海副都心における都市モデルの根本を見直す議論がなされていった(110)。

単に世界都市、都市フロンティアということであれば、これが展開される場所は他の副都心でも構わなかったということになる。この点は当時も臨海副都心開発を批難する際の格好の標的とされた。確かに世界都市博およびそれを端緒とした従前の都市開発としての臨海副都心構想が臨海部を舞台としても、それは新たな概念の世界都市が臨海部から生まれた理由にはならない。それでは臨海部の何が旧来の都市像とは異なる世界都市を充足し得たのであろうか。結論を先取りするならば、それは港湾機能の分節性にあった。

世界都市博覧会（東京フロンティア）の開催が当初の一九九四年（平成六）から一九九六年（平成八）に延期されるという状況は、東京テレポートを端緒とする埋立地開発の進行状況が原動力であった世界都市の概念も変容せざるを得なかった。それは、当初の世界都市の中身は国の首都圏計画と都の多心型都市の折衷という、いわば陸の論理で作られた概念に拠ったためである。

その開催年度の延期には次のような経緯があった。一九九〇年（平成二）からその翌年にかけて主会場である東京テレポートタウン建設の第一期工事の見直しが行われた結果、都市博の開催は一九九六年（平成八）とされた。この時点では時期よりも場所が第一に優先され、さら催事の中身は二の次であった(111)。

都市博の開催を二年遅らせた状況で、丸山事業推進部長はその開催の意義について次のように理論を組み立て直している(112)。

ここで丸山が触れる「都市による都市の諸問題への解決」は、東京テレポートを始めとした東京港の臨海部において具体的にいくつかの恒久施設やまちとしての姿を見せ始める第一期の完成時点である一九九六年に以下の四点から見えてくると述べた(113)。

①テレコムセンターは一九九五年（平成七）の段階で完成し、テレポートとしての情報社会における国際社会との接点を新しいまちづくりのキーポイントの一つにして臨海副都心開発を進め、これを都民、来場者に見てもらう工夫をする。
②東京の新しいコンベンション施設としてコンベンションセンターの建設を進めつつあり、世界の人々が単に物産ということでなく、いろいろな考え方あるいは人々そのもの自体、いろいろな形のものを交流する場として整備する。そこを使ってフロンティアにおけるいろいろなストーリー、テーマを展開する。
③クリーンセンターにおいて新しいリサイクルのあり方を見てもらう工夫をする。
④台場のシーサイドタウンにおいて、一階などのスペースを比較的公共に近い形で機能させ、そこを使いながら、大都市の中にありながらシーサイドを体験できるといった点の新しい都市のあり方を体験してもらう。

丸山はこの四つの方法によって「都市による都市の諸問題への解決」と東京フロンティアを接続しようとした。これらの具体的な方法が世界都市はシーサイドである臨海部からの視点によって描かれるという世界都市の概念規定の枠組みを自然に生んでいるとみることができる。そして、さらにそこに金融と情報が集中されることを企図した（広義な意味で、このとき金融は電子マネーとして情報ビジネスに含まれていた）。

そうした結果、世界都市として東京に匹敵するのは「ニューヨーク、ロンドン」と位置づける発想が生まれ、その両都市と世界都市の三極を為すうちの一極を東京が担うことを目指すようになっていった[114]。

臨海地区の投資対象化の破綻

この流れに並行して「臨海部開発を含む都市とは何かという基本的な発想[115]」は、バブル崩壊後に具体的なパビリオンの出展が行き詰まったときになってようやく議論の俎上に乗り始めたことを指摘することができる。この世界都市の発想と臨海部の都市の見直しの必要が同じ時期に重なることによって、ようやく世界都市とフロンティア開催との結びつきが本格的に再検証される機運が形成されるに至ったのである。

当初の予定を二年延期してでも開催に漕ぎ着けたい主催者側にとって、企業パビリオンを始めとした民間の参入は不可欠であった。これを外すことのできない財政上の理由から、バブル期に新土地利用方式によって臨海副都心開発の一括的な開発形態と結びついていたフロンティア開催のための契約形態も再検討されることになった。

すなわち、これまでの中曽根民活路線に則った民間資本で開発地のインフラ整備を行った上に、さらに自費で上物を建てさせておきながら、土地は長期貸付の更新制とする。もはやこのような条件を受け入れてまで進出したいという企業側の事業拡張意欲はバブル崩壊によって大きく削がれており、先述の都議会での予算凍結がこれに拍車を掛けた。

そのため都市博（東京フロンティア）の開催を前提とする臨海副都心開発を予定通り実現していくためには、広大な臨海部の埋立地を一括して開発するシステムに変わる、あるいはそれと併用可能な新たな資金運用のシステムが必要とされた。そこで考えられたのが、臨海部の開発該当地を契約形態の類型によって分節し、その集合として結果的に臨海副都心という街の外枠を形成する方法であった。

一括から分割集合へ転換するこの考えが、一九八〇年代以降の東京港と臨海部埋立地のあり方に大きな影響を与えていく。

その端緒として、まず地代の算定方式を挙げることができる。「東京フロンティアというのは、臨海副都心建設を推進するための起爆剤だということを知事が言明している」[116]ことを鑑みれば、東京フロンティアでの算定方式はその後の臨海副都心の土地の地価を実質的に決定することに他ならなかった。

今沢臨海開発調整部長の言によれば、臨海副都心における変更前の地代の算定方式はまず一つめとして都内の既成市街地の公示価格と土地の価格形成要因（たとえば区画の容積率、用途、都心への接近性等）との関係を分析し、臨海副都心における基準標準画地の完熟状態の土地を求めるものであった。これがおよそ二五年かけて都市として成熟するという前提で二五年先の価格を求め、二五年先の完熟した都市の価格から都市の完熟率（年六％とされた）で割り戻す形になっていた。また、区画ごとの価格についてはこの基準標準画地の価格に各画地の容積率、用途、都心への接近性、最寄り駅への距離等を勘案し、地盤条件なども考慮して、それぞれの区画ごとの価格を求めるものであった(117)。

そうしてバブル崩壊による開催時期の延期を受けて、この地代の算定条件が次のように更新された(118)。

一九九二年（平成四）三月三一日に契約が一年遅れたことに伴い、まず基本協定書を企業と結び、従前は平成二年の一月一日であった価格の算定のもとになる公示価格の時点を平成四年の一月一日に変更した。これにより二年間契約を待つ必要が生じたため、その時点で一九九二年の六月に価格の再算定を行っている。このときには先述した以前の算定方法に二点が加えられた。

すなわち、経済情勢の大きな変化に伴って一般の土地評価に対する認識が資産価値から利用価値へ変化したという傾向を踏まえ、まず一つは、容積率の大小（たとえば三〇〇か六〇〇かという大小が及ぼす影響が、従前より大きくなってくる）による格差について各区画の容積率の格差率を二分の一から三分の二に拡大した。もう一点はホテル・商業・業務用地について、ホテル用地および商業用地の収益価格と業務用地のそれとの間にかなりの格差があるということが判明したため、その格差率を一二％設定した形で一九九二年の六月に再算定を行った。

要するに、時期の延長に伴う容積率と用途による格差是正の措置を追加したのであった。

ただし、これには初年度の地代算定の条件がバブル期のものを横滑りしているという問題があった。具体的には初年度の場合を完熟したものとして評価をし、そして成熟率六％で割り戻して行く。その初年度の価格に今度は六％の成熟率を掛け、それ以外に、デフレーターとして二％を掛け合わせた形で、次年度以降は土地が上がっていくというシステムであった[119]。

この時点で臨海副都心の運用スキームは大きな変更をせざるを得なかったわけだが、一九九二年の六月における再算定の結果、三〇年間という形で捉えれば「権利金で七二八億円、地代で四四五八億円、合わせて五一八六億円の減収[120]」が見込まれた。これをさらに一次、二次、三次、といった開発段階すべてに当てはめて試算をしてみれば、「権利金、地代の合計が四兆七三六〇億円、それ以前のものについては五兆九四四一億円[121]」の減収となることが明らかになったのであった。

さらに先ほどの初年度の地代がバブル期のものを横滑りしている点を是正するため、九三年の一月一日の地価公示価格をもとにすることが約束された。これらの処置は、同年の一二月に業務契約を結びたい運営側としても譲歩可能な最大限の内容と日程であったと思われる。

こうした行政側の対処方法は二次、三次契約の際にふたたび是正措置を求められかねない不安定なものであったと判断できる。企業からしてみれば企業側から臨海部に進出する条件を自分たちの側から優位に呈示できる上、もし企業側が契約条件の是正を条件に臨海部への進出を渋る事態が生じれば臨海副都心開発そのものが頓挫しかねない不安がつきまとうものでもあったのである[122]。

こうした土地利用契約上からの減収に加え、新土地利用方式による収益でその大部分を賄おうとした臨海部開発地のインフラ整備事業費は平成二年九月の臨海会計の長期収支時における約一兆六五〇〇億円からさらに約五〇〇〇億円増加した約二兆一五〇〇億円となっていた[123]。

この時点で建築確認申請を出すなどの具体的な進出の動きを見せているのはフジサンケイグループのフジテレビ本社社屋などのわずかな企業だけであり、民間企業との契約は権利金と地代として支払う金額よりも給付金の額の方が大きいという赤字決済に陥った困難極まるものであった[124]。

このようなビジネスモデルの破綻は経済至上主義を最大の推進力としてきた臨海副都心構想にとって最も致命的なことであり、「今後の進め方としては、東京港に展開するウォーターフロント開発計画との連携と調整を図りながら、副都心としてのあり方を改めて考えていく必要がある」[125]といった見直し論が大半を占めるようになっていった。こうして当初臨海副都心開発の起爆剤と考えられてきた東京フロンティアを中止することが、かなりのリアリティをもって語られるようになってきたのであった。

臨海部という風土から生まれた世界都市と「都市」単位系の限界

当初の世界都市像を実現する基盤と見込まれた新土地利用方式が最初に崩れてしまった。バブル崩壊によって各出展予定企業の資金繰りが苦しくなったことに対して、新土地利用方式の取り止めは企業の供出金（権利金と地代）を値引きしてでも出展を取りやめられるよりはよいという主催者側の判断に他ならなかった。しかしながら、実は新土地利用方式による資金計画の破綻が明らかにされたときには、すでにその一部が着工した後だったのである。

ここで注目すべきことはその投資額をどう回収するかという事業計画上の問題よりも、新土地利用方式の中止に伴って臨海副都心の埋立地の長期貸付の根拠法が特例的な臨海副都心開発規則から従来の埋立地開発規則へと再移管された点にある。そしてこの新土地利用方式の中止による臨海副都心構想と東京フロンティアの見直しに伴い、東京フロンティアという呼称も正式に世界都市博覧会へ戻されることになったのであった。

再度の名称変更による「世界都市博覧会」の呼称は、もはや都市拡張時代の都市像の亡骸でしかなかった。それはもはや新しい都市計画とは言えない一博覧会の計画に過ぎず、鈴木にとっても本意ではなかったに違いない。

最初にこの博覧会について構想を策定した東京世界都市博覧会基本懇談会の報告で、一九世紀は東京博覧会とオリンピックというすばらしい国際行事を二〇世紀に残した。我々二〇世紀人は二一世紀により重要になるであろう大都市問題の解決と、より人間的な都市の仕組みの発見と創造を目指す国際運動として都市フロンティアを残したい。そして、その運動を日本から、この東京の臨海部開発の実践の中で培われるフロンティア精神をもって世界に訴え、世界に広げたいといっていました。そして、この国際的行事、東京フロンティアを世界で初めて東京で開催するとした上で、今後、世界の各地で展開されるであろう都市フロンティアと、壮大な夢を描き出した。あえて世界に向かって、東京から、あの臨海部から打って出るんだ、こういう話だったんですね。ところが、東京に続いて都市フロンティアをやろうと手を挙げているところは、今のところない。今回、世界都市博覧会を前面に出して、（……）単なる博覧会になっちゃった。こういう名称に変わったんですね。そこにあった考え方は今でも変わっていないというふうに理解してよろしいんですか[126]。

この発言はまさに催事の呼称と概念の相関関係を表している。都市フロンティアから世界都市博覧会へ呼称が戻されるにもかかわらず、その概念は変化しないとする主催者側の矛盾を指摘した。このことは、東京港の臨海部を都市フロンティアと呼称していたこと自体が実は世界都市の概念を固有の土地の風土（東京の場合は港湾であった）に根ざした概念としていた点に改めて気づかせてくれるのである。世界都市を標榜する世界で最初の都市フロンティアが臨海部を舞台としたことは偶然ではなく、世界都市は海に隣接することを根拠とした概念であったことをその破綻が知らしめることとなったのである。

以上を要するに、新土地利用方式から従来の方式への変更は臨海副都心の拠って立つ理念を世界都市の建設から単なる埋立地開発へと降下させた。これは世界都市という考えが埋立地特有の地権制度無くしては容易に成立し難いことを改めて自覚しつつも、その特性を自ら放棄したことに他ならない。

一方で、港湾局が新土地利用方式を断念し、従来の埋立地開発規則による開発へ転換した後の世界都市博覧会の中止に至る過程は、東京港の臨海部に根を下ろし始めていた世界都市の本質が港湾にあることを見直す動機となり、結果的に世界都市の概念が更新されていくことに結びついていく。

その縮図とみなされる舞台が臨海副都心構想と世界都市博覧会の主舞台であった一三号埋立地であり、この後にふたたび港湾機能を復活させることになる青海埠頭であった。

そして都市博の順延・中止による臨海副都心開発の頓挫は、開発論によって捨象されていた港湾空間をふたたび拠り所として、「港湾的な価値観」から新たな世界都市概念を生んでいくことの布石となったのである。世界都市博覧会という呼称はもはやこの時点で世界都市の博覧会を意味してはいなかったが、さらにその中止によって、別のかたちで東京港の臨海部は「世界との関係の中での都市」を体現していくことになる。

4　世界都市の本懐

真の世界都市を目指して

臨海副都心構想の発端が東京テレポートの建設であった直接の理由は、一九八四年にニューヨークで開催された第一回世界テレポート会議に大きく影響を受けたためであった。東京におけるテレポートの建設は確かに後々の東京の形成に少なからず影響を与えたが、それ自体は新土地利用方式による新基準の開発でもなく、従来の開発規則による通信事業施設の建設に過ぎなかった。

東京港一三号地埋立地の一土地利用計画でしかなかったわずか四〇ヘクタールの計画が、九八・三ヘクタールとなり、一九八七年の基本構想で四四〇ヘクタールと最終的に一〇倍以上の規模に拡大されて臨海副都心構想と呼ばれるに至った。その過程で本来のテレポート機能に居住機能や国際コンベンション機能の展示機能などを付加していったわけであるが、その目的は東京の一極集中型の都市構造を多心型へ転換していくことにあった(127)。一九八九年から一九九四年までの期間に代表される一連の臨海副都心構想とその起爆剤としての東京フロンティア・世界都市博覧会の評価は、それらは東京テレポート構想の肥大化した姿でしかなくバブルとともに破綻した、とするのが一般的である。

これに対して、本節では世界都市博覧会の中止に至る過程と東京テレポート構想の見直しはテレポート構想に端を発した臨海副都心構想以上のビジョンを現代都市にもたらしたことについて述べておきたい。

世界都市博覧会会場に当初予定された埋立地は青海から有明までに渡り、これを大きく四つの「まち」に分けていた。すなわち、青海地区を中心とした二一世紀の情報のまち、国際展示場西ホールを中心とした都市ビジョン提案のまち、青海地区での都市交流と実験のまち、市民・文化のまち、であった(128)。

この中で特に二一世紀の情報のまちは「二十一世紀の情報都市のモデルを表現する(129)」ものとされ、その具体が東京テレポートタウンの建設であった。

東京都の世界都市博覧会等に関する特別委員会が示した指針のうち「情報と交流の国際拠点、国際的な情報の受信の核となる東京テレポートと、世界中から人々の集まる東京国際コンベンションパークを建設し、世界の諸都市と東京を結ぶ先端的なビジネス拠点を作る」が東京テレポートタウン建設の初期の理念であったと思われる(130)。

しかしながらその発展系であった臨海副都心構想が頓挫した後では、その世界都市からは堺屋太一（東京都のCI推進計画懇談会の座長を務めていた）が「その時代の世界の文明を代表する都市」と表現したものはすでに消失していた。

かつての臨海副都心構想が形骸化された表徴としてのテレポートの名称が残される中で、結果として一三号埋立地を発信源とする港湾が分節された都市像が立ち現れていく。

テレポートの再読と投資対象の都市の終焉

ここまで都市博の発案から中止に至るまでの経緯を復元してきた。その先に世界都市の転換点をあぶり出すためには、臨海副都心構想の端緒とされた東京テレポート構想を読み直す必要がある。

東京テレポート構想は、もともとは一極集中型都市から多心型都市への転換を目的とした。まず構想当初の東京テレポートの定義を再確認しておきたい[131]。

①東京都の臨海副都心開発構想は東京への一極集中を分散させていくために生まれてきた。テレポート構想が打ち出された段階では、一極集中を分散させる機能としてテレポート構想を打ち出し、業務機能を分散させても一極集中と同じ業務機能としてサービスが提供できるということからこのテレポートセンターはつくられてきた。

②そのため、光ファイバー、宇宙衛星通信などを活用してサービスを提供することで一点集中を回避するという視点の中軸がテレポートであり、テレポートセンターである。これを表現する一助として都市博覧会も構成されている。

③テレポート構想に基づくテレポートセンターは、テレポート内の通信事業者から、衛生を介しての通信サービスが東京都における業務その他に対して提供されていくという構想が当初あった。

主としてこれら三つからなる当初のテレポートセンターの要件に対して、臨海副都心構想の中でテレポートが形骸化された点は次のように要約できる。

①東京の事業者に対するサービスの分散型誘導政策が広まる道を具体的に示さなければ、テレポート構想の当初の目的は達成されない。

②テレポート構想も多心型副都心構想も臨海副都心部の中の開発の議論ではなく、一番の根本である一極集中の分散に対する効果が述べられなければ当初設定した都市構造の問題に対する答えにならない。

③一極集中を分散させる効果を求めていった都市構造論の是非の問題が、開発的な視点の是非の問題にすり替えられた。

④そこには国からの示唆があった。

ここで④の国からの示唆とは、当時の副総理・金丸信の洋上視察を指している。つまり、当時の中曽根民活路線による開発の実践の場として臨海部の広大な埋立地空間に白羽の矢が立ち、東京都が進めようとしていた東京テレポート構想を逆手に取るかたちで本来のテレポートの概念と相反する一極の都市開発的な視点からの臨海副都心構想へと仕向けていった。その一方で、当時の鈴木都知事が単に国の意向に従うかたちで臨海副都心構想を描いたとも単純には言えない。これらのことを踏まえ、東京の都市構造の中でのテレポート建設の位置を次のように整理することができる。

一極集中型の都市から多心型都市への転換の端緒となることを企図した東京テレポート構想は、その基幹施設が集中して建設される必要がないところに特徴があった。しかしながら、それが臨海部に位置するという一点において臨海副都心構想という従来型の都市空間の開発概念を港湾空間に展開する動きに呑み込まれて、その都市構造上の意義は一転した。さらにバブルの崩壊によって臨海部の埋立地空間への投機的価値が薄れていく中で、臨海副都心構想の果てに開発論を拠り所とした世界都市の亡骸が残された。

このことは一連の計画の端緒となった東京テレポートの本来の目的を蘇らせ、その視点からふたたび一三号埋立地を始めとした開発途中で放棄された都市空間を港湾空間として見直していく契機を提供した。テレポートの呼称はかつての世界都市の亡骸として残りつつも、港湾空間がふたたび青海埠頭を始めとした臨海副都心の埠頭空間に展開されていった。

以上のように一連の流れを整理してみると、一極集中型都市から多心型都市にするためのテレポート構想が一転して臨海副都心構想に転じたという挫折を経験したことによって、その後の港湾空間の復権はさらに一都市、一港湾の枠を超えて東京港の臨海部を眺める視点をもたらしたとみなされる。

そもそも基幹施設が集中する必要のないテレポートというアイデアは、本来は異なる位置空間同士を結ぶネットワーク的な構造を都市そのものとみなす視角をその内に含むものである。これは光ファイバーなどの通信網によって距離を超えた空間をいわば一つの島として認識し、その群島を都市と見立てることに起因している。このようなテレポート本来の性質が土地投機による港湾空間の都市空間化の失敗の末に見直されたことが東京港の臨海部にもたらしたものは、港湾空間は元来そのような類の空間概念であったという原則論に他ならない。

そのため形骸化されたテレポートに代わって、新たな港湾空間を都市空間に適用していく思考が東京テレポートが置かれた一三号埋立地から発生する。

近代的な港湾空間が本来持つ分節的な構造から見れば、旧来のテレポートのネットワークもまた一極集中的なものとみなされる。それはもはや世界の三極の一極を担おうとした世界都市モデルの延長でしかなかった。

すなわち、臨海副都心構想の破綻以前の世界都市概念もまた世界を代表する、あるいは、世界的スケールの巨大な都市でしかなかった。そのことは都市が極を中心とした求心的なモデルとして考えられる以上は変わることはない。

しかしながら、そうした開発理念の延長上に都市空間を陸から海へ拡張していくことの破綻が、その原点とされたテレポート概念の再読を促して港湾に根ざした世界都市モデルの存在を次第に浮かび上がらせていく一助となった。

　特に、コンテナリゼーション導入以降の港湾空間では、海を介した世界との関係の中で陸と海の接続ラインは考えられてきた。そのとき港湾空間は、接岸する陸を領土とする国家の海岸線であると同時に、世界中の都市の港湾を結ぶコンテナリゼーションのネットワークの周縁でもある。

　それは臨海副都心として一度は都市空間とみなされた東京港の臨海部だからこそ見出すことができる港湾空間本来の性質の顕在化を図るものとみなされる。すなわちテレポート本来が持つべきネットワークの種別をコンテナ化を受容した近代港湾の航路の種別に重ね合わせてみると、「分節構造の都市」という「世界都市」のあり方が見えてくる。

　このとき港湾という特質は都市という単位を解体し、一都市、一港湾では解けない「世界都市」像を呈示するための利となったとみることができる。そうして最終的に世界都市は世界経済の中心や世界スケールの巨大都市といった求心的な構造を否定するようになっていく。

　つまり東京の都市史において世界都市博覧会の中止が東京港の臨海部に本質的にもたらしたものは、都市という単位によって都市を把握することの不可能性であった。

　そして東京テレポートタウン建設とその延長と見据えた臨海副都心構想の主舞台が東京港の臨海部であったことが、はからずもその起爆剤と位置づけた世界都市博覧会の中止によって港湾を端緒とした都市の近代化のもう一つの可能性を切り拓いていくことになるのである。

　一九八〇年代の臨海部の歴史が最終的に見出すことができた「世界との関係の中での都市」とは、港湾空間の分節構造の特質を都市空間に適用することにあった。一九七〇年代のコンテナリゼーション導入以降、臨界副都心の対象とならなかった在来埠頭においてそれは深められていった歴史がある。実はそれこそがコンテナリゼーションのような国際標準を普遍的に適用していく方法とは異なる、港湾による都市の近代化のもう一つの方法であった。

港湾から始まる世界都市概念

東京港の一九八〇年代はその臨海部において都市とは何かといった大命題をめぐる画期であったとみなされる。他にも都庁の移転に代表される新宿副都心などの大規模都市開発が確かに起きてはいたが、それらは土地への投機を基盤とした求心的な経済圏を構えて周囲を呑み込むことで拡張していくという意味において従来の近代都市像の延長でしかなかった。

時の知事であった鈴木俊一は当然ながらそのことに意識的であり、それ故に多心型都市の構想の下で臨海副都心を第七番目の副都心と位置づけて自らの都市への施策の正統性を担保しようとした。このように東京の一九八〇年代は一つの都市論ブームというべき機運に溢れていたと言える。その中で一九八〇年代の東京港の臨海部に関する言説を眺めてみると、ジャーナリズムにおいて東京論を唱えるためのウォーターフロント論が臨海副都心の都市開発のための開発論に読み替えられていくという事態がジャーナリズムにおいて発生した。

その構図はそのままアカデミーに無自覚に移植され、時代の機運とともに港湾行政、都市行政双方の内部において根拠とされる基盤を築くに至る。そして多心型都市の先に港湾空間を都市化していく理論の必要に際して「世界都市」というキーワードが発明され、そのわかりやすいアイコンとして東京フロンティア・世界都市博覧会の開催が実質的な臨海副都心開発事業として掲げられるようになった。

世界都市博覧会が中止される以前に目指された世界都市とは投資への圧力を背景にした世界規模の都市であり、世界の中核を担う都市であった。そして、①臨海副都心空間と都市博会場空間を融合させる資金循環・還元システム、②港湾法による臨港地区指定を逆手に取った都市開発スキーム、③これによって従前の港湾を東京湾岸道路を境として南北に分断した埠頭空間における都市空間の実践、が当初の鈴木都政が主導した世界都市の実態であった。

しかしながら、新土地方式にみられるような陸の土地への投機システムと同様の開発・運営スキームしか考案されなかったことが、この時点での世界都市をその他の副都心と何ら変わることのない都市像に押し留めていた。

そのような状況にあって、バブル崩壊による土地投機の時代の終焉が世界都市の理念を別の次元へと押し上げていく副次的な圧力となった。都市博の中止は単にそれ以前の世界都市の概念を頓挫させただけではなく、従来の「都市を単位とした都市の把握」の限界を示しつつ、世界都市が臨海部という地勢を拠り所として成立する概念であったことを示した。

このことは、臨海副都心構想実現の足がかりとされた東京テレポート構想の本来の性質に立ち返ることを促した。そして、基盤施設を集中させる必要のないいわば「情報のみなと」が、都市空間の亡骸の中に港湾が本来持つべき〈みなと〉の性質を賦活していく。ここにコンテナ化を受容した近代港湾の特質に当てはめてみると、「分節構造」という共通項があぶり出されるに至る。すなわち世界都市という理念は、一都市一港湾の枠組みを超えて、世界の中心としての都市から世界との関係への都市へと変質した。その要となるインフラが、コンテナ化を積極的に受容した東京港の近代港湾として持つべき分節性に求められていったのである。それこそが、更新された世界都市の根本のインフラストラクチャーとみなされる。それは世界都市がその呼称に反して、実は港湾という固有の風土に根ざした唯物性にルーツを求められることに起因しているのである。

本節では都市博中止の前後にみられる世界都市概念の実態とその特質を示し、都市博の中止を経てその世界都市が分節構造の都市モデルへと展開していく端緒を呈示した。

（1）　当時のジャーナリズムにおいて、最初は臨海部開発に疑念を持ちつつ、それが次第に推進論へと変化していくという論調があった。

（2）『世界』第五五〇号（一九九一年二月）を指す。

（3）『日本経済新聞』一九九〇年（平成二）一〇月一〇日朝刊「本社主催・東京湾岸知事シンポ――プロジェクト、鈴木俊一氏・一極集中是正に長計」と題した記事が掲載された。

（4）『日本経済新聞』一九九一年（平成三）三月八日朝刊「激震・東京臨海副都心、都議会、開発予算案を否決――進出企業に戸惑い」と題した記事が掲載された。

（5）『世界』第四九〇号（一九八六年七月、四二頁）より引用。

（6）前掲注5『世界』（三〇頁）を論拠とする。その内容は次の通り。

「東京改造計画に共通しているのは民間主導型開発論である。もともと、この民間活力導入論の起源は田中角栄氏の『都市政策大綱』（一九六八年）にある。一九六七年、美濃部革新都政が誕生した時に、いち早くその意義について気づいた田中角栄氏は『中央公論』の論文において、今日東京でおこったことは、明日全国でおこるとして、自らが委員長となって、都市政策調査会をつくった。そして、保守党一〇〇年の歴史の中で最初の都市政策を策定したのである。これはいまの中曽根内閣にいたるまでの自民党・政府の都市政策ひいては国土政策の骨子であるといってよい。

この大綱の中では次のような大胆な民活論が提唱されていた。（一）都市計画事業の主体は地主・自治体から民間デベロッパーまたはそれが加入した第三セクターにかえる。（二）そして、これに土地収用権をあたえ、長期低利の資金を供給する。（三）土地私有権を制限して地価を抑制する。（四）金融制度を改革して、政府金融機関は都市改造、地方開発と産業開発のための三つの特殊金融機関に再編成し、民間デベロッパーには利子補給制度をつくる。（五）財政制度を改革して、都市の公共事業を大幅に民間移譲し、租税によっておこなう事業を治山治水、災害復旧、一般道路に限るとした」。

（7）前掲注5『世界』（六七頁）より引用。

（8）前掲注2『世界』（三四八頁）を参照。

（9）『地域開発』第三四七号（日本地域開発センター、一九九三年八月）。

（10）前掲注9『地域開発』（五三頁）より引用。

（11）前掲注5『世界』（三八頁）を論拠とする。
（12）陣内秀信『水辺都市――江戸東京のウォーターフロント探検』（朝日新聞社、一九八九年）、同『東京の空間人類学』（筑摩書房　一九八五年）。
（13）平山洋介『東京の果てに』（NTT出版、二〇〇六年）。
（14）Sassen, Saskia. *The Global City: New York, London, Tokyo*. 2nd ed. Princeton University Press. 2001.
（15）尾島俊雄『東京――二一世紀の構図』（日本放送出版協会、一九八六年）。
（16）尾島俊雄『異議あり！　臨海副都心』（岩波書店、一九九二年）。
（17）越澤明『東京都市計画物語』（日本経済評論社、一九九一年）。
（18）たとえば、平本一雄『臨海副都心物語――「お台場」をめぐる政治経済力学』（中央公論新社、二〇〇〇年）などがある。
（19）前掲注5『世界』（三九―五一頁）「東京の「面白さ」と「不安」」を参照。
（20）他に日本建築学会論文集に掲載された学術論文三件および臨海副都心に関する記事六件があるが、筆者が一瞥したところ本節にかかわらないものであったためこれらを除く。
（21）『建築雑誌』第一〇三巻一二七五号、一三二―一三三頁。
（22）陣内秀信「ウォーターフロント」（『建築雑誌　建築年報』第一〇三巻一二七七号、一二六頁）。
（23）『建築雑誌』第一〇七巻一三三〇号、一四七―一四九頁。
（24）『建築雑誌』第一〇八巻一三四一号。
（25）前掲注24『建築雑誌』（一二〇―一二七頁）。
（26）前掲注24『建築雑誌』（四六―四七頁）。
（27）前掲注24『建築雑誌』（四八頁）。
（28）陣内秀信「日本のウォーターフロントの歴史、今、将来」（『建築雑誌』第一〇八巻一三五一号、一四頁）。
（29）横内憲久「国際的視野からみた我が国のウォーターフロント開発の差異と問題点」（前掲注28『建築雑誌』一八頁）。
（30）伊藤滋「東京臨海部に起こったこと」（前掲注28『建築雑誌』一一〇頁）。

(31)「東京都港湾審議会議事速記録」一九八五年（昭和六〇）一一月二八日（東京都港湾局所蔵資料）を論拠とする。

(32)「東京都港湾審議会議事速記録」一九八六年（昭和六一）一二月一九日（東京都港湾局所蔵資料）をもとに筆者による箇条書き。

(33) 前掲注32「東京都港湾審議会議事速記録」を論拠とする。該当する内容は次の通り。

「臨海部の副都心につきましては、東京都の第二次長期計画の中でも、従来の六つの副都心に加えて、臨海部に新しい副都心を構築していこうという方向づけが出されております。ここではそういった考え方に沿って、埋立地の中に一三号地その一、それからその二の一部、十号地その一並びに有明地区、この一帯を臨海部副都心と位置づけて、ここに国際化、情報化に対応した未来型都市を育成していくという方向づけでございます」。

(34) 前掲注32「東京都港湾審議会議事速記録」を論拠とする。

(35) 前掲注32「東京都港湾審議会議事速記録」室橋委員発言を抜粋。

(36) 前掲注32「東京都港湾審議会議事速記録」佐藤港湾審議会長発言を論拠とする。

(37) 前掲注32「東京都港湾審議会議事速記録」室橋委員発言を抜粋。

(38) 前掲注32「東京都港湾審議会議事速記録」大山委員発言を論拠とする。「一三号地のテレポート構想を余り急いだために、東京都独自のプランで、今後十年間でこの一三号地をどういう計画で新しい副都心にしていこうかという基本的な計画を当初立てていたはずでございますが、そういう中で国の方から金丸先生が東京港を見に来て、なんとかこれが五年でできないかというプレッシャーもございまして、非常にラフなプランになった」というこの大山委員の発言には、当時の鈴木都政と中曽根政権、その母体であった金丸民活懇談会の関係が語られている。

(39)「東京都港湾審議会議事速記録」一九八八年（昭和六三）四月二七日（東京都港湾局所蔵資料）佐藤計画部長発言を論拠とする。

(40) 前掲注40「東京都港湾審議会議事速記録」藤田委員発言。この点の未解決を指摘し、この港湾計画の土地利用区分について「法的に大変無理をしているのではないか」と疑問を呈している。

(41) 前掲注39「東京都港湾審議会議事速記録」藤田委員発言を引用。

(42) 前掲注39「東京都港湾審議会議事速記録」同資料より引用。
(43) 前掲注39「東京都港湾審議会議事速記録」藤田委員および佐藤計画部長の発言を引用。
(44) 前掲注39「東京都港湾審議会議事速記録」藤田委員発言を引用。
(45) 前掲注39「東京都港湾審議会議事速記録」志水（大澤）委員発言を引用。
(46) 前掲注39「東京都港湾審議会議事速記録」志水（大澤）委員発言を引用。
(47) 渡邉大志「東京港における大井埠頭の建設過程の都市史的位置」（『日本建築学会計画系論文集』第七七巻第六七九号、二〇一二、二二五一—二二五七頁）を参照。
(48) 前掲注39「東京都港湾審議会議事速記録」佐藤港湾審議会長発言を論拠とする。
(49) 前掲注39「東京都港湾審議会議事速記録」志水委員発言を引用。
(50) このことは、アカデミーで伊藤滋が二四区構想を提唱する直接的な根にもなった。
(51) 前掲注39「東京都港湾審議会議事速記録」恩田委員発言を論拠とする。
(52) 前掲注39「東京都港湾審議会議事速記録」七久保参事発言を論拠とする。
(53) 前掲注39「東京都港湾審議会議事速記録」高橋港湾局長発言を引用。
(54)「東京都議会総務生活文化委員会議事録」一九八九年（平成元）八月三一日（東京都所蔵資料）吉田総務部長発言を元に筆者による箇条書き。
(55)「東京都議会第三回定例会（第十四号）議事録」一九八九年（平成元）九月一三日（東京都所蔵資料）鈴木俊一都知事発言より引用。
(56)「東京都議会第三回定例会（第十五号）議事録」一九八九年（平成元）九月二〇日（東京都所蔵資料）藤田十四三議員発言を引用。
(57)「東京都議会第三回定例会（第十六号）議事録」一九八九年（平成元）九月二一日（東京都所蔵資料）室橋昭議員発言を引用。
(58) 前掲注57「東京都議会第三回定例会（第十六号）議事録」鈴木俊一東京都知事発言を引用。

(59) 前掲注57「東京都議会第三回定例会（第十六号）議事録」関岡武次企画審議室長発言を元に筆者による箇条書き。

(60) 一九八九年（平成元）の住宅港湾委員会における市川委員の質問とそれに対する太田計画部長の回答はこのことを示している。次にその内容を記す。いずれも『東京都議会住宅港湾委員会議事録』一九八九年（平成元）一〇月三日（東京都所蔵資料）より引用。

「本年の九月六日に、臨海副都心開発東京フロンティア推進第一回幹事会というのが開催されまして、東京フロンティアにおいて実施したい提案例（構想）という資料が配布をされています。（……）いわゆるトップダウン方式で決めて、住宅局としてはこれをこういうふうに考えなさいということでおりてきたものなのか（……）」（市川委員発言）。「臨海部副都心開発東京フロンティア推進会議というのがございまして、その事務局が各局の提案の調査に際しまして、東京世界都市博覧会基準構想懇談会におきます論議とか、あるいはその報告書等をもとにいたしまして、各局の検討に当ってのたたき台となるような事例として私どもは受け止めております」（太田計画部長発言）。

(61) 「東京都議会総務生活文化委員会議事録」一九八九年（平成元）一二月六日（東京都所蔵資料）見山臨海開発調整部長発言より抜粋。

(62) 「東京都議会第一回定例会（第三号）議事録」一九九〇年（平成二）三月七日（東京都所蔵資料）鈴木俊一東京都知事発言より抜粋。

(63) 前掲注62「東京都議会第一回定例会（第三号）議事録」市川委員発言への回答を論拠とする。市川委員の質問内容は次の通り（傍点は筆者による）。

「東京都は、昨年一一月、臨海副都心で一九九四年から開催する世界都市博覧会、東京フロンティアの基本計画大綱を発表し、近く設立される主催団体としての財団法人東京フロンティア協会と、都におけるフロンティア推進本部の発足と相まって、本年三月を目途としての基本計画策定に向けた作業を進めていると思います。そもそも、この東京フロンティアと称する行事には、当初から、計画に無理があるとか、知事の選挙目当てのお祭りだとか、さまざまな批判や、都議会与党からさえも否定的な見解が述べられているにもかかわらず、鈴木知事一流の強引さで今日に至っています。そこで、私は、博覧会とまちづくりは性格の違うものであり、区別して考えるべきだとの立場から、幾つかお伺いいたします。

まず、開催年度の問題ですが、なぜ一九九四年でなければならないのか。東京世界都市博覧会基本構想懇談会の報告によると、都市フロンティアは、近年の博覧会のように、新技術を非日常的な仮設空間に導入し一過性の夢を追求するものではない、と規定している。だとすれば、博覧会開催時だけのイベントが問われるだけではなく、臨海部開発の全手法が問われなければなりません。まして、副都心開発が完了していないこの時期の開催には多くの疑問があり、中止なり延期といった思い切った決断をすべきと思うが、ご所見を伺いたい。あわせて、知事がその個人的、政治的思惑の中でどうしても強行しようとするものであれば、最低、臨海部開発とのリンクはできるだけ切り離すべきではありませんか。誤解を恐れずに申し上げれば、博覧会はある種の実験ですから、失敗なり否定的な結果は、今後の貴重な教訓となり得ます。しかし、まちづくりには失敗は許されません。知事の私心を捨てた、東京の百年後を見据えた勇気あるご答弁を求めます。

次に、この問題について、今日までの経過について伺います。

東京フロンティア基本計画大綱では、都市フロンティア運動の一環としての東京フロンティア運動としての位置づけがなされています。運動の一環だとすれば、でき上がったものへの参加だけではなく、計画策定段階から、都民や都職員、各種団体の参加や情報の公開は、この種のイベント開催の必要最低限の措置だと考えますが、以下、具体的に伺います。

第一に、この計画作成に当たって、広い意味での都民参加はどのようになされたのですか。

第二に、民間プランナー各社の計画及び協議経過をお示しいただきたい。

第三に、昨年九月に実施した各局調査の結果と第一回フロンティア推進会議第一回幹事会で示された、東京フロンティアにおいて実施したい提案例の立案者を明らかにされたい。また、それへの各局の検討状況、評価、実施準備などを具体的に伺います。」

(64)「東京都議会第一回定例会（第四号）議事録」一九九〇年（平成二）三月八日（東京都所蔵資料）室橋委員発言を引用。

(65) 前掲注64「東京都議会第一回定例会（第四号）議事録」大塚東京フロンティア推進本部長発言を論拠とする。

(66)「東京都議会第三回定例会（第十三号）議事録」一九九〇年（平成二）九月一一日（東京都所蔵資料）高山委員発言を論拠とする。その内容は次の通り。

「一極集中の是非と遷都論についてお尋ねします。（……）鈴木知事の臨海副都心などの再開発は、周辺県や市の意見を無視し、東京に必ずしも必要でない情報基地や国際展示場の業務機能を増大させ、かえって東京への一極集中をあおっている結果になります。その結果（……）東京を捨てて、首都機能を移転してしまえとばかりに、遷都論議が盛んにいわれている現状であります。

去る七月に堺屋太一氏が委員長を務める社会経済国民会議の新都建設問題特別委員会が新都建設の提案なるものを発表いたしました。（……）知事のブレーンともいわれる堺屋氏から転都に対する批判が出た。（……）臨海部の副都心化など鈴木知事の改造案、すなわち政治も経済もすべての面で東京がナンバーワンであり続けたいという発想では、東京一極集中は是正できないことは明らかであります。もともと、視野を都の区域内だけに限った多心型都市論では遷都論に対処できない」。

(67) 前掲注66「東京都議会第三回定例会（第十三号）議事録」鈴木俊一都知事発言より引用。

(68)「東京都議会住宅港湾委員会議事録」一九九〇年（平成二）五月一七日（東京都所蔵資料）を根拠として適宜筆者による要約、加筆した。

(69) 前掲注68「東京都議会住宅港湾委員会議事録」を論拠とする。

(70) 前掲注68「東京都議会住宅港湾委員会議事録」によれば、その他のガイドラインには次のようなものがあったことがわかる。

建物の高さ：ランドマークの創出や調和のとれたスカイラインを形成するため、AP四〇メートルから一四〇メートル程度の範囲内で適切に誘導していくこと。お台場や青海のテレポートの左側など水際線は、原則としてAP四〇メートルないし六〇メートル以内とし、水際線沿いの開放感や関連建築物から水際線への眺望の確保に配慮すること。青海地区のウエストプロムナード沿いは、ランドマークとしてのテレコムセンターより低くなるよう誘導する。

形態・意匠等：色彩は原則として原色を避けるほか、ライトアップ等への配慮を行う。

駐車場：業務・商業系については最低附置義務台数以上、住宅系については戸当たり〇・六台以上を目標とし、さらにレンタカーシステムの導入や非住宅系施設の駐車場との共同利用システムの導入を図ること。

屋外広告物：二一世紀にふさわしい町の景観や安全面を考慮し、原則として禁止する。

高層建築物：避難及び防災性能を向上させるため、ヘリコプターの離発着場の設置に関する指針等を遵守させるなど、防災、防犯等に対しての配慮を行う。

その他：地域内の複合電波障害を未然に防ぐため、ＣＡＴＶによる共同視聴方式を導入し、地域内にテレビ受信アンテナを設置しないこと。光ファイバーの設置、また供給処理施設の利用について、中水道の活用、ごみの管路収集システムの利用、地域冷暖房システムの利用等を義務づけていくこと。建築物の建設に際しまして発生する残土は、極力宅地内の埋め戻し用土砂として活用すること。

(71)　前掲注68「東京都議会住宅港湾委員会議事録」によれば、その骨組みは次の四点からなるとされた。

①開催の意義：東京は世界に開かれた都市として、内外の経済、文化の発展向上に寄与するとともに、国際社会の平和と地球環境の保全にも貢献していかなければならない。そのため、都市フロンティアを世界に先駆けて、平成六年に東京テレポートタウンを主たる舞台として開催する。

②名称：国際的行事を都市フロンティア、東京での行事を東京フロンティアと名づける。

③目的：二一世紀の世界都市にふさわしい開かれた都市像を都民及び国の内外に示す。

④テーマ：「都市・躍動とうるおい」。

(72)　前掲注68「東京都議会住宅港湾委員会議事録」を論拠とする。

(73)　前掲注68「東京都議会住宅港湾委員会議事録」七久保計画部長発言を論拠とする。

(74)　前掲注68「東京都議会住宅港湾委員会議事録」高橋港湾局長発言を引用。

(75)　前掲注68「東京都議会住宅港湾委員会議事録」、次の中村主幹発言を論拠とする（傍点は筆者による）。

「フロンティアという計画が出る前に、私どもは、臨海副都心を基本計画から事業計画を定めて進んでまいりまして、その副都心地域の第一段階に当たります始動期の開発終了時点が平成五年度末だということで、すなわち一九九四年に（……）フロンティアを開催して、新しいまちの姿が出始めたところ、こういうところを見ていただこうと、平成六年、一九九四年に東京フロンティアを開催するんだというふうに伺っております」。

(76)　前掲注68「東京都議会住宅港湾委員会議事録」を論拠とする。同委員会の片山委員が「我々が議会で誰に聞いたら、このフロンティア全体を一番よく説明をしていただけるのか」、「都知事以外はいないんでしょうか」と質問したように、周知の事とされていた。

(77) いずれも「東京都議会住宅港湾委員会議事録」一九九〇年(平成二)五月三一日(東京都所蔵資料)を論拠とする。

(78) 前掲注77「東京都議会住宅港湾委員会議事録」大塚東京フロンティア推進本部長発言を引用。

(79) 前掲注77「東京都議会住宅港湾委員会議事録」大塚東京フロンティア推進本部長発言を引用。

(80) いずれも前掲注68「東京都議会住宅港湾委員会議事録」西田委員発言を引用。

(81) 前掲注77「東京都議会住宅港湾委員会議事録」大塚東京フロンティア推進本部長発言を引用。

(82) 前掲注77「東京都議会住宅港湾委員会議事録」によれば、その端緒として七久保計画部長は再度次のように述べている。

「この臨海部副都心のような新しいまちづくりにつきましては、都市計画部局あるいは建設省サイドといたしましては、既にあります都市計画法を根拠といたしまして、そういう法の適用を得ながらまちづくりを進めるというのが基本的な考え方でありますが、一方、運輸当局におきましては、こういう新しい埋立地、特にウォーターフロントの周辺で再開発がどんどん全国的に行われてきている。港湾サイドといたしましても、この臨港地区の区域の中で、そういう新しい再開発に対応できる手法を考えていきたい。いわゆる港湾空間の高度化利用ということ(……)。

臨港地区の考え方について、(……)港湾施設が計画されている地域及びこれに隣接した地域等であること、あるいは水域利用と一体となった海上公園等の親水空間の整備が計画されている地域でありますとか、展示場や情報通信施設等の人、物、情報の交流する場を形成する地域でありますとか、こういうところを基本に置きながら、なお、そういう地域の中で住宅の建設が予定されていない地域に臨港地区を指定していく」。

(83) 前掲注77「東京都議会住宅港湾委員会議事録」を論拠とする。

(84) 前掲注77「東京都議会住宅港湾委員会議事録」五十嵐委員長発言を引用。

(85) 前掲注77「東京都議会住宅港湾委員会議事録」中村主幹発言を引用。

(86) 前掲注77「東京都議会住宅港湾委員会議事録」五十嵐委員長発言を論拠とする。その内容は、公募であるはずの設計者が公募前からすでに決まっており、その企業にマスタープランを描かせたものではないかという疑念を投げかけたものであった。

(87) 「東京都議会第四回定例会(第十七号)議事録」一九九〇年(平成二)一二月三日(東京都収蔵資料)を論拠とする。

(88)　特に、東京テレポートの建設によって世界都市の中心を具体的に担う一三号地（台場）での建設途中にこのことは現れていた。前掲注77「東京都議会住宅港湾委員会議事録」にみられる、「台場Ｆはエフシージーエステート、九六〇億ですね。（……）当選した計画の設計者はどうなっているでしょうか」という西田委員の質問に対して、中村主幹は「今回の公募要綱の中で、設計者を明示しろという内容がございませんので、提案のなかには、設計者の記載がございませんでした」と答弁している。設計者の記載がないということに対して、西田委員がさらに次のように追及するという経緯があった。

「都市づくり委員会で、それぞれ建築家も含めてコンペが行われたと思うんですが、本当に公平な審査、責任を持った審査というのが行われるんでしょうかね。（……）フジサンケイグループですね、さっきのエフシージーエステートという、一番大きな面積を使って、一番巨額の費用を使って計画をするというところですが、（……）丹下健三さんがおやりになった。（……）それから、タイム二十四というところで、（……）これは日建設計というところがやった。（……）日建設計というのは、今いったような臨海部関連のさまざまな殿調査委託を受けている企業ですね。それから、次に東レですね。ここは泉真也さんという方がプロデュースをなさって、それから鹿島建設などが応募したグループの中に入っているようですが、（……）（泉さんは）東京ルネッサンスの企画委員会の委員をなさっていて、（……）丹下健三さんが座長を務められました東京世界都市博覧会基本構想懇談会の中にも名前を連ねておられる方ですね。それから、この泉真也さんという方は、昭和四五年の大阪万博の基本構想に参画をなさっておられるという方で、いわば鈴木俊一さんと丹下健三さんと泉真也というのは、万博の三羽ガラスとかいうふうにいわれているんだそうですけれども、そういう方が担当なさっているわけですね。（……）そういう方たちがこの臨海部を結局また牛耳っているんじゃないか。」

この西田委員の指摘が、世界都市博覧会と臨海副都心開発の反対意見の代表的なものであったことは否定できない。

(89)　前掲注77「東京都議会住宅港湾委員会議事録」を論拠とする。特に「臨海副都心建設株式会社、（……）とにかくできない事業はなんだろうかと探した方が早いくらい、（……）とにかくあの臨海部の仕事全部ここでやるんでしょう。（……）とにかくすごい仕事が第三セクターということで、契約について議会の質疑を全くする場がないまま、どんどん仕事が進められていく。（……）柴田護さんという方がこの臨海株式会社の社長さんになられた」という西田委員発言はこの点を指している。

(90)　前掲注77「東京都議会住宅港湾委員会議事録」中村主幹発言を論拠とする。

(91) 「東京都議会総務生活文化委員会議事録」一九九〇年(平成二)三月一九日(東京都所蔵資料)見山臨海開発調整部長発言を論拠とする。
(92) 前掲注91「東京都議会総務生活文化委員会議事録」広田委員発言を引用。
(93) 前掲注91「東京都議会総務生活文化委員会議事録」大塚東京フロンティア推進本部長発言を引用。
(94) 前掲注91「東京都議会総務生活文化委員会議事録」より抜粋。
(95) 前掲注91「東京都議会総務生活文化委員会議事録」大塚東京フロンティア推進本部長発言を論拠とする。その内容を次に引用する。

「推進本部そのものにつきましては、私どもは、東京フロンティアが終了するまでの時限的な組織というふうに認識しております。しかしながら、臨海部副都心開発につきましては、その後も当然継続するわけでございますので、先ほど来ご指摘がございましたように、企画審議室が当時、計画策定と計画調整機能を持っておりましたものをこちらに引き継いでおりますので、フロンティア推進に関しては主張いたしましても、臨海部開発の調整機能だけは残りますので、どこかでこれをしょっていかなければならない」。

(96) 前掲注91「東京都議会総務生活文化委員会議事録」大塚東京フロンティア推進本部長発言を論拠とする。
(97) 前掲注91「東京都議会総務生活文化委員会議事録」足羽委員発言を引用。
(98) 「東京都議会予算特別委員会(第五号)議事録」一九九〇年(平成二)三月二七日(東京都所蔵資料)鈴木俊一東京都知事発言を引用。
(99) 前掲注98「東京都議会予算特別委員会(第五号)議事録」大塚東京フロンティア推進本部長、高橋港湾局長発言を論拠とする。その詳細は次の通り。

「平成二年度から平成五年度まで、いわゆるフロンティア開始前までの主要な建設資材だけで試算をいたしますと、生コンクリートが約一五〇万立方メートル、鋼材、鉄筋が約五一万トン、砂、砕石が約一四〇万立法メートルとなっております。(これを)工事の集中する年度を建設資材別に想定しますと、生コンクリートは平成四年度の約六七万立法メートルでございまして、これは平成二年度から平成五年度までの総量の約四四%に相当致します。同様に、鋼材、鉄筋は、平成三年度の約一九万トン、約三八％でございまして、また、砂、砕石は平成二年度の約八〇万立法メートル、約五六％でございます」（大塚東京フロンティア推進本部長）。

「鉄鋼の主な受け入れ埠頭につきましては、十号その一鉄鋼埠頭、豊洲鉄鋼埠頭、十号その二公共埠頭、それから生コン用の資材でありますが、品川埠頭、大井その二建材埠頭、晴海埠頭、その他第三埠頭―若洲建材埠頭、日の出埠頭、一一号地建材専用埠頭などがあります。

それから、砂、砕石の主な受け入れ埠頭でありますが、大井その二建材埠頭、晴海埠頭、若洲建材埠頭、その他は豊洲、それから十号その一鉄鋼専用埠頭などがございます。

（各埠頭の取扱量は）平成二年度のピークのときの数量を申し上げますと、鉄鋼では一九万四千トンになりまして、二〇万トン増加ということになります。それから、生コンでは六七万立法メートルとなりまして、これは平成四年度でございますが、増加量はセメントは一八万トン、それから、砂などにつきましては一二七万トンであります。それから、砂と砕石はピークが平成二年度でありますが、八一万立法メートルでありまして、合計では、増加量は一六二万トンになります」（高橋港湾局長発言）。

(100)　前掲注98「東京都議会予算特別委員会（第五号）議事録」より室橋議員の本会議発言を引用。

(101)　前掲注98「東京都議会予算特別委員会（第五号）議事録」大塚東京フロンティア推進本部長を引用。

(102)　前掲注98「東京都議会予算特別委員会（第五号）議事録」鈴木都知事発言を引用。

(103)　「東京都議会平成三年第一回定例会（第二号）議事録」一九九一年（平成三）二月一三日（東京都所蔵資料）鈴木知事発言を引用。

(104)　前掲注103「東京都議会平成三年第一回定例会（第二号）議事録」秋田議員発言を引用。

(105)　「東京都議会平成三年第三回定例会（第十五号）議事録」一九九一年（平成三）九月一一日（東京都所蔵資料）によれば、出口議員は当時の都議会で、このことについて次のように述べている。

「去る第一回定例会における都議会の関係予算凍結は、（……）世界に冠たる東京都が提示した条件に基づき応募をし、幸いにして決定された十四グループ、八十五社の関係者は、当時、本年三月末ころの土地契約を目前に、都議会の凍結、そして再検討の着手、突然、しかもあっという間の出来事に対して戸惑いと驚きに襲われたものと思われます。さて、当時（……）十四グループの中の一つである中小企業グループが、（……）担当部署である港湾局に土地契約の延期と条件変更の申し入れと相談がなされていたという事実がありました。（……）今回の臨海副都心開発の大きな特徴は、（……）第三セクターの活用と民間活力を中心に据えた、いわく税金を使わない方策、つまり民間資金、この場合は土地契約代金をインフラ整備まで前倒しに使用しようとする、下世話な言い方をすれば、他人のふんどしならぬ民間のふんどしで相撲をとろうとするものであります。（……）始動期が現状二年延期され、同時に東京フロンティアも二年間の順延となったという意味合いは、この間つまり平成八年四月までの間は、全体が工事中であり、一般人が自由に往来することは甚だ危険であるということを示すものであろうと思われます。つまり二年の延期はともかく、進出企業者との土地契約は早期に実施しようとしても、各企業群の建築工事は当初の予定に変更がないとすれば、今スタートしてしまえば、民間の事業が完成した時点ではいまだインフラ工事中、一年ないし二年間は開店休業の事態が予想されることとなり、現在のような東京都側の土地契約スケジュールどおりに進出企業者が応じるでありましょうか。（……）しからば土地契約も同様に二年間の先送りをした場合は、既にスタートしているインフラ整備の今後の原資は、当面これら企業の契約に基づく土地代金を充てることになっているため、これら収入がなくなれば、いわば歳入欠陥に陥ることになりましょう。」

(106) 前掲注105「東京都議会平成三年第三回定例会（第十五号）議事録」藤中港湾局長発言を引用。

(107) 「東京都議会平成三年総務生活文化委員会議事録」一九九一年（平成三）一二月二八日（東京都所蔵資料）藤中港湾局長発言から抜粋。

(108) 「東京都議会平成三年臨海開発等特別委員会議事録」一九九一年（平成三）一二月七日（東京都所蔵資料）米川東京フロンティア推進本部事業推進部長発言を引用。

(109) 「東京都議会平成四年総務生活文化委員会議事録」一九九二年（平成四）三月一六日（東京都所蔵資料）、丸山事業推進部長発言を引用。

(110) 前掲注109「東京都議会平成四年総務生活文化委員会議事録」を論拠とする。植松委員の異論を唱える発言を次に例として引用する。

「世界都市というと金融、これが一番先に入ってくる。経済、こういったものが、何か世界に冠たるものであるとか、支配するという、そういうニュアンスが感じられる。」

(111)「東京都議会平成五年各会計決算特別委員会（第九号）議事録」一九九三年（平成五）一月二九日（東京都所蔵資料）瀬田東京フロンティア推進本部長発言を論拠とする。

(112) 前掲注111「東京都議会平成五年各会計決算特別委員会（第九号）議事録」丸山事業推進部長発言を以下に引用する。傍点は筆者による。

「従来、国家の時代といったような形で進んできたものに対しまして、都市の果たすべき役割と位置づけというのが次第に高くなってくる、この二十一世紀のトレンドを踏まえまして、都市の時代にふさわしいイベントを国際的規模で開きたいという、まずモチーフがございます。（……）その中においてやる内容でございますが、（……）環境問題あるいは交通問題、住宅問題等々、都市の時代といわれつつも、いろいろな問題がその解決を迫られている。（……）その諸問題につきまして、単に一つの町だけでなく、内外の諸都市のご協賛をいただき、一緒になっていただきまして、内外諸都市を集めた大規模な形で、英知を集めて、そのような都市問題の解決のためのチャレンジをしていこうという趣旨、目的で、このイベントを開こうとするものでございます。」

(113) 前掲注111「東京都議会平成五年各会計決算特別委員会（第九号）議事録」丸山事業推進部長発言を元に筆者が箇条書きにて整理した。

(114) 前掲注111「東京都議会平成五年各会計決算特別委員会（第九号）議事録」佐々木委員発言を論拠とする。その内容は次の通り。

「大都市における共通点というのは、世界の先進的な国の大都市、そこには金融資本が集中する、そして情報が集中する。その集中している一つの極が、北米においてはニューヨーク、ヨーロッパにおいてはロンドン、そしてアジアにおいては東京。その必要性が迫ってきている。その必要性にこたえるために、東京の機能としては、やっぱり臨海副都心部におけるそういう機能が必要である。（……）それをさらに促進させるためにフロンティアを開催していく。（……）世界の、この地球上における三極の一翼を東京が担っていく。そしてその一翼を担っていく機能を促進していくために、置かれている状況の中においてフロンティアを配置することによって、臨海副都心部の建設を促進するという大きな役割を、フロンティアで考え出そう、こういくことでこのフロンティア開催というものが考えられてきている」

この視点は、サスキア・サッセンの掲げた「グローバル・シティ」そのものであり、当時の都議会の委員がこの見地に立って事に当たっていたことがうかがえる。

(115) 前掲注111「東京都議会平成五年各会計決算特別委員会（第九号）議事録」藤田委員発言より抜粋。

(116) 前掲注111「東京都議会平成五年各会計決算特別委員会（第九号）議事録」茶山委員発言を引用。

(117) 前掲注111「東京都議会平成五年各会計決算特別委員会（第九号）議事録」今沢臨海開発調整部長発言を論拠とする。

(118) 前掲注111「東京都議会平成五年各会計決算特別委員会（第九号）議事録」今沢臨海開発調整部長発言を論拠とする。

(119) 前掲注111「東京都議会平成五年各会計決算特別委員会（第九号）議事録」を論拠とし、その内容を筆者が適宜要約した。

(120) 前掲注111「東京都議会平成五年各会計決算特別委員会（第九号）議事録」今沢臨海開発調整部長発言を引用。

(121) 前掲注111「東京都議会平成五年各会計決算特別委員会（第九号）議事録」茶山委員発言を引用。

(122) 前掲注111「東京都議会平成五年各会計決算特別委員会（第九号）議事録」茶山委員発言を論拠とする。同委員会での茶山委員の発言はこの点を指摘している。その内容は次の通り。

「自分たちが何の責任もないところで、現在決められたものに、いわゆる新土地利用方式を適用して算定していくだけだということになれば、二次、三次の企業というのは、進出するかしないかということは全く自由という状況には置かれておりますね。したがって、そういう算定方式がそのときの実情に合わなければ進出しないだけの話。したがって、この臨海副都心というのは途中で挫折するということになるわけですね」

(123) 前掲注111「東京都議会平成五年各会計決算特別委員会（第九号）議事録」今沢臨海開発調整部長発言を論拠とする。

(124) 前掲注111「東京都議会平成五年各会計決算特別委員会（第九号）議事録」茶山委員発言を論拠とする。その内容を次に引用する。

「例えば現在進出をされている企業が三十年間で払う権利金と地代は二兆五三八六億円、そして、三十年間、契約が終わって立ち退くというときには、建物を残存価格で引き取ります、そのほかに給付金を払いますということで、全企業の場合には二兆六九二八億円の給付金を払う。つまり、払った権利金や地代の総額よりも一五五一億円多い給付金をもらうということになり、例えば、(……) フジサンケイグループの場合には、ちょうど一八八五億三〇〇万の地代、権利金を払って、二〇〇〇億二六〇〇万の給付金を受ける。こういうことになるのであって、三十年間払ったものよりも余計のお金をもらって、残存価格で建物を買い取ってもらって立ち退く、こういうことが果たしてあり得ることだろうか」。

(125) 「東京都議会平成五年第一回定例会（第二号）議事録」一九九三年三月二日（平成五）（東京都所蔵資料）桜井委員発言を引用。

(126) いずれも「東京都議会平成五年総務生活文化委員会議事録」一九九三年（平成五）一〇月四日（東京都所蔵資料）秋田委員発言を引用。

(127) 「東京都議会平成六年世界都市博覧会等に関する特別委員会議事録」一九九四年（平成六）六月一五日（東京都所蔵資料）今沢東京フロンティア推進本部臨海開発調整部長発言を論拠とする。

(128) これに加えて、世界都市フロンティア会議・東京'96を開催し、会期後には世界都市研究センターの設立へとつなげていくとしていた。

(129) 「東京都議会平成六年世界都市博覧会等に関する特別委員会議事録」一九九四年五月一一日（東京都所蔵資料）今沢東京フロンティア推進本部臨海開発調整部長発言より引用。

(130) これを②として、以下の二つがあった。①職と住の均衡のとれた東京の都市づくりに寄与する副都心、都心部へのオフィスなどの集中を防ぐため、均衡のとれた多心型都市づくりを目指す。臨海副都心は、七番目の副都心として、職と住のバランスのとれた東京のまちづくりに役立つ。③ウォーターフロントの魅力あふれる理想の都市、水と緑の空間でまち全体を結び合わせ、潤いと優しさのある環境をつくる。ビジネス街、都市型住宅、ショッピングモールなどをバランスよく組み合わせ、住み、働き、訪れる人々にとって快適で便利な都市を作る。

(131) いずれも『東京都議会平成五年総務生活文化委員会議事録』一九九三年一〇月四日（東京都所蔵資料）を論拠とした筆者要約。

第4章　倉庫の配布による都市の再編集

——臨海部・青海埠頭の一九九〇年代以降

港湾における「分節」と「配布」の中の倉庫群

世界都市博覧会の中止は東京港を単に都市空間の一部として東京に組み込む構図を見直す契機となった。一九七〇年代に大井埠頭によって実現されたコンテナリゼーションの導入以来、港湾を立地とする倉庫群は少なくとも網羅的に地球を覆うネットワークとして捉えられていた。

都市博の中止に伴う港湾空間の再港湾化はこれらの世界とつながった倉庫群のさらなる個別性に着目し、それらを分節して〈みなと〉に配布するアイデアをもたらした。

それはひとえに、港が地政学的な微差を持つことと世界システムへの適合の標準化との不整合によって生まれた新たな視点とみなすことができる。その結果、個別のネットワークの実態である異なる海上輸送航路にそれぞれ所属する倉庫群が、別々の世界の港湾との接続関係から再編成されたのである。

その背後に控える近代メトロポリスを次の段階へ押し上げる圧力は、二〇世紀的な一港湾内における平準化の時代に終わりを告げ、倉庫が直接都市と接続される中から生まれた。そのときの「都市」とは、港の背後に接地する都市と距離的に離れた都市は同値とみなされる。すなわち、倉庫群の配布はかつて都市計画家のドクシャデスがエキュメノポリスと呼んだような複数のメトロポリスが単に肥大化して連結融合した都市とはまったく正反対の都市像を生んだ。その都市像は互いにつながりつつも、依然として分節されている点に特徴がある。

その一方で、港湾の近代化が進む中でコンテナリゼーションの導入（コンテナ化）以前から〈みなと〉に存在してきた港湾労働者空間は連綿と残り続けてきた。このことは、すでにコンピュータによって高度に情報化されたはずの倉庫が依然としてその立地を港湾に求め続ける因子であり、何よりも港湾から伝統都市のイデアが失われていないことを端的に示している。つまり、近代メトロポリスの港湾空間には高度に情報化された世界都市と継承的身体性が残る伝統都市の双方を重ねて見ることができる。それは物資を蓄積するという資本の表象としての倉庫群が、互いに分節されながら同一の都市のファサードを構成するとともに、それらが立ち並ぶ現実の港湾空間は依然として荷役労働者が作業を続ける唯物空間を持つためである。そして海上輸送航路によって個別に接続された倉庫群の配布を構造として、現代の都市が成り立っている側面がある。

これらのことを立証していくために、本章では以下の三つの柱を立てた。

すなわち、①コンテナ化以降の港湾空間における在来船事業と国際輸送業務がそれぞれ異なる合理化方法を見出したことを示し、それによる港湾労働空間の変化が都市構造に寄与したことを明らかにする（第1節）。

その上で、②コンテナ船のための第一航路を大井埠頭と挟む港湾の近代化上重要な埋立地でありながら、臨海副都心構想の舞台となって都市空間に読み替えられた歴史をもつ青海埠頭に焦点を絞り、青海埠頭における港湾機能の空間的展開が東京港の近代港湾としてのマスタープランを完結させたことを確認する（第2節）。

その一方で、都市内部では港湾におけるこれらの動きと並行して、③トランクルーム業への倉庫業の転身が非商品である家財道具などを取り扱うようになったことで、個人ごとに分節して別々の倉庫に保管された貨物を把握する分節的なネットワークを生んだ。このことこれがオンライン化と結びついて内陸にある都市倉庫から自動倉庫が誕生した経緯を復元する。

さらに、この分節的ネットワークの考え方が新港湾事業法による青海埠頭の運営方式と結びついたことによって、青海埠頭空間が港湾における①、②の埠頭内外の空間論（青海埠頭空間の中の港湾労働者空間と東京港空間の中の青海埠頭）と③のシステム論が複合した都市インフラのモデルとみなせることを示す（第3節）。

これにより港湾空間に立ち並ぶ倉庫群もまた、分節されたネットワークの連続と物質を呑み込み吐き出す唯物空間が併存した表象とみなされる根拠を明らかにし、ひいてはその倉庫群の配布がそのような分節された都市のインフラストラクチャーとみなせる論拠を示す。

1　埠頭空間のインフラ化

港湾平準化のもう一つの道

一九七一年（昭和四六）の大井埠頭の供用開始によって、東京港にコンテナリゼーションが本格的に導入された。その際に外貿埠頭公団法が港湾法と別に整備され、京浜外貿埠頭公団が大井埠頭新設を主導した。これによって、米国シーランド社の要請に端を発したコンテナリゼーションの適用はわが国の五大港において加速度的に進行した。その後、倉庫業はコンテナリゼーションを前提に大きく変容していくことになる。

まずその矛先が港湾運送業務の平準化へ向かったことは自然なことであった。それはコンテナリゼーションの目的が従来の海運と港運間の貨物の受け取りをなくし、陸海を連続させて貨物移送を行うことによる貨物管理と荷役業務の合理化にあったために他ならない。特に荷役業務に割かれていた労働力は大幅に削減された。

その結果、各倉庫業社は倉庫保管業務の標準化を自社努力で行うようになり、三菱倉庫株式会社が一九七六年（昭和五一）七月一日に「輸出乙仲業務実施要領」、一九七九年（昭和五四）四月一日に「港湾運送業務実施要領」を実施したように各社とも早急の対応を迫られることになった。ここで輸出乙仲業務とは「荷主のためにする海上運送契約の媒介等、船積みに関する船社・銀行・官公庁等に対する事務処理、貨物の受取りから船積みまでにする港湾運送、陸上・内港輸送、上屋・倉庫保管等のための事務処理ほか」[1]を指している。

従来の荷役手段と荷役別に貨物を管理する物流業務の総合化を試みる中で、輸出乙仲業務を一体的に行う業務形態への再編が行われた。このことはさらに、輸出乙仲取引貨物の営業所における荷捌業務、輸出通関事務、国際輸出業務を含めた総合化へと展開していき、最終的には港湾運送業務全体の平準化につながっていく。

倉庫保管業務、輸出乙仲業務と連続して行われた港湾運送業務の平準化は、具体的にはコンテナ化以降も残る在来船が発着する岸壁で行われる業務に焦点が絞られた。コンテナ・バースでの荷役業務の平準化は各船会社、港運会社ともに必然となっており、もはやそこでの差異化は図られない。そのためコンテナリゼーション導入以降も残るコンテナでは取扱いが困難な貨物を囲む業務をどう総合し、そこにかかわる業界間の凹凸を平準化していくかが競合する港運会社同士の業績と直結していくと考えられたのであった。

在来船のバース・ターム貨物にかかわる業務手続きの平準化は大きく①船内荷役、②荷捌業務の二つに分けて行われた。いずれもコンテナリゼーションにおいては合理化の対象となった代表的な業務であるが、港にコンテナ船が発着するようになって以降も港湾全体としてはそれらの業務が無くなったわけではない。一九八〇年代以降に東京港の埋立地を都市空間化していく潮流の中で、とりわけこの点は依然として港湾の特異性を発揮する重要な因子であった。

一般にはコンテナリゼーションの導入によって港湾を取り巻く倉庫業は合理化の一途をたどり、機械化と集約化による近代化が行われたとされる[2]。確かにそれは当時の運輸省と港湾管理者である東京都が目指した姿であり、近代港湾の主流をコンテナリゼーションが担ったことも間違いない。

しかしながら、その背後には在来船をはじめとした規格化、標準化することがかえって合理化することにならない貨物の業務が残されており、むしろ在来輸送の側に船舶以外の航空輸送、陸上輸送と総合して行う国際複合一貫輸送を視野に入れた動きがあったことも見逃してはならない。それこそが、臨海副都心構想のような港湾の都市化の過渡期にあっても依然として都市を〈みなと〉に固執して考えねばならない大きな要因であった。

すなわち、都市博の中止を経て変容した世界都市の理念と旧来の在来船業務において行われた平準化の特質が相まって、オンラインで情報化された港湾をふたたび都市のインフラへと昇華していくことになる。

コンテナリゼーション導入以降の在来事業の進展をみるためには、倉庫業と港湾運送事業の物流業全体における売上高の占める割合をみることが客観的な指標になる。たとえば三菱倉庫の場合、一九六七年（昭和四二）に全社売上高の三九％を担っていた倉庫業は一九八〇年（昭和五五）には二四％へと減衰し、同様に港湾運送事業も五一％から二九％へと減少している(3)。このことは、東京港全体のコンテナ船の入港隻数（外航）と取扱貨物量がそれぞれ、一九七〇年（昭和四五）に約二八〇〇隻、約一万五〇〇〇トンであったものが一九八〇年（昭和五五）には約三九〇〇隻、約四万トンへと一〇年で飛躍的に伸びていることからも各社ともに減少傾向にあったことが推量される(4)。

また、こうしたコンテナ化の潮流は必然的に在来事業の主舞台であった保管倉庫、つまりは港湾倉庫の必要性を失わせていくものであり、港湾倉庫用地の多くが不動産業務への転換の対象とされ、これまでに述べてきた一連のウォーターフロント再開発へとつながっていったということがあった。そのことも倉庫業・港湾運送業の減衰傾向に拍車をかけていた。

コンテナ化のような輸送側の視点からの合理化とは対照的に、倉庫業における倉庫保管業務については輸送を依頼する荷主側が貨物を包括的に扱う上での合理化がなされていった点に特徴がある。すなわち、それまで貨物ごとに各港湾倉庫で保管されてきた枠組みを解体し、荷主ごとに貨物を一貫して取り扱う大口依頼主を顧客の対象に想定することを目指した。それによって多品目の取扱い業務への解決が合理化の実態であったコンテナリゼーションとは正反対の合理化が目指されたのである。これは「四〇年代以降の倉庫業部門が物量的には安定期に入った(5)」ことで重点貨物を特定しつつ、さらにその取り扱い貨物の変化に対応可能なほどに限定された数量であったことが可能とした新たな合理化の側面であったと言える。

公社バースと公共バースの質的差異

一方で港湾運送業は倉庫業と相まってコンテナ化の影響をまともに受けた生業であり、より直截な合理化が図られることも容易に予期された。

コンテナリゼーション導入以前の港湾運送業務は、貨物を積載した船舶が岸から岸まで移動する海上運送業務と区別されていた。ところが船舶がコンテナ船になることによって、その船内荷役と艀荷役が不要となり海上運送と港湾運送の境界がはっきりしなくなった。そのため、船会社、港運業者ともにコンテナ・ヤードからコンテナ・ヤードまで、もしくはコンテナ・フレート・ステーションからコンテナ・フレート・ステーションまでを自身の業務範囲と主張したのであった。ここのところに、業界間の争いがあったことはすでに述べたとおりである[6]。それがどのような結果にせよ主導する運輸省からみれば旧来の港湾空間が変革されていく点は変わらないものであって、コンテナリゼーション導入の目的は達成されると考えられていた。

その様な大枠の中で、港湾法とその例外的措置とも言える外貿埠頭公団法によって二重に網掛けされたわが国の陸と海の接続ラインでは、コンテナ埠頭もその運営形態から大きく二つに分けて考えることができる。一つは公団が建設し、現在はその後継組織である外貿埠頭公社が管理する「公社バース」、もう一つは港湾管理者である地方自治体が管理する「公共バース」である。

公社埠頭とは大井埠頭に代表されるコンテナ専用埠頭であり、これは一貫責任制による専用使用を指す。もう一方の公共埠頭は外貿埠頭公団法上の専用埠頭には当たらない在来埠頭のため、港湾法の適用対象となる。そのため、実は港湾管理者である地方自治体（東京港の場合は東京都港湾局を指す）の認可があれば公共バースを在来埠頭とコンテナ埠頭のどちらとして運用してもよいことになるという仕掛けがあったことがわかる。すると大井埠頭の新設を皮切りに、コンテナリゼーションの導入を契機として一気に横浜港との地位の逆転を狙っていた東京港においては[7]、この公共バースの大半をコンテナ埠頭として運用することが主流とされた。そのため、公社バース、公共バースともに見た目は同じコンテナ埠頭として出現する事態が生じたのであった。

その上で、公社バースでは船会社が借受人（専用使用者）となって運営業務の一切を一括して把握していたため、その港湾空間はあたかも一つの工場の中の構内作業のような風景となった[8]。一方で、公共バースでは一種（元請）港運業者が公共バース上の施設を借受けた上でそこに自社でコンテナ船を誘致する方法がとられた。この場合の港運業者は港湾管理者である東京都港湾局から「ガントリー・クレーン、マーシャリング・ヤード（バースに接した積付けのための荷捌地、本線入港時のみ借受けられる）、コンテナ・ヤード等[9]」を借受けてターミナル業務を行った。公社バースにおける決められた業務を委託される形式とは異なり、公共バースにおいてコンテナ・ターミナル業務を行う利点はその枠組を自社のオリジナルでつくることができる点にある。そのため公共バースにおいてはバン・プールでのコンテナの保管やメンテナンス業務などを独自に盛り込むことで、その業務の枠組をある程度自由に拡張することができた。

このことは一連のターミナル業務が展開される港湾空間にとって、その空間構成上重要な特質を生んだ。すなわち、公社バースが定型化された荷役空間を海岸線沿いに展開していく事に対して、公共バースは同じコンテナリゼーションによる規格化を各都市の港湾にもたらしながらも、その空間の姿は各埠頭・各港によって異なるというものである。公共バースの重要性は、港湾が近代化されて以降も依然としてその空間の姿に差異をもたらす因子となったからに他ならない。

在来港湾事業の平準化の方法

こうした港運事業における二種類の合理化が進む中にあって、在来船の荷役業務や艀業務がすべて失われたわけではないことはすでに指摘されている[10]。しかしながら、その後の在来業務が港湾の近代化に果たした役割について述べたものは見当たらない。

そこで、ここでは港湾運送業における在来業務の進展に注視したい。その客観的指標として港湾労働者の推移をみてみる。外貿埠頭公団法が成立した一九六七年（昭和四二）に約一五〇〇名いた東京港の日雇い労働者は、一九八〇年（昭和五五）時点で約一六〇名まで激減している[11]。また、正規雇用された常用の労働者も同様に約八〇〇〇名から五〇〇〇名まで減少していることを考えれば、在来業務そのものがコンテナ業務を主流とする中で次第に減少していったことは否めない。しかしながら、わずかな人数であってもこれに従事する人間が残されていることは、近代化以前の港湾空間がいかにして近代化以降の港湾空間に潜みつつ息継いてきたことの重要性を私たちに思い出させてくれる。

特に在来の港湾運送業の合理化は、そこで実際に労働に供する人々が持つ性質の変化に求められた。元来、港湾は日雇い労働者を主力とした、いわば「世の中でどこへ行っても食えないような人たち[12]」と当時表現された港湾労働者たちの労働力によって支えられてきた。

港湾全体としてはその港湾労働が機械化され、機械を扱う技能を持った技術者としての港湾労働者が主力とされていく中で、従来の港運業務を担う労働者にはその反対に荷役作業の種類を選ばない人材が求められるようになっていった。このことは、一人の人間が様々な種類の貨物の荷役を担うことができる強靭な身体を持った多能な職方が在来業務に携わることで、いまだ在来船によってしか輸送できない貨物における近代化の現状を示している。

以上を要するに、コンテナ荷役を行うガントリー・クレーンに代表される専門機械荷役の導入によるコンテナ船接岸部の近代化とは反対に、在来船接岸部の港湾空間を具現する労働者の身体内に多能な荷役能力を求めることによる港湾運送業の集約化と合理化が継承的身体性というシステムとしてなされていった。

コンテナの出現以降も依然として残る在来船の埠頭空間の近代は、こうした港湾労働者の多能工化によってもたらされたと言ってよい。コンテナリゼーションが導入され急速に普及が進む中で、在来事業は単なる削減や簡易化とは異なる合理化を見出すことで近代港湾の内にシステムとして入り込むことに成功したのである。

都市像における国際輸送業務の働き

港湾空間に伝統的な業務空間を残しながら、国際標準を旨としたコンテナリゼーションの潮流はその眼目たる国際輸送業務へ向かっていった。その過渡期において各倉庫業社は自らの組織改編と新業務の開発を行った。それらはいずれもまだ経験のない海外市場の手さぐりによる開拓ではあったが、過渡期ゆえに様々な実践方法が考案された。

その中でも各社ともに国際輸送業務の主力としたのは国際複合一貫輸送業務とプラント海貨業務の開発であった。国際複合一貫輸送とは従来海運によって貨物を移送してきた倉庫業社が、航空輸送や陸上輸送を含めた複数の輸送手段によっていわゆる「ドア・ツー・ドア」と呼ばれる荷主から受取人までの輸送を一括して引き受ける業務のことである。これを実現するためには既存の陸・海・空の海外運送業者との提携と現地法人の設立が必要となる。これは当時としては夢とも呼ぶべき壮大なヴィジョンであった。

かたや、プラント海貨は主に発展途上国への日本企業の工場プラントおよびその建設技術の輸出を想定したものであり、こちらは高度経済成長期を経て海外市場へ打って出ようとしていた他業界の日本企業の要請に応えるものであった。

このときプラント海貨は国際複合一貫輸送実現のための試金石の役割を果たしたと言える。発展途上国への輸送が主となるプラント海貨事業において、先進国の場合と異なり荷主である日本企業にとって現地での既得権益が存在しない。いわば未開の地が多く残されていた。そのため、コンテナ化の実現によって必要がなくなった国内の保管倉庫の多くが立地する港湾倉庫用地を再開発用地に転じて不動産業務に乗り出していた各倉庫業社は、このプラント海貨業務を倉庫業本来の主業務と位置づけたのである。

プラント貨物を取り扱う上で通常の雑海貨と異なることは、「港頭地区の自社施設で多量の長尺物・重量品・容大品などのプラント機器・資材を裸受けし、船積みに先立ってプラント海貨業者自らが梱包作業までを実施する」[13]点であった。さらに、プラント海貨は現地でのプラント建設に至るまでの輸送を一括して手掛けるものであるため、荷主である日本企業が自社の製作部品以外のプラント部品を第三国で手配する必要がある場合は建設現場で必要な部品をすべて揃えた上で現地までの輸送を担うものであった。

これに加えて、プラント輸出の最も重要な本分は、単に物的商品の輸出ではなく石油精製プラントや水力発電所などのインフラ施設と運営ノウハウを一体とした生産システムそのものを輸出する点にあった。そのため大型のプロジェクトであれば二、三年の歳月を要し、その間数十社の発注先メーカーからそれぞれの納期に従って商品が港頭地区施設に搬入され、梱包・出荷されていく大規模な事業であった。

住友倉庫と三菱倉庫を例に、プラント海貨事業が果たした都市的な効果をみてみる。

住友倉庫が最初に取り扱ったプラント海貨は一九六四（昭和三九）から一九六七（昭和四二）に渡って行われた西パキスタン向けのマングラダム水力発電所建設資材一式の輸出であった。これは米国アトキン社から倉受け・梱包・パッキングリスト作成・通関・船積・ドックレシート発行までを引き受けるものであった。そして新三菱重工業の工場から発電機、日立製作所の工場からエレベーター・クレーン、車輌など、日本製鋼所から水門など、全部で三万トン分ほどの必要部品が日本からの第三国調達で輸送された[14]。

また、三菱倉庫は一九六七年（昭和四二）の韓国向けの石油精製プラントを皮切りに、一九七二年（昭和四七）のインドネシア共和国向けのプラント海貨において請負形式による現地輸送を実現し、一九八一年（昭和五六）にはヨルダン向けのセメント・プラント海貨によってヨーロッパを含む国際的な三国間輸送を倉庫業務の主力として軌道に乗せることに成功した(15)。

このように倉庫業が貨物商品に留まらない基幹産業を輸出業務の範疇に含むようになったことは、わが国における倉庫業の社会的なポジションをそれまでの属性とは異なる次元へ高める契機となっていく。プラント海貨の実現によって「倉庫」という概念は、それまでの保管倉庫や流通倉庫のような都市インフラ（道路や鉄路）に従属する属性から抜け出し、それ自体がインフラになり得るポテンシャルを未開の都市にあって顕在化したと言える。当然ながら、その真理は東京のような既存の大都市においても適用可能である。

すなわち、プラント海貨の現場では各プラント部品を輸送する際にコンテナに入らない形状と大きさのものが大半であるという事情があった。これらのインフラ部品をコンテナ船以外の船舶によって荷受、移送、荷降ろしを行う必要が生じたことは、今後の国際複合一貫輸送にコンテナ船以外の在来船や特殊船を用いる機会を与えた。

プラント海貨によってある程度の経験を積んだわが国の倉庫業は、その後本格的な国際輸送に取り組んでいく。それまで内航に徹するしかなかった東京港に国際輸送の発想をもたらしたものは世界の主要航路のコンテナ化という外圧であったことは疑いない。これによるコンテナ埠頭の出現は、国内では荷役業務を平準化して港湾を合理化し、対外的には世界の国際港間のヒエラルキーを極力無くしていく方向へ向かうものであった。そのため、相対的に在来船を用いた国際貿易の方が各国の港の形状や地理的条件による優劣によってそのネットワークの網目の太さに強弱を与える事態が生まれた。

物流による世界の近代化とは、基本的にはこの網目の強弱をできるだけ同じ太さにしていくことを目的とするのであって、世界システムの覇権を均等に分かつことを理想とした部分があった。しかしながら、実際には地球上のすべての港湾が同列の地位を守ることは有り得ないし、従って国際貿易の覇権を均等に分かつこともない。米国の国策企業とも言えるシーランド社に端を発したコンテナリゼーションの世界的普及は、資本主義を旨としたアメリカ型のグローバリズムの普及であって、あくまでその覇権は米国にあらねばならなかった。

二重価格の撤廃でゆがむ地球

首都の港でありながら戦後になってようやく独自の港湾計画を立てることが許された東京港が、米国からの外圧による発展を選択したことを否定することはできない。そのような与件の中で、東京港を本拠とする最初の倉庫業の国際間輸送が米国、特に太平洋を挟んで対岸と結ぶ北太平洋航路を最も摩擦ない太い網目としたことは必然でもあった。

そのため、国際複合一貫輸送の具体的な実現は米国との関係の中で展開されていった。この端緒となったのがレーガン政権下のディレギュレーション政策の一環として行われた一九八四年（昭和五九）の米国海事法の改定であった。その主旨は米国運輸業務の規制緩和であり、事業者間の自由競争を促すものであった。その背景には一九七〇年（昭和四五）に港湾業務が一港湾内に限られることを打破する目的で国際ステベ会議がニューヨークで発足したことがあった。これは国際間輸送を見据えた最初の国際団体の発足であった。

これらの動きを踏まえた米国の海事法改定によって、それまで国際間の経済格差によって生じていた輸送費の二重料金の設定は廃止され、その市場が名実ともに地球全体に開放された。

これによって国際輸送業務の企業間競争が促されたわけだが、これはシーランド社を始めとした米国の国策企業が世界を席巻することを企図したものであったことは間違いない。なぜならば、そもそも米国の市場開放政策は、自国の複雑な法規制が米国以外の企業の参入を困難にさせていたことによって自ら開発したコンテナ化の恩恵を米国が最も受けていなかったという事態への対策であったからである。

これに対して、オランダのロッテルダムを始めとしたかつての覇権都市に、コンテナ化を契機に世界市場を開放した米国の政策を逆手に取り、その覇権を取り戻そうという動きがあった。わが国も確かに順序としては欧州航路を作る試みを先に行っているが、これは米国の法改正までのことであり、一九八四年以降の本格的な国際輸送業務においては、その取扱量からみても北米航路を第一としたとみなされる。[16]

こうした国際一貫輸送の実現においては、現地での「輸出入貨物の船積・陸揚手続、船積書類の作成、通関などの業務を代行」してくれるフレート・フォワーダーと呼ばれる事業パートナーの存在が鍵を握る。[17]

わが国の場合、米国での最初のフレート・フォワーダーを住友倉庫、三井倉庫ともにサンフランシスコに求めている。これは極東発北米航路の開発を意味する。米国への輸送には大きく二つのルートが開発された。すなわち、「極東から米国西海岸までを海上輸送し、以後①米国西海岸から内陸都市まで鉄道またはトラック輸送する方法（マイクロ・ランドブリッジ）、②米国西海岸から米国東海岸／ガルフ沿岸までを鉄道輸送する方法（ミニ・ランドブリッジ）」[18]であった。このためにはいくつかの具体的なシステムの開発が必要であったが、特に物流情報による貨物量の流動調査は、輸出入証券の発行や通関時のコンテナの開閉の有無などの手続きと直結する重要なものであった。国際間輸送の場合、現地の複雑に折り重なった法をすべてクリアする必要があるが、その事務手続きをいかに省力化できるかが事業として成立するかの要の一つであったためである。

一九八五年（昭和六〇）時点の極東地域でこの北米向け国際複合一貫輸送業務の取扱量が最も多いわが国が約三万一〇〇〇トンであるのに対して、次点の台湾が約一万六〇〇〇トンであったことからも、[19]極東の北米航路がわが国との関係を骨格としていたことがわかる。

この北米航路を中心とした対米関係の中での国際輸送が飽和状態に達し、当時コンテナ化の遅れていた中国を始めとしたアジア航路の網の目が太くなっていくのは近年になってからのことである。特に日中航路は中国の対外経済開放政策の経済特区を中心に近年目覚しい急伸が見られるが、当時はまだ「将来の大きな市場に対するレーダー的機能を期待[20]」して駐在員事務所を設けるなどに留まっていた。

こうした具体的な国際輸送ネットワークによって覆われた網の目の地球は、その網目の太さの差異によって距離という概念が地理的な距離によらないものへと歪められていった。

このことは従来海運を主舞台としてきた倉庫業を介して見るとき、中世以来そうであった。それはF・ブローデルが『地中海』において指摘した通りである。しかしながら、コンテナリゼーションという米国が生み出した覇権構造は、地球上の距離の長さを輸送料金の高低によって決定した点に先進性が認められる。現地との経済格差に配慮した輸送料金の二重価格の撤廃は、いまだコンテナ化の進んでいなかった当時のわが国以外とのアジア航路の実際の距離よりも、北米航路の距離を短くした。それは輸送料金の高低によって測られる距離においてである。

そもそも地球上の異なる二点の間で質量のある物体を輸送することで都市と都市の具体的な関係が生まれ、〝村〟は都市となってさらには世界との関係の中での距離という概念が生まれた。そして、地球上の異なる二点を測る物差しを地政学的指標から経済的指標へと移し、距離を距離として測る根拠が更新されたのである。

国際輸送のネットワークの中で自国の埠頭空間を改めて眺めてみると、こうしたプラント海貨とその後の国際一貫輸送をめぐる小史は必ずしも空間の規格化が国際標準化とイコールではないというもう一つの視点を提供しているのである。国際輸送の観点からふたたびわが国の首都が控える東京港の港湾空間を眺めるにあたり、プラント海貨が示した埠頭空間の規格化と国際標準化の不同一性とともに、米国、とりわけ太平洋の対岸となる西海岸との距離を測りながらみていく必要がある。

加えて、そうした不可視とも言える資本の世界システムにおける港湾にあって、なお質量のある物質を運び、それらを実際に取扱う労働に供する人たちがいる旧態依然とした可視の港湾空間へのまなざしの重要性は増していった。

コンテナ化、プラント海貨、国際複合一貫輸送へと地球スケールの近代輸送に倉庫業が進んでいく一方で、規格・標準化が必ずしも合理化とならない在来船独自の合理化の途があった。ここではコンテナ化とそれ以前の伝統的な荷捌業務が織りなしながら形作っていった港湾労働空間の細部に具体的に入り込み、都市との関係について述べていきたい。

コンテナ化を迎えた東京港の労働者たちにとっての転機は、他の港湾同様に港湾労働法の改正によってもたらされた。もともと港湾労働法はコンテナリゼーションの導入を見据えた運輸省が一九六五年（昭和四〇）に制定したものであり、これによって日々の取扱貨物量の変化に合わせて日雇い労働者を使うような方法で運営コストを抑える港湾経営は禁止され、ほとんどの労働者は登録制の常用とされた。一見すると日雇い労働者を常雇いすることを謳っていたかのような改正にも見えるが、実際はコンテナ化にともなって必要とされる労働者の絶対数は大幅に削減されたため、その狙いはむしろ港湾空間からの日雇い労働者の放逐であったと言っても過言ではない。

コンテナ化と専用船化による荷役の機械化は船内荷役、艀荷役を段階的に縮小し、特に艀荷役を無くそうとする運輸省の方針はそれまで艀業務に従事してきた労働者たちに職場を失う不安を大きく与えた。

運輸省指導のもとで日本港運協会は表向きにはこうした労働者を救うことを名目として、多数の艀を所有してきた倉庫業社から艀を買上げ、これを新たな雇用資金として労働者へ還元することを業社に促していった。しかしながら、経営側は必要な労働者の最大人数を常時雇用しなければならず、さらに今後の国際輸送時代を見据えて展開される新たな業務の開発にかかるコストもあって、艀買取りの資金が会社を素通りして労働者の生活に還元されるとは思われなかった。

そのため、労働形態の転換の象徴と位置づけた艀荷役の廃止のためには、艀船の買上げとともに余剰船員の配置転換の方策を同時に考えなければならないということがあった。余剰船員の人数は各社によって異なるが、たとえば三菱倉庫は在籍船員総数一一五名の約三〇%に当たる三一名と記録している[21]など、人数としては多くないようにも見えるが割合としては見逃せない数字であろう。一業者内の船員総数に占める割合と一港湾内で操業する業者数を考えればその人数も見過ごすことのできない規模であったと推量される。

また、一口に港湾労働者と呼んでも、その業種は多様であり、その労働者団体・組合も多岐に渡っていた。そのため港湾労働者側にもコンテナ化による港湾の合理化を機に、労働者同士が業務や港湾の枠を跨いで結束して経営側と交渉するために組織の集約化を図ろうとする動きがあった。これによって全国港湾労働組合会議が初めての横断的労働者組織として発足し、港湾を運用する企業側と交渉に当たった。このとき港湾空間での荷役作業の合理化にあたって労働者側が要求したことは、「職域確保、業の集約合併、労働時間短縮、労災防止・労災補償制度、中央・地方の産別協議の確立[22]」であった。定数削減と職域確保・人員補充のせめぎ合いは現在に至るまで続いているものの、こうした労使交渉の結果ひとまずは一九八八年（昭和六三）の港湾労働法改正を迎えたのであった。

この改正によってそれまでの日雇い制度は原則廃止され、登録制によるプール制に移行された。その際に、労働者の削減、職域確保の対策として労働大臣指定の公益法人港湾労働者雇用安定センターが労働者を常用労働者として雇用し、その都度各社の申し込み人数に従って派遣するというシステムが考案された。

これは常用で労働者を雇わなければならなくなった倉庫業社への措置という意味合いよりも、むしろ「親分」や「世話焼き人」と呼ばれた日雇い労働者に仕事を振り分ける特権を持った常連の「強い日雇い労働者」を排除する抜本的な措置として行われた意味合いが強かった。

それまでの港湾では毎朝暗いうちにその日の労働があることを期待して日雇い労働者の群れが集まり、彼らに仕事を按配する常連労働者がその日ごとの取り扱い貨物量に合った埠頭運営を担っていた。いわば港湾全体を稼働するための調整弁の役割を「親分」という日雇い労働者の常連に委託することで日々の都合に応じた融通無碍な港湾運営を可能としてきたわけであるが、その港湾労働空間に派遣制度を導入することで現場の個人的な能力と差配に依存した港湾を稼働する仕組みの近代化が目指されたのであった。当然ながらそこには、彼ら「親分」、「世話焼き人」たちが暗黙裡に得ていた特権的利益を排除することも目的に含まれていた。

そして戦後の港湾倉庫の風景は日雇い労働者たちによる荷役業務の風景であったのであり、改定港湾労働法によって荷役業務と荷捌業務が変容することで東京港の埠頭空間は変化していった。削減の対象となった具体的な荷役業務は従来「海陸連絡三業」と呼ばれていた船内荷役、艀荷役、沿岸荷役であった。従って、この三業務がコンテナ化時代を経てどう変容したかをみると、かつての港湾労働空間が近代化された姿をコンテナ埠頭空間の中からあぶり出すことができる。

空コンテナをプールする空地

東京港のコンテナ化以降、「コンテナ海上運送貨物の船会社と荷主との受け渡し場所（海上運送人の責任の始点・終点）は、船社によって設置されるコンテナ・ヤード（CY）もしくはコンテナ・フレート・ステーション（CFS）に限られ、なかでも、本船荷積みはすべてコンテナ・ターミナル（本船接岸バースと一体となったCY・CFS）を経由[23]」することとされ、荷捌業務もコンテナ単位の取扱いが行われた。これらはすべて船会社への委託業務とすることが原則とされたため、在来船の場合にあった本船側における荷主委託の荷捌作業（艀荷役）はまったくなくなった。

コンテナ化はこのように荷捌空間に発生する業種の数を少なくすることを基本としたが、唯一、コンテナ自体（空コンテナ）を取扱う荷捌業務を荷捌空間に新たに発生させた。

港湾から荷捌業務の種類が減っていく中で、新たな荷捌の対象となった国際標準化された八×八×二〇フィート（四〇フィート）の箱空間が各港に新設されたバン・プールに積み上げられていった。空コンテナには船会社所有のものと、コンテナ・リース代理店業務扱いのものがあり、公社バース、公共バース双方の主空間を構成するに至った。ドア・ツー・ドアを原則としたコンテナ海貨において、港湾倉庫の減衰に従って港湾空間を占めるようになったのはこの空コンテナ群であった。しかもその取扱量はコンテナ化以前の港湾倉庫に荷捌きされていた貨物量とは比較にならない容積をともなっており、かつての艀運送が約四割まで減退したのに反して荷捌量はかつての一〇倍となっていた(24)。その貨物量を担う大半は空コンテナ、すなわち、国際標準化された単位空間のボリュームがバン・プールという空地に積まれたものであった。

このようにして港湾労働法の改定を契機に、かつての港湾労働空間は主として空コンテナをプールする港湾空地に転じた。

ここに至り、倉庫業の港湾は物的な貨物を保管する倉庫だけではなく、輸送単位によって規格化された空コンテナ群によってその倉庫空間を構成するようになった。そして倉庫業が仮設の倉庫としてのコンテナを海を介して世界の港に配布していくことで、埠頭空間は単なる空間から融通無碍に伸縮可能な倉庫空間であると同時に、海上の空コンテナをストックするインフラストラクチャーとなったのである。

このように、わが国において港湾空間を海上輸送のインフラとして国際的に整備することは、かつての港湾労働空間、さらに言えば労働者たちの荷捌業務のための空間をコンテナ・バン・プールに転じることに他ならなかった。

余剰船員の転身による倉庫業の近代

しかしながら、そこには港湾労働法改定以前の日雇い労働者たちの場から続く、港湾における労働形態と倉庫業の運営形態との密接な関係が依然として残されてもいた。

当然、海上荷役の変化に合わせて接岸する陸上荷役も変化を余儀なくされた。戦後のフォークリフトの導入、コンテナ化によるガントリー・クレーン・トランステーナーなどの機械化の途は、在庫管理・荷捌・配送といった情報技術との結合につながっていく。コンテナ化が完了した港湾空間には、かつての艀荷役廃止の際に自主退社を選択せずに残った余剰船員たち（あるいはその系譜に当たる労働者たち）が時代が流れるにつれて次第に機械操作技術、コンピュータ端末操作技術を身につけ、現在の港湾に展開する近代倉庫業の風景を作り出していく姿を認めることができる。

実際には従前の支店ごとに手作業で帳簿をつけていた管理体制から速やかに引き継ぐため、各社業務のオンライン化は小型電算機導入と個別システムの構築から始まった。

当初はシステム障害も多く、必ずしも効率がよいとは言えなかった。しかしながら、コンピュータメーカーの技術開発が進むに連れ、小型電算機を本店などに置かれたマスターコンピュータによって一括管理する中央集中体制へと移行していく。この段階になると「本店に機械計算センターをおき、ホスト・コンピュータ（中央電算機）を設置して、システム開発とオペレーションを担当させ、一方、各支店にはデータ課をおいて、サテライト・コンピュータ（衛星電算機）または端末機器のオペレーションに当たらせる」[25]管理体制へと企業の組織形態がコンピュータシステムの組まれ方に沿って改編されていった。そしてこれが先に述べてきた倉庫業の荷役の機械化と結びつき、「倉庫保管オンライン即時処理システム」が導入されていく。これこそが現在、ロジスティックと呼ばれている物流システムの草分けである。

これによって港湾倉庫は、①保管倉庫からコンテナ・バン・プールへと転化する系統と、②保管機能は残しつつ規格化されたパレットに商品を載せてコンピュータ制御で入出庫を管理する自動倉庫へ転化する系統に大別されていく。

そして実は、そのどちらの対象にもならなかった港湾倉庫がその後リノベーションされてロフト文化を生んだということがあった。さらにその後に港湾倉庫が解体されると、今度はその倉庫用地が再開発用地として不動産業の投機対象となって都市空間化していくことで一九八〇年代の東京の主舞台となっていくのである。

コンテナ化以降、港湾倉庫の大半が再開発用地として都市空間化していくことで従前の都市を臨海部に延長していく潮流を生んだことに対して、一部の港湾倉庫は港湾労働空間であり続けることで近代港湾の中に生きのびていった。そして機械荷役に特化したものは空コンテナの積層するバン・プールの風景を作り出し、オンライン化と直結したものは自らを自動倉庫化していった。

先に扱った在来船の荷役の合理化と併せ、コンテナ化以降の近代港湾は大きくこの三つに類型化することができ、これらによって陸と海の接続ラインも再編成されたのである。

そして東京港の臨海部は東京テレポートを端緒とした臨海副都心構想によって、この三類型のどれにも依らない投機対象の不動産としての都市空間化の道を一時は選択したことも、すでに私たちは知るところである。

以上を要するに、コンテナリゼーションの普及以降の倉庫業における在来船事業と国際輸送業務のそれぞれ異なる合理化方法を経て、コンテナ化以前に荷役業務を担ってきた余剰船員の港湾労働空間における質的変化が、港湾に展開する倉庫空間の都市構造上の位置を更新していった。すなわち、コンテナ化以降の近代倉庫は①在来船荷役の合理化、②保管倉庫からコンテナ・バン・プールへの転化、③オンライン化と直結した自動倉庫化、の三類型に大別され、それぞれ陸と海の接続ラインを再編した。

プラント海貨に代表されるコンテナ以外の国際一貫輸送業務の合理化が倉庫自体をインフラに従属するものから脱却させ、都市インフラ化していく。その一方で、依然として港湾に残る在来船事業における港湾労働者の多能工化がかつての荷捌き空間を空コンテナを置くバン・プールに変化させた。これにより倉庫業は港湾空間変容の主役に一挙に躍り出て、都市と直結した仮の倉庫としてのコンテナを海を介して世界の港に配布していく。

そうして港湾労働空間の近代化を介することで、埠頭空間は単なる港湾空間から都市インフラへと昇華されていった。

2　ふたたび、青海埠頭にて

青海埠頭の意義

大井埠頭の新設によって、一九七〇年代の東京港は港湾倉庫の変容を介した港湾空間の近代化を目指した。その大井埠頭の供用が開始されて間もない一九八〇年代には、一転して東京港の港湾空間を投機の対象とみなして都市空間化する方向へ向かった。そしてバブル崩壊後、臨海副都心構想の起爆剤と目された世界都市博覧会が中止されると港湾労働空間から埠頭空間そのものをインフラ化する働きが生じた。

そこにはコンテナ化以降、在来船も含めて大きく三つに類型される港湾空間の姿があった。その後「都市の単位によらない世界都市」の概念が港湾特有の仕組みをその構造として具現化されていくことになる。

これらの流れを踏まえた上で、「世界都市」の概念が転換する舞台となった青海埠頭のその後に着目する。

青海埠頭はお台場地区と併せて世界都市博覧会およびそれを起爆剤と目論んだ臨海副都心構想の中心舞台であった。そして世界都市博覧会の中止を受けて埠頭計画の変更をせざるを得なかった結果、現在にみられる青海ライナー埠頭とお台場ライナーバースが建設された場所である。これによって東京港第二次改訂港湾計画の構想通り第一航路を大井埠頭と青海埠頭のコンテナ専用埠頭で挟み込む構成が実現し、コンテナリゼーションの導入とそのインフラ計画を東京港の主構造とする一連の港湾事業が完了したことになる。

この青海ライナー埠頭の実現は一九九七年（平成九）の東京港第六次改訂港湾計画によるもので、その前年の一九九六年（平成八）に世界都市博覧会は正式に中止されている。一九六六年（昭和四一）の二次改訂から三〇年かけて東京港の第一航路という海のインフラはその東側の計画の実践の段階へと進んだことになる。

港湾空間に上書きされた都市化空間

そもそもこの第一航路は東京港第二次改訂港湾計画において、大井埠頭の新設にともなってその基部を縦貫しつつ第一航路を横断して一三号埋立地と接続する高速道路（首都高速湾岸線）とともに東京港を構成する立体十字の一辺を担うものとして考案された(26)。

その後、東京港第五次改訂港湾計画のときに初めて臨海副都心開発が第七番目の副都心として港湾計画に盛り込まれた（ただし、このときは約四〇ヘクタールの東京テレポート構想でしかなかった）。このとき第一航路はその西側を大井埠頭に、その東側をお台場埠頭から青海埠頭にかけて挟まれる形で計画され、それぞれのコンテナ専用バースに接岸するコンテナ船の軌跡を検討しつつその接岸ラインが計画されたのである。

これら改訂計画の諮問機関である東京都港湾審議会では、世界都市博覧会の中止が決定される二年前に当たる一九九四年（平成六）ころから世界都市博覧会および臨海副都心構想の中止が議論の俎上に乗り始めていた。

同博覧会中止後に施行される東京港第六次改訂港湾計画は同年よりその基本方針について諮問が上がっているため、六次計画は世界都市博覧会の中止決定の前後を挟んでその内容が決定されたことになる。この事実は開発論的なものと物流基地を優先する視点との両極をどう結びつけるかという作用が自ずと働いていたことを示唆し、六次計画の性質を特徴付けている。

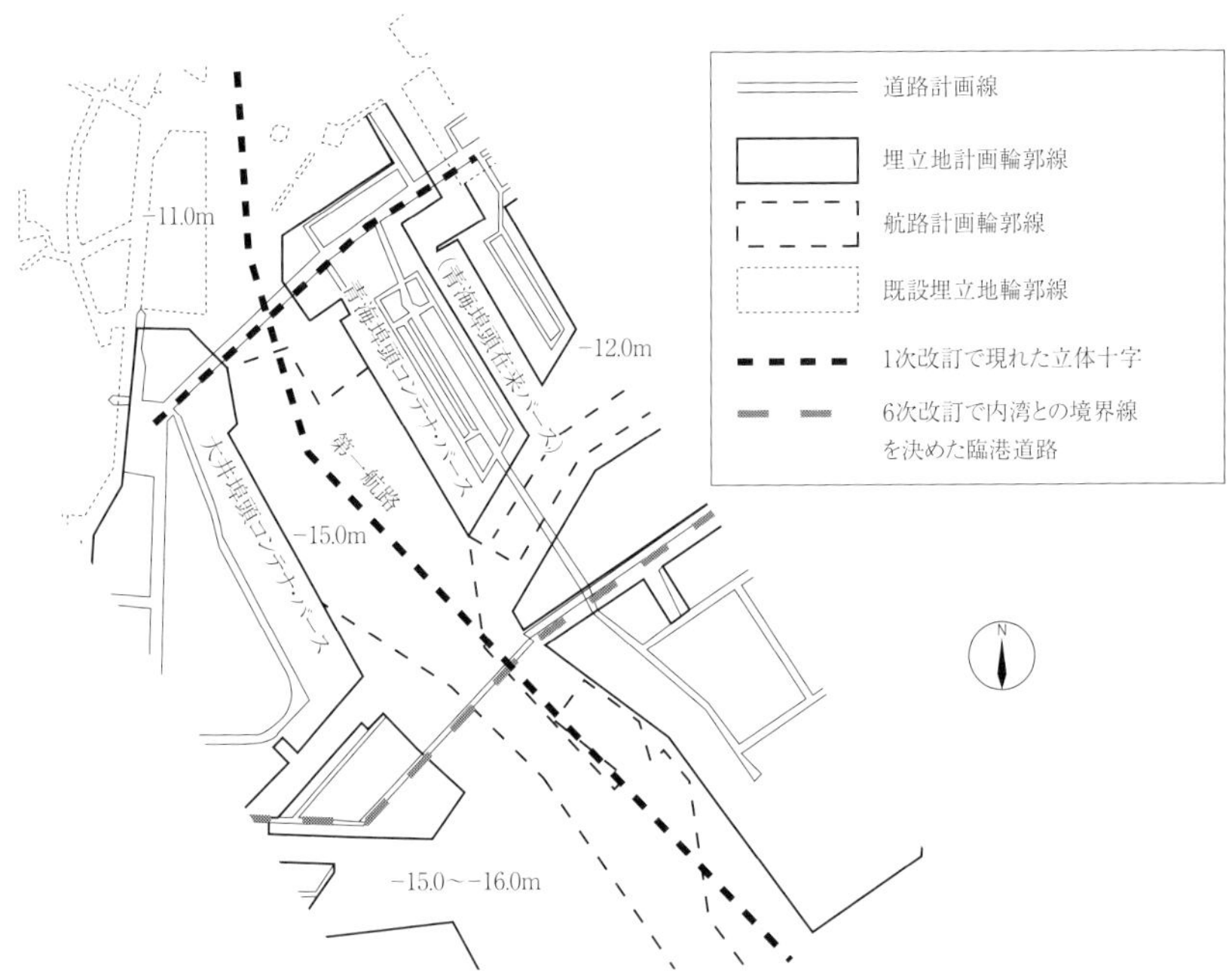

図 4-1　第一航路の両岸をコンテナ・バースで挟む東京港の構造

「東京港第二次改訂港湾計画」で実現された大井埠頭のコンテナ船を想定した第一航路を，その対岸にあたる青海埠頭のコンテナ・バースで挟むことによって，1970 年前後に当初考えられていた，港湾機能の近代化による東京港の近代化がふたたび目指されたことがわかる．

その中で青海埠頭のコンテナ埠頭としての利用計画は臨海副都心構想の頓挫を受けて実現していくわけだが、これと同時に大井埠頭のコンテナ・バースも再整備されることとなった。このことをみても東京港の構造を担う第一航路の計画はコンテナ化をバースとした物流港湾の姿としてその両岸を併せて検討する必要があると言える[27]（図4－1）。

そして東京港第六次改訂港湾計画の最終審議がなされた一九九四年（平成六）の港湾審議会において、その基本方針が次のように述べられている。

「物流基地東京港の機能の充実」の項では、外貿コンテナ埠頭について、船型大型化の今後の予測、産業貿易構造の変化に伴って要求されるターミナルの性格、あるいはバースの規模、施設配置などを検討した上で、大井コンテナ埠頭の再整備、青海コンテナ埠頭の充実、中央防波堤外側埋立地及び新海面処分場の新たなコンテナ埠頭整備の必要性を述べております。[28]

ここで青海埠頭の充実を謳う一方で、同審議会では「現在推進中の臨海副都心開発や豊洲・晴海の再開発につきましては、社会経済状況の変化に柔軟に対応しながら、着実に実施していく」としている。このことは、先に述べたように青海埠頭を臨海副都心、世界都市博覧会の舞台として考えることと相容れないものであり、台場から青海にかけて第一航路の東側に展開する埋立地の使い方についての議論があった。

臨海副都心開発及び豊洲・晴海等の開発（前略）の計画が、東京一極集中をさらに加速して、環境の破壊や通勤地獄やごみ問題などさまざまな都市問題をさらに激化させる、こういう点でも一貫してこの中止、凍結、そしてこの埋立地の使い方について、都民参加の抜本的な再検討を求めてまいりました。（……）特に第二次長期計画が立てられましたときに、臨海副都心開発も第七番目の副都心として位置づけられたのがこの計画でした。（……）第五次改訂港湾計画の方針をつくるに当たりまして、港湾審議会が無視されるような形で知事の諮問機関がつくられて、検討委員会で東京港の将来像が示された。それを審議会が押しつけられてのまされたという形になった。ところが、その港湾審議会で決められた計画すら、実際にはそこでは四〇ヘクタールの臨海部開発ということが、四百四十八ヘクタールという計画になって現実に進められてくる。[29]

この審議会の意義は、臨海副都心開発が既定路線にあった東京港第五次改訂港湾計画からの軌道修正、少なくとも世界都市博覧会の取りやめが頭にもたげた後の善後策を東京港第六次改訂港湾計画に盛り込む必要があった点にある。

その中で中央防波堤外側埋立地を通り城南島と若洲を結ぶ東京港臨海道路の計画は残された。この東京港臨海道路は臨海副都心開発を進めるために設けられた道路であり、道路法の道路ではなく港湾法の道路として整備されたものである。二〇一二年になってようやく東京ゲートブリッジが完成し全線が開通したが、何千億円もの巨額の資金を投資して着手してしまった過去の計画が、二〇年近く前に臨海副都心構想が崩れた現実に対して遅れてやってきた感は拭えない。確かにごみ処理場の車輛の交通処理など港湾の現況に寄与している部分がまったくないわけではない。しかしながらこの東京港臨海道路の本来の目的は、臨海副都心の建設によって大量の交通量の増加が予想される首都高速湾岸線沿いに東西に走る東京湾岸道路とゴミ清掃車や陸運会社のトラックなどの業務用車輛の動線を分離し、中央防波堤のゴミ処理工場と夢の島の最終処分場を結ぶ迂回路を建設するところにあった。つまり、本来であれば臨海副都心計画が中止となれば青海埠頭から一五号埋立地にかけて迂回する必要がなくなるため、東京港臨海道路もまた必要が無くなるはずである。

この東京港臨海道路の計画は臨海副都心開発継続の是非と直結し、かつ、首都高速湾岸線と並行して東京港の入り口にあたる第一航路の南部を横断するため、その整備過程は埠頭の利用計画に影響を与える重要な因子とみなされる。その臨海副都心広域道路整備のための布石とされたのが晴海・豊洲・有明への内貿機能の移転であった。このとき広域道路幹線の整備と一体となった埠頭利用計画は臨海副都心構想を前提としたものであり、同構想が破綻を来している以上、東京港第六次改訂港湾計画の基本方針である「物流基地としての東京港」と逆行しているという指摘が当時あった(30)。この指摘は的を射ているように思われるが、実際の答申に影響を与えることはないまま広域臨海道路のための道路用地を確保するためと思われる内貿機能の移転が進められていった。

これらがまさに並行して実行に移されていく渦中にあって、一九九六年に東京都は正式に世界都市博覧会の中止を決定したのであった。

都市博の中止が決定された翌年の東京港第六次改訂港湾計画の策定に向けた港湾審議会の動きをさらに追っていくと、臨海副都心のためのインフラ計画である東京港臨海道路の建設と内貿機能の移転が青海埠頭の利用計画の策定に深くかかわっていることが明らかになっていく。

今、臨海の見直し懇談会が進められております。たしか、この臨海副都心計画は、昭和六十年の第五次改訂港湾計画のときに、土地の利用について、将来像検討委員会という部会で意見がまとめられて、臨海副都心計画が具体化してきた経過があったと思います。（……）この臨海懇の答申や意見等が、六次改訂の中にどのように反映されていくのか。(31)

つまりこの発言は、臨海懇談会の意見が六次改訂の有り様に大きく影響を与えた当時の状況を示している。そこで同審議会に報告された臨海懇の中間報告のうち、特に世界都市博覧会中止後に見直された「開発目標の検証」と「開発手法の検証」をみてみる。

地価は大幅に下落し、オフィス床需要も低迷している中で、都心部に比較的近い場所における大規模な業務中心の開発であり、東京圏の均衡ある発展の観点からは疑問があるなどの批判がなされている。（……）しかし、副都心にはそれぞれの特徴があり、臨海副都心の機能・意義は、時代の変化に対応していくことが要請されるのも当然であり、今後社会経済状況の変化に対応した魅力ある臨海副都心像の形成を図っていくべきである。（……）「進出企業・地権者等の不安の解消、信頼の回復のための努力」ということで、（……）早期に総合的見直しを行い、今後の開発の方向を明らかにし、（……）開発主体である東京都に対する信頼を回復する必要がある(32)。

つまり、砂岡臨海部開発調整担当部長は世界都市博覧会中止による臨海副都心開発の見直しの必要を認めてこれを行うが、世界都市博覧会の中止以降も従来の臨海副都心構想を進めることを実質的に明言しているのである。これは埋立地内部を港湾空間ではなく都市空間としていくための臨港地区の指定の解除を継続し、当該用地を投機可能な不動産用地としていく路線を進める宣言に他ならなかった。

しかしながら、その一方で世界都市博覧会の中止による当該埋立地の利用計画の見直しを認めざるを得ない状況は、物流機能の充実を主眼とするとした先の一九九四年(平成六)七月二六日の港湾審議会の内容を否定出来ないものとしていた。

まったく正反対と言ってよいベクトルをもった埠頭利用計画の方針は「東京港は、これまでのように、南の方に港湾機能を伸ばしていって、北から都市化していくという流れに乗っていたのでは、先々行き詰ってしまう、埋立ての限度がもう来ている(33)」という当然の指摘にもはや反論する術を持っていなかったのである。

この点を具体的に検証するならば、その前年の一九九七年(平成九)三月に策定された「臨海副都心まちづくり推進計画」と同年四月の「豊洲・晴海開発整備計画(改定)」におけるそれぞれの見直しの結果とされた一三号地の利用計画にみることができる。

この場所は二次改訂港湾計画のときに設けられた首都高速湾岸線の大井埠頭と反対側の基部に当たる。世界都市博覧会以降の同埋立地に関する港湾審議会での具体的な言及を次にとりあげる。この説明は先の二つの計画を踏まえた上で、それを第六次改訂にどう反映させたかを計画図を見せながら各委員に対してなされたものである。

薄い網目のところが都市機能用地、それから濃い網目の方が交流拠点用地ということになってございまして、上の図と下の図をごらんいただきますと、左側の方のちょっと濃い交流拠点用地が薄い網目の都市機能用地に変わってございます。これがまず一つでございまして、表の上の方にございます住居を含めまして、「住・商業複合用地として利用する」ということで、交流拠点用地を都市機能用地に変更いたしております。従来の交流拠点用地におきましては、住居というところがございませんで、業務を中心に商業も一部入って利用するという計画でございました。

それから、表の下の方の「一三号地、一〇号地その一」でございますけれども、この部分につきましては、いわゆるシンボルプロムナード部分についての土地利用の変更でございます。変更前の図にはシンボルプロムナードの間隔の広い左向きの斜線でございますけれども、この部分がございませんでしたが、変更後にシンボルプロムナードの部分が計画に入っております。

現在、シンボルプロムナードはあったわけですけれども、従来交流拠点用地とか都市機能用地という土地利用の一部として位置づけていたわけでございまして、全体の配置の中で規模も非常に大きいし、骨格的な施設になっている、埋立地の中央にも位置するということでございますので、今回、明確にこの計画の中にもシンボルプロムナードを「その他緑地」ということで位置づけてございます。変更内容は、交流拠点用地、都市機能用地、それぞれ合わせまして「その他の緑地」ということで、二十三・八ヘクタールを変更しております。(34)

このように、一三号地では当初オフィスビルと商業施設を中心に展開する予定であったところを交流拠点用地の中に住居用地を追加していくようにした経緯が語られた。

これと同時に豊洲埠頭も全体の見直しの中で計画変更を行い、西端の交流拠点用地の形状を変更して規模を縮小している。さらにこの交流拠点用地はその外側に新たに今後護岸造成のための埋立てを行ってウォーターフロントを形成するものとした。また、晴海埠頭についても緑地〇・八ヘクタールを都市機能用地に変えている。この部分は区画整理事業として一体的な開発を行うものとされた。こうしてそれぞれ臨海副都心構想の対象となってきた埋立地の世界都市博覧会中止後の変更内容をみてみると、いくつか住居用地が導入された部分はあるものの、おおむねは従来の開発を推進し、ややもすればその対象を拡げかねないものとなっていることがわかる。

その一方で、東京港全体の港湾空間と都市空間の比率からしても北側からせり出す都市空間に押し出されるかたちで南方へ港湾用地を展開する構図の限界は明らかであった。

第一航路をめぐる東京港近代化の円環

バブル崩壊による経済拡張路線の名残を是正しきれないままに、その一方で東京港の臨海部埋立地を覆い尽くした不動産ビジネスの幻影を拭い去ろうとする。それが都市博中止後の東京港における港湾行政の実情であった。

物流基地を東京港の主構造とする可能性を探る上で臨海副都心の最南端に当たる青海埠頭は六次改訂計画の最後の砦と呼べる場所であった。青海埠頭の南岸には中央防波堤を残すのみであり、これは東京という一大消費都市のゴミ処分場の山となっていた。すなわち第二次改訂港湾計画で想定されていた東京港の港域は、これ以上の都市空間のなにがしかを受け止める埋立地をもはや残していなかった。

本来の港湾空間としての青海埠頭の利用は、第一航路を挟んだ対岸の大井コンテナ埠頭の再整備計画と連動して考えなければならない。

大井埠頭の再整備はコンテナ・バースの再編を中心にこのとき第六次改訂港湾計画に盛り込まれた。大井埠頭の南地区とはすなわち城南島であり、図4-2に示すように東京港臨海道路の基部はこの城南島より発して、第一航路を跨いで中央防波堤外側埋立地を横断、同埋立地から若洲へと東京ゲートブリッジを渡って東進する。そのため、大井埠頭の再整備は城南島を基部とする東京港臨海道路とも絡んでおり、これにともなった内貿機能の移転はその他の埠頭利用計画を含む東京港全体の埠頭機能の配布に大きく影響を与えるものであった。そして、世界都市博覧会の中止と臨海副都心構想の縮小化によって青海埠頭のコンテナ埠頭利用がふたたび現実味を帯びていくことにより、大井埠頭新設に端を発した東京港のコンテナ化による近代化はその円環を閉じるのである[35]。

これによって第二次改訂港湾計画で生み出された立体十字は、世界博覧会の中止によって実現された青海埠頭のコンテナ専用埠頭化と、中止以前の計画が残された形での港湾法に基づく臨港道路の建設によってその近代港湾としての主構造をおおむね完成させたことになる。そして、このことはその臨港道路よりも内湾が東京港の港域として確定されたことを意味している。

明治期の隅田川口改良工事に端を発する東京港の築港は、様々な障害を乗り越えつつ、これによってようやく一応の骨格を定めるに至ったのである。

東京港の埠頭空間において在来船荷役の近代化は労働者の存在を介して為されていった側面がある。青海埠頭は臨海副都心構想の主舞台の一つであったが、都市博の中止を受けてその都市空間化が疑問視されていく。その一方で、東京港第六次改訂港湾計画より以前に事業化されていた東京港臨海道路などの臨海副都心のための外掘りの計画はすでに工事が始まっていた。一三号埋立地の商業化と併せて、かつての都市空間化の残滓が残されたままになっていく中で、最終的に青海埠頭はコンテナ・バースと在来バースを両岸に併せ持つ埠頭空間に再編成された。

これによって一九七〇年代に大井埠頭の新設によって目されていた本来の近代港湾としての東京港の骨格が実現した。すなわち、青海埠頭の西側にコンテナ・バースを展開し、対岸に位置する大井埠頭と併せてコンテナ・バースで第一航路を挟み込む構図である。

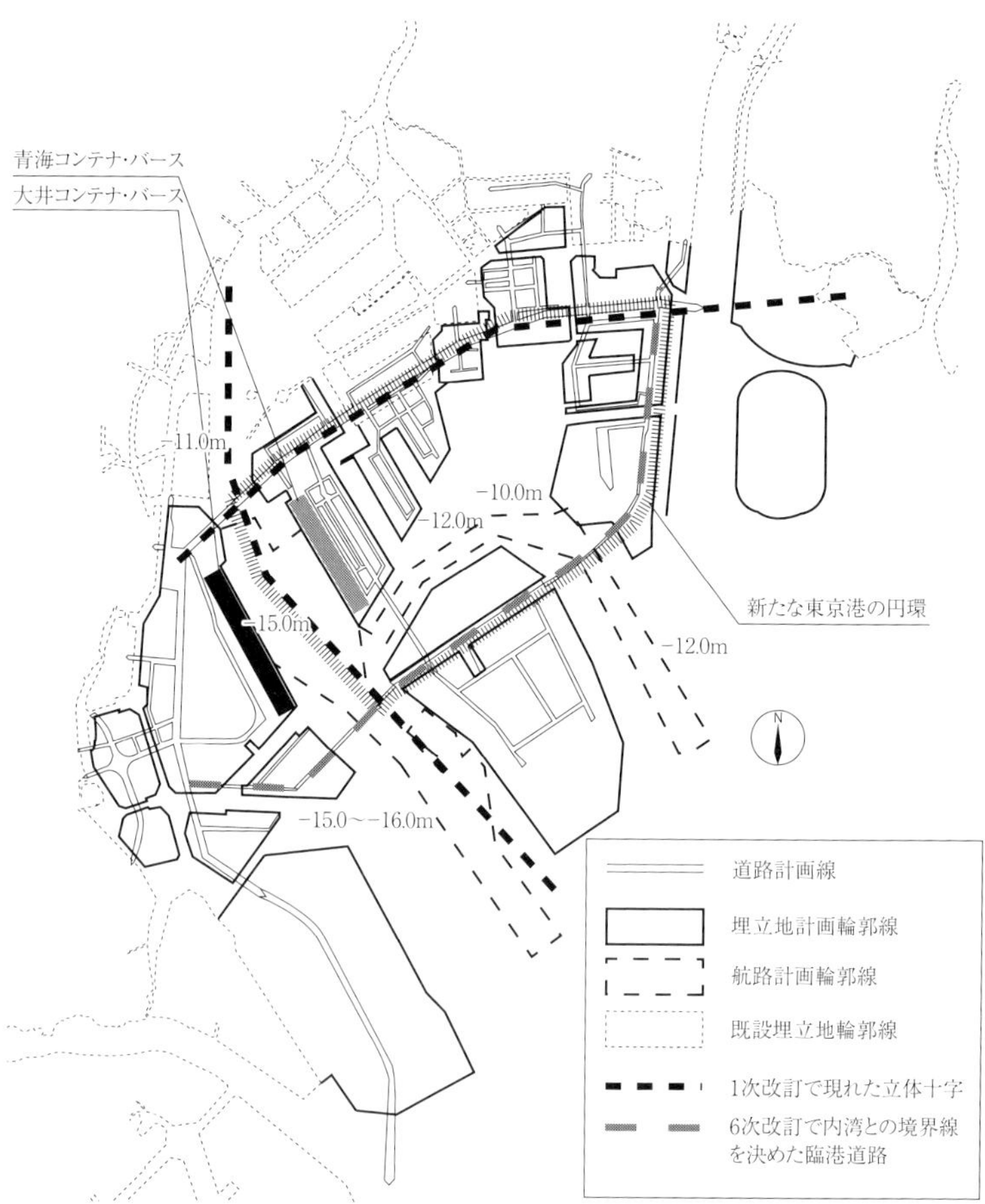

図 4-2 「東京港第二次改訂港湾計画」で現れた立体十字と六次改訂の臨港道路によって港内を閉じる東京港の構造

青海埠頭をふたたびコンテナ・バースとしたことにより，第一航路は東京港を縦貫するコンテナ船航路となった．これを横断して陸上を結ぶ東京湾岸道路によって構成された立体十字は，東京港第六次改訂港湾計画における東京港臨海道路の実施によって，東京港臨海道路を境として東京港内を定義する領域の東西南北に中心を結ぶ背骨となったことがわかる．

その上で、やはり青海埠頭を中心とした臨海部にかつて世界都市構想が展開した名残が埠頭南部を城南島より発して第一航路を跨いで中央防波堤外側埋立地を横断、同埋立地から若洲へと東進する東京港臨海道路を約二〇年の時差を持って東京港に実現させていった。

こうした経緯で港湾労働空間という伝統空間と分節構造の世界的ネットワークの両方をともないながら近代港湾として再編された青海埠頭と、同埠頭を中心として臨海副都心構想を実現するためにかつて計画された裏動線とも言える東京港臨海道路が時差を持って組み合わさることで、都市博中止以降現在に至る東京港の領域を規定し、東京の臨海部の空間構造を形成したことを明らかにした。

3　東京港湾近代化理念の複合

個人に還元される倉庫

一九六七年（昭和四二）のコンテナ化から国際輸送業務開発へ至る倉庫業の革新時代の中で、港湾倉庫の保管倉庫としての需要はもはや見込めなくなっていた。その対策として倉庫業社は倉庫業に新たに小口の顧客を開拓し、細分化されたサービスの集積によって大きな収益を挙げる道を模索していく必要に迫られたのであった。

この動きの中で現れたのが、いわゆるトランクルームと三菱倉庫によって名付けられた小口貨物保管サービスであった。それまでの倉庫の保管対象が今後市場に流通していく商品であったことに対して、トランクルームの特徴は保管の対象が非商品であった点にある。各世帯の財産と呼び得る家具、調度品、ワインなどがその主な品目であり、顧客は災害発生時などを見越してその大部分をトランクルームに預けておくというビジネスモデルを新たに考え出そうとしたのであった。

トランクルームの発祥は第二次世界大戦中の「疎開家財保管」に遡る。三井倉庫の記録には一九四一年（昭和一六）に「東京において百貨店の地下室を借りて毛皮、骨董品などの貴重品を保管するトランクルームを経営する計画があったが、当時は資材難の時代で実現をみるに至らなかった[36]」とその始まりが記されている。一方、三菱倉庫はそれより一〇年早い一九三一年（昭和六）に江戸橋倉庫の地階の一部において衣類・家財・書画骨董品などの非商品貨物の委託を目的として二〇〇坪（六六〇平方メートル）の床面積を確保して開始していた[37]。

これが戦後の高度経済成長期を迎えて各家庭に家電製品が溢れ、物が豊かになっていく時代の需要と合致して戦後のトランクルームにつながった。これには当時コンテナ化にともなって開発されつつあった電算化・オンライン化によって、顧客の細分化された預かり品の一括管理が可能となったことが大きく働いた。倉庫業へのコンピュータの導入は、コンテナリゼーションによる世界システムを普及させただけでなく、トランクルームのような顧客の小口化、細分化によるいわば内向的な保管業務の道も新たに開拓したと言える。

その意義は、従来保管倉庫として使用されてきた港湾倉庫や内陸倉庫が都市倉庫としてその大半のトランクルーム化が進んだことで、小口顧客単位で分散して保管された物品から都市を把握するという視点を倉庫業の中に生み出したところにある。

三菱倉庫では一九七〇年（昭和四五）に東京中央区の江戸橋倉庫の全館トランクルーム化によって最初の都市内トランクルーム業への展開がなされた。その結果、所管の倉庫面積は三一八一坪（一万五一六平方メートル）となった[38]。その際に設置された同社内の「江戸橋対策委員会」が出した江戸橋倉庫のトランクルーム化の方針は「①江戸橋倉庫全館をトランクルーム業務に充てる、②江戸橋営業所で取り扱っている繊維製品については、大口かつ収益性のあるものは支店内の他蔵所へ移管する（主に越前堀へ）、③その他の繊維製品の取扱いは中止する[39]」というものであった。

繊維製品のこうした扱いには、国内産業の工業化育成路線の中で戦後のわが国の主力輸出商品であった繊維から次第に自動車産業などに輸出産業の主力が国策として移行する流れにあったことが表れている。港湾倉庫の保管対象貨物もおおむね繊維商品のシェアは大きく、保管貨物内容の変化が保管する倉庫の性質を変えていくのは当然のことでもあった。

そうして三菱倉庫の倉庫業務全体の中での「トランクルームの保管残高は、四五年一二月末には九二五〇トン（支店全体の一六％。金額では二一億二八〇〇万円、同二七％）となり、これは、計画実施前四三年一二月末（二九一四トン、七億三〇〇〇万円）の三倍となった[40]」としている。

一方、三井倉庫の場合は一九五七年（昭和三二）の大手町トランクルームから始めて、三四八トン、一億七〇〇〇万円の保管残高、取扱貨物は衣類、毛皮、双眼鏡、ピアノ、美術品などであった[41]。その後、箱崎五階建倉庫の二庫をトランクルーム化し、さらに六庫を順次トランクルーム化していった。

これらの例にみられる非商品貨物を物流の主力とみなす視点への転換は倉庫業にとって革新的な発想の転換であったと言える。それは、引越などの運送サービスなどのそれまで倉庫業とは考えられてこなかったサービスを中心に、消費生活圏が拡がる都心に新たなフロンティアを作り出すことに成功したためである。一九五七年（昭和三二）に大手町の一三八六平方メートルから開業したトランクルーム倉庫面積は、一九八九年（平成元）には一万二二三〇平方メートルと東京圏だけで約一〇倍になるほど、その需要は広がったことはその影響力の重大さを裏付けている。

こうした各倉庫業社での保管倉庫のトランクルーム化が業界全体のコンピュータ導入の動きと結びつき、倉庫ビル全体をコンピュータ化していくビルディング形式が生まれた。一九七二年（昭和四七）には三菱倉庫芝浦ビルにオンライン即時処理システムが導入されており、コンピュータと接続した端末機による出荷指示書・配送伝票などの打ち出しが行われている。そして、一九八四年（昭和五九）には最初の立体自動倉庫（ラック倉庫）が誕生した。

誕生したばかりのラック倉庫は「保管効率が高く、在庫管理がしやすく、先入れ先出しが容易にでき、省力化が図れる、などの長所がある反面、不特定多数の一般貨物を取扱う普通営業倉庫にあっては、そのままの形で導入することが必ずしも得策では」[42]なかった。しかしながら普通倉庫に関しても次第にパレット・ラック保管、セミ・ラック倉庫が試みられるようになり、管理するパレットが二〇〇〇枚を超えるようになった。そして一つひとつのパレットに複数の品種を積載することまでを考えると、もはや手作業による商品保管は困難とされて自動倉庫化は着実になされていった。

同時期に並行して港湾で展開されたコンテナ化による荷役機械化およびオンライン化に対して、このトランクルームを端緒とする自動倉庫化への流れは都市で展開されたもう一つの倉庫業の近代化とみなすことができる。倉庫とコンピュータが一体となったビルディングに結晶化された自動倉庫は、個別の顧客を対象とする非商品貨物の扱いに限定して発展していっただけではない。この貨物管理の考え方が従前の倉庫業における一般貨物の取扱い業務にも導入されることで、都市倉庫を保管倉庫から流通倉庫へと倉庫の持つ性質を変化させていった。

そして、港湾においてコンテナ化が一港湾内の港湾空間を世界中のその他の都市と結ばれた倉庫ネットワークの端末群とみなす視点を提供したことに対して、トランクルームとコンピュータ制御された自動倉庫の誕生は一都市を貨物ではなく顧客ごとに細分化して眺める視点を提供した。それはトランクルーム業が都市生活者（個）ごとに分節された倉庫ネットワークであることを意識させる具体的な体験であったと同時に、その対象貨物を非商品としたことが従前の普通倉庫のネットワークをも再編成する必要をもたらしたのである。

そしてここに港湾におけるコンテナ化と都市におけるトランクルーム化が折衷してみせることで、一港湾、一都市では解けない都市インフラの存在が倉庫を介すると視えてくる。

国際的な配布空間と在来船荷役空間の複合

これまで見てきた港湾空間と倉庫業の近代化の関係を要するに、①港湾空間における港湾労働空間の変化がコンテナ埠頭の景色を作り出したこと、②コンテナ以外の在来埠頭の荷役には継承的身体性におけるもう一つの合理化の道があったこと、③大井埠頭新設により始まった東京港近代化の構図は世界都市博覧会中止以降の青海埠頭のコンテナ・バース供用開始によって完成をみること、の三点を確かめた。その間に都市内部ではトランクルームの発生がコンピュータ通信技術と結びつき、非商品を扱った顧客ごとに分節されたネットワークの概念を倉庫ロジスティクスにもたらした。さらにこの倉庫業の都市の内部への展開を経て視点をふたたび港湾へ移してみると、都市で倉庫の機械化が進んでいくことと並行して、港湾ではコンテナ化によるそれぞれの港運業者のネットワークが国際一貫輸送を介して定着しつつあった。

これらの港湾空間と倉庫業をめぐる変遷の中で一貫して言えることは、港湾倉庫ないし都市倉庫の取扱い貨物の変化が倉庫荷役の変化をもたらし、さらには貨物管理の考え方を変えていったことである。このことは倉庫業における都市の捉え方を刷新し、その変化は臨港地区の解除・指定の有無に具体化されたのであった（図4-3）。

臨海副都心構想における世界都市博覧会（東京フロンティア）開催の是非をめぐる段階で、港湾空間を都市空間とみなす点に臨港地区の解除の意味があることはすでに述べた。また、このことは港湾法による網掛けを行う運輸省と都市計画法および建築基準法による用途地域の網掛けを行う建設省との確執をもたらしたことにも触れた。

その一方で、国としては港湾の近代化を推進したい両省は、どのようなかたちであれ臨港地区指定の最終的な地図を作り上げなければならなかった。世界都市博中止後の一九九八年（平成一〇）にようやくその結論が出されようとしていた。

そもそも臨港地区指定の目的は「港湾における諸活動が円滑に行われるよう、支障となる行為の規制を行うととも

図 4-3 『東京港第六次改訂港湾計画資料』に記載された「臨港地区（案）」

黒塗り部分が 1996 年（平成 8）当時の臨港地区を示す．臨海副都心の主舞台であった青海埠頭の大半が臨港地区となっていることがわかる．東京港港湾管理者『東京港第六次改訂港湾計画資料』その 1（1996 年，106 頁）．

に、そのために必要な環境の保全を図ることにある。臨港地区内では、埠頭で取扱う物資の種類等に応じて分区を指定して、構築物の規制を行うことができる」(43)というものであった。

つまり、臨港地区指定の継続の有無による空間規制の枠組があり、その次に臨港地区と指定された場合は分区の指定による用途機能の類型があるという構造になっていた。運輸省主導によるコンテナリゼーション以降、わが国の港湾はこの臨港地区の配布によってその大枠が再編成されたと言える。

そして東京港における臨港地区の解除が豊洲、晴海、青海の三地区で行われた結果、その面積は一〇六〇・八ヘクタールとなった（それまでの臨港地区の指定より一二一・三ヘクタール減少した）(44)。

その詳細は①豊洲地区は豊洲・晴海開発整備計画に基づいて、住宅、業務、商業等の都市機能用地として利用されるために解除、②晴海地区も同様の理由で解除、③青海地区は臨海副都心まちづくり推進計画に基づいて同様の機能が想定されるため解除とされた。ここで注視すべきは、臨港地区の指定の際に分区の指定が必ずしもすべての地区においてなされていない点である。

これについて東京都港湾局の担当者は次のように説明している。

港湾と都市の接点においては港湾機能と都市機能が複合するような施設が立地したり、あるいは機能が混在するような地域がある。このような地域は、また港湾施設に隣接していたり、囲まれている場合が多い。そのため、周辺の港湾施設を適正に維持管理する上で必要最小限の規制が必要となる。このような地域については臨港地区ではあるが分区の指定はしないとするものであった。

臨港地区の地域では事業場の新設、増設等、一定の行為について届け出が必要となる。この届け出によって港湾管理者は開発状況を事前に把握することができ、周辺の港湾施設との適正な管理を可能とした。しかしながら、分区の指定がないということは分区条例による構築物の用途規制は生じないことも意味する。その場合の用途規制は臨港地区以外の一般的な規制である建築基準法等によることになる[45]。

その対象とされた臨海副都心の青海地区はテレコムセンターなど商業、業務の用地として利用される一方で、青海コンテナ埠頭や小型客船ターミナルなどの港湾施設に接していることから商港区を指定なしとされた。

青海埠頭をはじめとする臨海副都心に対して「今後東京港の港湾機能として残すべきところにまで都市機能を入れ込んでしまったというところに、東京港の発展という観点から大きな問題があろう[46]」という指摘は、世界都市博覧会の中止による臨海副都心構想の欠陥が露わになっているにもかかわらず「有明または青海の商港区だったところが今度は無指定になり、今まで無指定だったところは臨港地区の指定を解除するというふうに、次第に都市機能化していくという流れの中でこの計画の変更が出されている」という矛盾を指していた。つまりこの時点でこれ以上の海へ都市機能を押し出して港湾機能を南下させることの限界はすでに共有の認識であったことは疑いない。その南下の最後のフロンティアに位置したのが青海埠頭であった。その第一航路との立地関係から、青海埠頭が大井埠頭から始まった東京港近代化の最後のピースであった。

その前提に立って臨港地区の指定によってその港湾機能を守りながらも、分区指定なしによって建築基準法による都市機能が複合する余地が残された青海埠頭の埠頭運営の細部に入り込む。このことは、臨港地区と分区指定無しによって二重化された港湾を空間として読み解いていく上で必要である。

青海コンテナ埠頭南側の第一バースは、東南アジア等の近海航路の貨物量が非常に伸びていることに対応するため「二〇〇三年（平成一五）を完成目処として、一九九九年度（平成一一）から既設岸壁の延長する工事[47]」にかかったものである。

コンテナ埠頭には公社バースと公共バースの二種類に大別できることはすでに述べた通りである。そのうち外貿埠頭公団法以来の公団形式の埠頭運営の系譜にある公社バースでは、邦船六社をチャンピオンとして特定の港運業社をターミナル・オペレーターとするチャンピオン方式による埠頭の一体的運用に一九八二年（昭和五八）ころから綻びが見え始めていた。このことはコンテナ化が予測以上に急速に進んだことによって、ますますの職域の消失に不安を覚えた日本港湾協会が船会社側との「事前協議」には応じられないとしたことが原因であった[48]。

その結果、一九八三年（昭和五八）一〇月二六日に新たな「コンテナ・ターミナル運営に関する確認書」を取り交わし、「新たなコンテナ・バースについて、借受船社が当該バースを借受船社（借受船社のコンソーシアム、フィーダーおよび関係子会社を含む）以外の者に継続的に使用させようとするときは、当該バースの管理・運営について、船社および港湾運送業者が共同して当たることとし、『管理会社方式』を含む、最も合理的な方策を双方協議決定するものとする」ことに合意した。これによって、公社バースにおいてはターミナル・オペレーターの複数元請制とコンテナ・バースの運営についての船社・港運共同管理会社方式が生まれた。

ここで、京浜外貿公団が外貿埠頭公団法の廃止によって東京港埠頭公社へ業務移管し、その公社が建設して一九八五年（昭和六〇）より供用が開始された青海コンテナ埠頭はそのモデルとされたということがあった。これは供用開始時期のタイミングと東京港での立地上の重要性の双方が理由として挙げられる。

公社バースにおける新たなモデルとされた青海埠頭では「青海埠頭株式会社」がその共同管理会社として一九八五年（昭和六〇）に設立された。同社は資本金を一億円とし、「株主は邦船六社（出資割合は六社で五五％）と港運一五社（同四五％）」であった。[49]管理会社と複数元請制による運営はこのときから現在まで続くが、その要点が三菱倉庫社史に次のように記されている。

（一）港湾運送事業法上は、各元請別縦割りの実績として取り扱う。

（二）コンテナ・バースのユーザー（利用船社）とのターミナル・サービス契約は、当該バース借受船社が行い、ターミナル料金（利用船社）とのターミナル・サービス契約は、当該バース借受船社が行い、ターミナル料金（施設使用料プラス作業量）の収受は管理会社が行う。

（三）各元請会社（複数）は管理会社を通じてターミナル料金を収受するが、施設使用料および管理会社経費分担額を差し引かれた残額の支払いを受ける。

（四）運営上、基本的に必要な人員は各社から事務職員・作業員を派遣供出して共同で業務を行い、特別のプロジェクトごとに必要な応援人員（ラッシャーなど）は各社縦割りで充足する。[50]

つまり契約は船社ごとに行うが、金銭の収受は共同管理会社を通して行われるとしており、労働と報酬の対価関係が曖昧になるような仕組みになっていることがわかる。

このことから①コンテナ化以前に港湾に残っていた船社と港運の業界間摩擦がいまだに完全には解消されていないこと、②コンテナ化の中にそれ以前の形式を変容させつつも残していくことを思案してきているのであって、船社、港運の縦割り業界の構図そのものを取り除く意志は今のところないこと、が推量される。

その是非はともかく、こうしたコンテナ埠頭の共同運営体制の推進は経費削減のために港湾施設を集約化し、共同の流通センターを埠頭ごとに設ける動きにつながっていく。

一九八四年（昭和五九）に「コンテナ埠頭背後地の流通センター整備について」の構想が日本港運協会から発表されると、「新たにコンテナ埠頭背後地に大規模かつ総合的な流通センターの整備」[51]を行い、港頭地区における貨物の集配施設の不足状況に対応しようとする動きがあった。共同管理会社設立の背景にもあったように、その際には港湾運送事業者の活力を導入することが明確にされた。その一方で、その大規模な土地を確保するには港湾管理者である東京都の積極的協力が不可欠であった。

そのため、流通センターの施設管理面は港湾管理者、経営的運営面は港湾業者を主体とする体系が生まれた[52]。そして青海埠頭は「全国主要港で国際複合一貫輸送の前線基地となる大規模流通センター」[53]建設の最初のモデルとされた。すなわち、青海流通センター株式会社の設立である。

青海流通センターの計画は「コンテナ・バース背後地に東京都と共同で合計三棟の施設（第一期二棟は各棟三階建延三万八〇〇〇平方メートル、一階公共上屋、二、三階青海流通センター）」[54]を青海埠頭C－1、C－2の東京都公共用地およびその隣接地（C－3、C－4予定地の背後地）に建設しようとするものであった。

その運営業務のため、青海流通センター株式会社が新たに資本金七億五〇〇〇万円で設立された。その事業内容は主に①施設の管理、②複合一貫輸送貨物の船社への斡旋であった。こうした集団化倉庫は、コンテナ化にともなう荷役の機械化によって起きた港湾労働空間および荷捌業務空間の変化と相まって起きた動きであり、これらは連動して東京港の海岸線を書き換えていった。さらに、流通センターは貨物の出入庫の集団化だけでなく、保管業務の集団化を港湾にもたらした。このこともまた都市倉庫の自動倉庫化と呼応するようにオンライン化と結びついたロジスティックスの前兆でもあった。

こうして推進されたものはかつての海上輸送による陸上運送への進出に他ならなかった。このことは歴史的に港運業社が最も危機感を抱いてきた事態であったが、コンテナ・ヤード、コンテナ・フレート・ステーションまでその職域を拡大したことが一九八五年（昭和六〇）の港湾運送事業法改正へとつながっていく。その骨子は船内荷役と沿岸荷役を統合して新たに港湾荷役事業としてコンテナ業務の実態に合わせつつ、もう一つの近代化である倉庫業における統括管理行為として電算機（コンピュータ）を使用した業務を新たに追補した点にあった。この新港湾運送事業法の制定によって、正式に港湾の近代化はコンテナリゼーションとコンピュータによる管理システムの導入の両輪によると定義されたと言える。

その統合モデルと位置づけられた青海コンテナ埠頭の空間にさらに迫っていく。

青海埠頭空間にみる港湾共時態モデル

青海埠頭はその西側の第一航路に面する青海コンテナ埠頭と東側の一〇号埋立地その二に面するお台場ライナー埠頭が並行するかたちで構成される。それら両埠頭に挟まれて青海流通センターを始めとして各民間倉庫が立ち並んでいる。すなわち青海埠頭はその西側をコンテナ専用埠頭として、その東側を在来船埠頭として供用しており、東京港のコンテナ化導入以降にみられた港湾労働空間の変化とそれ以前より残る伝統的荷役空間が並立する稀な埠頭である。

そのため青海埠頭はコンテナ化と電算化という二つの港湾近代化の統合モデルでありながら、近代化の中を生き残

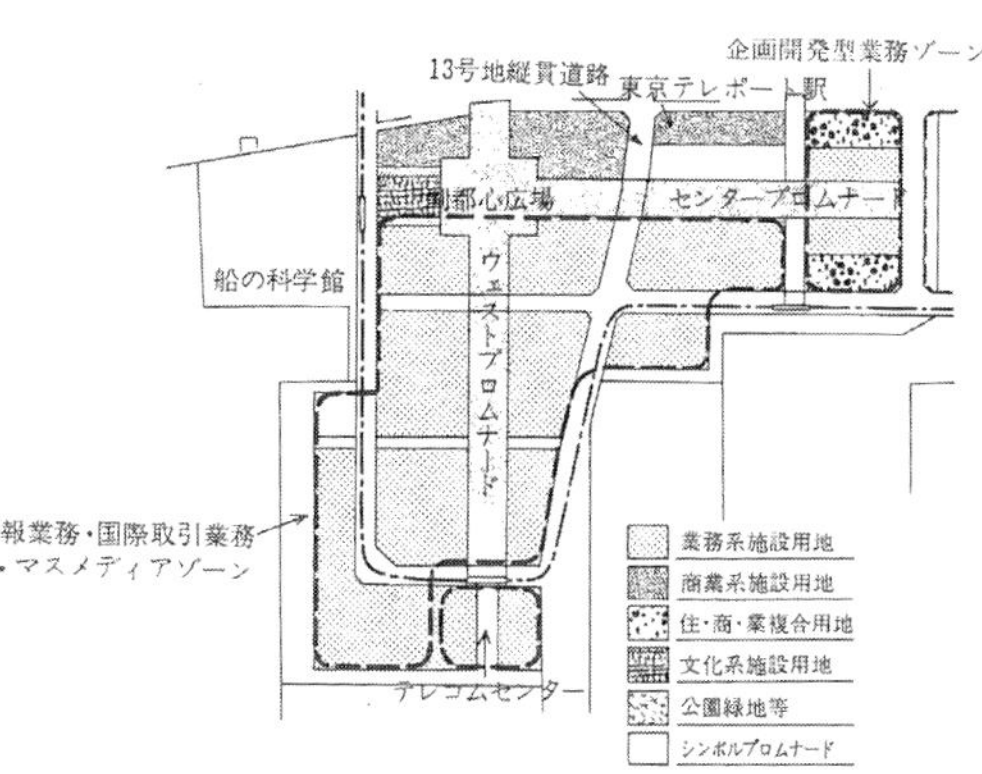

図 4-4 『東京港第五次改訂港湾計画資料』に記載された都市博中止以前の「青海地区の土地利用構成」

青海埠頭空間には，世界都市博覧会中止以前の一時に都市空間とみなされた歴史を持つ固有の場所性が，本来歴史のない埋立地にかかわらず発生している．東京港港湾管理者『東京港第五次改訂港湾計画資料』(1988年，109頁)．

った伝統港湾が同居するモデルともみなされる。

このような複数の海の価値観が複合されたモデルが青海埠頭空間に生まれた歴史的な背景には、これまで見てきたように一三号埋立地が東京の都市史において臨海副都心構想の主舞台として目されながら、世界都市博覧会の中止によって「世界都市」の概念がこの場所において「世界の関係の中での都市」へと書き換えられたことにある（図4－4、図4－5）。

そうした場所に国内最初の大規模流通センターを開設した港湾行政の意図は、東京港をわが国の新たな主港として国際物流時代に打って出ようとした戦後の東京築港の意志を接ぐことにあったのは疑いない。

これによって国内的には臨港の横浜港との立場の逆転が明治以来ようやくなったのであり、国外的には世界有数のメトロポリスの主港としての本格的なデビューであった。

その上で、今度は陸上の都市に働きかける海上システムとしての新旧の港湾が複合したモデルとみなして青海埠頭の平面構成を空間的に展開してみる（図4－5）。

中央の青海流通センターの表側（西側）に五つのコンテナ・バースが並び、裏側（東側）にはワールド流通センターとコンテナ・バン・プール（③～⑧）が控える。さらにその東には、埠頭の中心を南北に縦貫して台場から中央防波堤内側へと抜ける道路が通り、これは第二航路海底トンネルとなっている。これを境に東側は一〇号埋立地に面して在来埠頭となる。そのため、青海埠頭の東側ラインは在来バースに沿って第一号から第九号までの上屋が立ち並び、

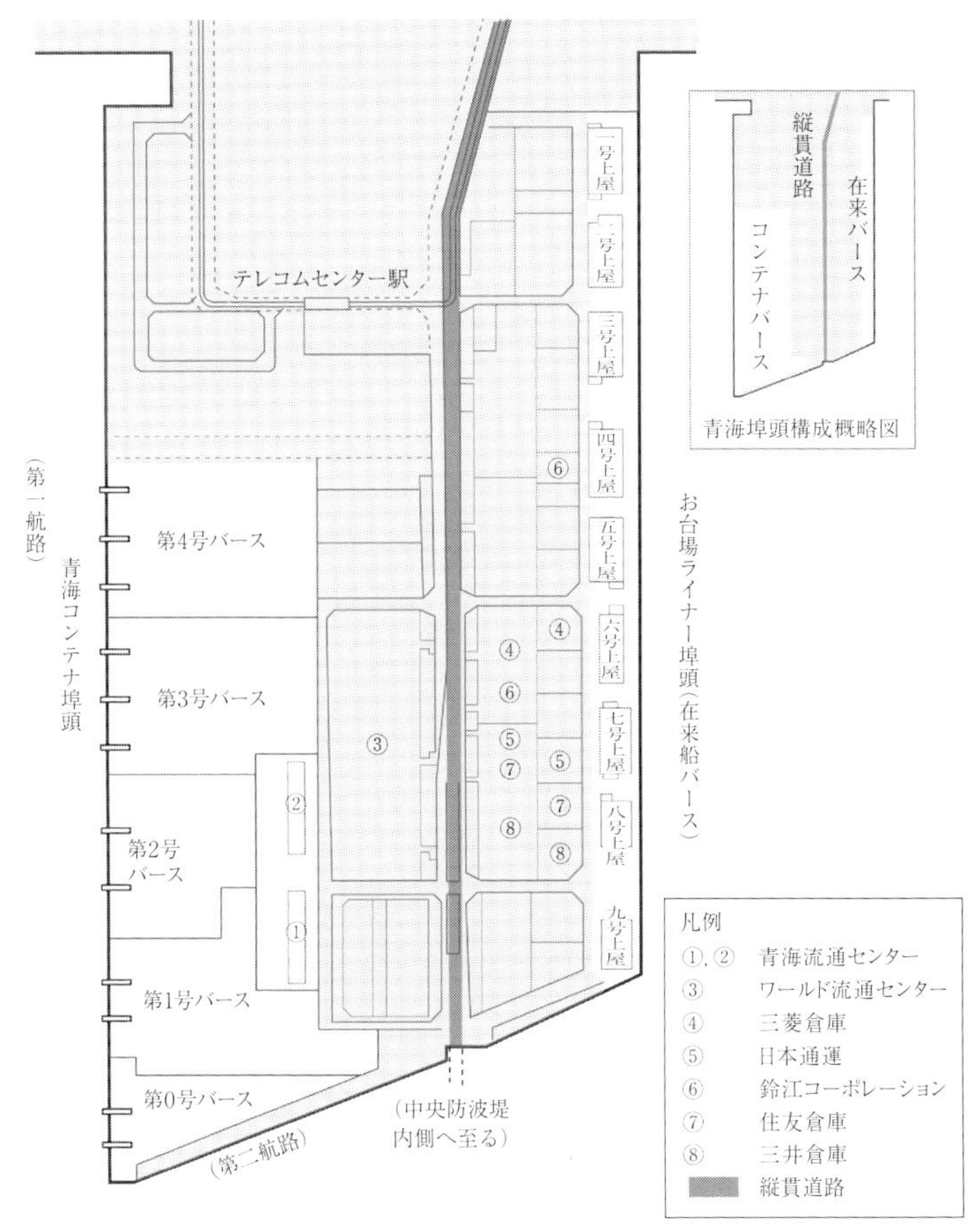

図 4-5　青海埠頭平面図

東京都港湾振興協会編『東京港ハンドブック 2009』をもとに筆者作成.

その背後（西側）に縦貫道路と挟まれた区画に沿って各民間倉庫が割り付けられている。

ここで青海埠頭の特徴として挙げられるのが、コンテナ埠頭と在来埠頭の共存という特質からその倉庫群の配布にもターミナル・オペレーターとしてコンテナ業務を主とする倉庫業社と在来倉庫業社が混在している点である。具体的には、三菱倉庫株式会社、日本通運株式会社、鈴江コーポレーション株式会社のターミナル・オペレーター三社がワールド流通センター背後地に縦貫道路沿いに陣取り、その脇を住友倉庫、三井倉庫が固める。一方でこれらの倉庫業社もまた在来部門は残しており、反転する形で在来バースに並行して在来倉庫を構えている。その他の倉庫用地には残りの在来倉庫業社が順に並んでいる。

このように青海埠頭は中央を縦貫し、第二航路海底トンネルへ接続する道路を境にコンテナ埠頭と在来埠頭が表裏一体となって併存する埠頭である。

国際複合一貫輸送時代を迎え、コンテナ埠頭は世界中の都市に設けられた各倉庫業者、船社との地球スケールの立体的な関係の中で港湾空間を分節し、その一方で在来埠頭は同様に国際化による近代化を迎えつつも従前の港湾労働のスタイルを残しつつ港湾空間を形成していった。

そしてその港湾空間は先に述べたそれぞれの荷役空間の近代化方法をなぞらえて、コンテナ・ヤード、荷役を必要とする上屋、という対照的な空間を同一の埠頭の左岸と右岸に作り上げている。

このようにコンテナ以降の近現代港湾において港湾空間は、オンライン化やロジスティックス技術の発展などと結びついた機械化（オートメーション化）による無人化空間と、港湾労働者による荷役によって依然として一港湾内の立地に固執しなければならない有人の伝統空間、の二律が背反する構造を持つと言える。

そしてそのいずれの優劣もない二つの価値観が併存する港湾へのまなざしが、現在に至る近代メトロポリスの構造を鮮明に浮かび上がらせている。

分節構造を持つ倉庫の配布

非商品である貨物を扱うトランクルーム業の開発は、国際輸送業務などによって新たに構築されはじめていた倉庫業の世界的なネットワークに、個に分節された構造概念をもたらした。

この考えは、陸にある都市機能が南下する形で港湾機能を南に押しやってきた東京港の歴史において最後のフロンティアとされた青海埠頭で結実する。すなわち、臨港地区の指定を受けつつ、分区指定を設けないことによって港湾機能を守りながらも都市機能が複合する青海埠頭は、新港湾事業法によってコンテナ化、電算化、船内荷役と沿岸荷役を統合した港湾荷役事業による運営形態を生み出した。これはオンライン化によって個別に分節したネットワークによる管理と従来の荷役業務を組み合わせた統合モデルとみなすことができる。

つまり、このとき青海埠頭には国際的な配布ネットワークによってもたらされた倉庫空間と在来船独自の近代荷役空間の複合したモデルが表現されている。この青海埠頭にみる二律背反の構造は、機械化による空間の無人化と有人の伝統的港湾労働空間が背中合わせに展開する埠頭空間とその倉庫群空間によって具現化された。

本節ではこれらの過程を空間論として復元および検証した上で、倉庫群の配布構造を、①個々の倉庫が世界との立体的な関係の中で都市を分節していくことで港湾が再編集されて都市の周縁ではもはやなくなっていくシステム論と、②荷役空間に代表される港湾労働者が依然として留まり続ける空間論、の両論によって示した。

この両論から青海埠頭空間の構造を解き明かしていくことによって、近代メトロポリスにおける倉庫群の配布が都市構造を担う原理を明らかにした。

(1)　三菱倉庫編『三菱倉庫百年史』(三菱倉庫、一九八八年、四一八頁）より引用。
(2)　本書第２章第１節を参照。
(3)　前掲注１『三菱倉庫百年史』(四一九頁）を論拠とする。
(4)　東京都港湾局編『東京港史』第二巻　資料（東京都港湾局、一九九四年、三四五―三四六頁）を論拠とする。
(5)　前掲注１『三菱倉庫百年史』(四三一頁）より引用。
(6)　渡邊大志「東京港における大井埠頭建設の都市史的位置」(『日本建築学会計画系論文集』第七七巻第六二九号、一二五一―

二二五七頁）を参照。

（7）このことについて、東京都港湾局編「東京港発展の軌跡」（『東京港史』第三巻　回顧、東京都港湾局、一九九四年、一六二頁）に、元東京都港湾局長、港湾振興委員会委員長、奥村武正の次の記述が認められる。

「（運輸省が）コンテナ公団というのをつくりたいのだが横浜市はどうだろうかと言ったら、当時横浜市は飛鳥田さんが市長でございまして、国に造ってもらうのは結構だけれども、管理は横浜市でやりたい。建設公団というのは必要ないから横浜市でやらせてくれと、要するに建設公団構想には乗れないということで横浜は反対したのです。それですっかり運輸省の臍が曲がりまして、私が呼ばれましたが、私は横浜がやらないことは全部東京でやるのだから引き受けましょうということで、東京に全部やらせようということになり、東京は一二バース計画ということでやろうとしたのです。ところが、そこで横浜がはっと寝ている目が覚めまして、（……）何とかして横浜に少し分けてくれと運輸省を通じて言って来たのです。（……）なんとかということで、オーストラリアの国営船社と川崎汽船が合同でやっている航路だけは横浜にやらせようではないか。あとは大井埠頭の八バースは東京でやるということでスタートしたのが外貿埠頭公団なのです」。

（8）前掲注1『三菱倉庫百年史』（六六〇頁）を論拠とする。

（9）前掲注1『三菱倉庫百年史』（六六〇頁）より引用。

（10）前掲注1『三菱倉庫百年史』（六六一頁）を参照。

（11）前掲注4『東京港史』（三四五―三四六頁）を論拠とする。

（12）東京都港湾局編「東京港における港湾荷役等の変遷」（前掲注7『東京港史』第三巻所収）東海海運株式会社取締役社長鶴岡元秀の言より引用。

（13）前掲注1『三菱倉庫百年史』（五四三頁）より引用。

（14）住友倉庫編『住友倉庫百年史』（住友倉庫、二〇〇〇年、一九五頁）を論拠とする。

（15）前掲注1『三菱倉庫百年史』（五四三頁）を論拠とする。

（16）覇権都市という概念は、ウォーラーステインの世界システムの中でヘゲモニー都市として提唱された（川北稔編『ウォーラーステイン』みすず書房、一九八六年、三八―六八頁などを参照）。ここで、ウォーラーステインは一港湾の枠を超えて都市を規定する視点をもたらした。そして、覇権都市という概念を通して、フェルナン・ブローデルがすでに唱えていた中継倉庫の概念を眺めるならば、米国発のコンテナリゼーションの普及を近代の世界システムと捉え、その上に成立している近代都市に覇権都市を見出すことができる。

(17) 前掲注14『住友倉庫百年史』（四三一頁）より引用。
(18) 前掲注1『三菱倉庫百年史』（四一六頁）より引用。
(19) 三井倉庫編『三井倉庫八十年史』（三井倉庫、二〇〇〇年、四一九頁、表三－一－三）を参照。
(20) 前掲注1『三菱倉庫百年史』（五三九頁）より引用。
(21) 前掲注14『住友倉庫百年史』（四九〇頁）に記載された数字を論拠とする。
(22) 日本港運協会編『日本港運協会三十五年の歩み』（日本港運協会、一九八三年、一〇〇頁）より引用。
(23) 前掲注1『三菱倉庫百年史』（四八八頁）より引用。
(24) 前掲注1『三菱倉庫百年史』（四八八頁）を論拠とする。
(25) 前掲注1『三菱倉庫百年史』（五八五頁）より引用。
(26) 渡邊大志「東京港における大井埠頭建設の都市史的位置」（『日本建築学会計画系論文集』第七七巻第六二九号、二二五一―二二五七頁）を参照。
(27) 東京港港湾管理者『東京港改訂港湾計画資料』（一九六四年）に添付された「東京港第二次改訂港湾計画平面図」に図示された改訂後の外形線と航路計画輪郭線に、東京港港湾管理者『東京港第六次改訂港湾計画』の「東京港第六次改訂港湾計画平面図」に図示された臨海道路計画線と併せて筆者作成。
(28) 「東京都港湾審議会速記録」（東京都港湾局、平成六年七月二六日）岡部保日本港湾協会会長発言を引用。
(29) 前掲注28「東京都港湾審議会速記録」西田委員発言を引用。
(30) 「東京都港湾審議会速記録」（東京都港湾局、平成七年三月一四日）西田委員発言を論拠とする。その内容は次の通り。
「晴海の朝潮埠頭、それから豊洲の物揚げ場、有明北地区の業者の移転ということにつきましては、いずれにしても、臨海副都心開発に絡みまして、この三埠頭の大街区の区画整理で広域幹線道路をつくるための移転であるということだと思うのです。臨海副都心開発につきましては、財政的にも計画的にも既に破綻を来している」。

(31)「東京都港湾審議会速記録」(東京都港湾局、平成八年一月二五日)五十嵐委員発言を引用。
(32)前掲注31「東京都港湾審議会速記録」砂岡臨海部開発調整担当部長発言を引用。
(33)前掲注31「東京都港湾審議会速記録」曽根委員発言を引用。
(34)「東京都港湾審議会速記録」(東京都港湾局、平成一〇年一月二六日)藤崎臨海部開発調整担当部長発言を引用。
(35)東京港港湾管理者『東京港改訂港湾計画資料』(一九六四年)に添付された「東京港第二次改訂港湾計画平面図」に図示された改訂後の外形線と航路計画輪郭線に、東京港港湾管理者『東京港第六次改訂港湾計画』の「東京港第六次改訂港湾計画平面図」に図示された臨海道路計画線と併せて筆者作成。
(36)三井倉庫編『三井倉庫八十年史』(三井倉庫、二〇〇〇年、五三一頁)より引用。
(37)前掲注1『三菱倉庫百年史』(四四三頁)を論拠とする。
(38)前掲注1『三菱倉庫百年史』(四四三頁)を論拠とする。
(39)前掲注1『三菱倉庫百年史』(四四四頁)より引用。
(40)前掲注1『三菱倉庫百年史』(四四五頁)より引用。
(41)前掲注1『三菱倉庫百年史』(五三二頁)を論拠とする。
(42)前掲注1『三菱倉庫百年史』(四五五頁)を論拠とする。
(43)「東京都港湾審議会速記録」(東京都港湾局内部資料、平成一〇年一月二六日)永井港営部長発言より引用。
(44)前掲注43「東京都港湾審議会速記録」永井港営部長発言を論拠とする。
(45)前掲注43「東京都港湾審議会速記録」永井港営部長発言を論拠とする。
(46)前掲注43「東京都港湾審議会速記録」曽根委員発言を論拠とする。
(47)「東京都港湾審議会速記録」(東京都港湾局内部資料、平成一一年一一月一五日)増田港湾整備部長発言を引用。
(48)前掲注1『三菱倉庫百年史』(六六四頁)を論拠とする。
(49)前掲注1『三菱倉庫百年史』(六六五頁)より引用。

(50) 前掲注１『三菱倉庫百年史』（六六六頁）より引用。
(51) 前掲注１『三菱倉庫百年史』（六六六頁）より引用。
(52) 日本港運協会「事業報告書」昭和六〇年六月（日本港運協会、一九八五年）を論拠とする。
(53) 前掲注36『三井倉庫八十年史』（五〇五頁）より引用。
(54) 前掲注36『三井倉庫八十年史』（五〇五頁）より引用。

終章　都市の領域・埠頭空間・倉庫

本書は水と陸の境界の倉庫群の配布をめぐる港湾近代化の歴史から、東京の近代メトロポリスとしての都市構造の一端を明らかにすることを目的としたものである。

すなわち、東京港という〈みなと〉を近代都市生成の主役に添え、倉庫業に代表される世界的ネットワークのシステム論と埠頭空間および港湾空間の空間論の両輪によって東京港が果たす都市構造上の役割を明らかにすることで都市の未来におけるその有効性を示そうとした。そして、東京が鉄道や道路といった陸のインフラだけではなく、むしろ外域から直接物資を運び込む船舶の航路や埠頭の水際線に配布された倉庫群による不可視の海のインフラによってより主体的にかたち作られてきた骨格を解き明かそうとした。

本来、〈みなと〉は都市と都市をつなぐ装置（システム）であるとともに、外部からあらゆるものが入って来る空間的な入り口でもある。その多くは自らの都市の領域の外域からもたらされる「富」であり、わが国においては米や調度品といった物資を蓄える〈クラ〉はそのわかりやすい空間表現であった。〈みなと〉のシステム的な側面が近代を迎えて港湾と呼称されるが、一般に〈クラ〉もまた互いのつながりをより重視した倉庫となってこれに応えてきた。近代港は〈みなと〉からそのシステムと空間を引き継いだために、依然として都市の領域と構造の根幹を担っている。

東京港は首都の港でありながら、その近代以降長年に渡って内港に徹してきた。国際港の立場を臨港の横浜港に譲り、少なくとも世界港湾史において主たる港ではなかった。そうした東京港の歴史は、その他の世界的メトロポリスであるロンドン、ニューヨークなどの港と比較しても際立って恵まれないものであった。そのため、江戸から東京へと都市を近代化した主機関（エンジン）として東京港を捉えようとする試みは、一見すると実りが少ないように思われる。

しかしながら東京港が迎えた戦後の二つの画期は、東京港が都市に主体的にかかわることができなかったそれまでの消極的な歴史を一気に拭い去るものであったと同時に、国内の横浜港、神戸港などの江戸末期から続く国際港や国外の世界中の首都の港などから見出すことが困難な東京港独自の都市の近代化の様相を示した。

大井埠頭の新設はそれまでの境界線としての海岸線の概念を更新し、青海埠頭は臨海副都心構想の頓挫による世界都市博覧会中止を経てそれ自身が新たな都市モデルへと昇華された。

その東京港の世界の中でも特殊な近代は、時代とともに受け継がれつつ徐々に近代へと落とし込まれていったある意味では順調に近代化したどの都市、港湾からも見出しづらいものである。

本書が一貫してその特異性に意識的でありながら詳らかにした東京港の都市史上の価値は、不可視の倉庫群ネットワークと可視の埠頭倉庫群空間、無人のロジスティックスと有人の荷役空間といった常にシステムと空間の両義的側面から従来の社会共通資本としての都市インフラの概念を拡張した存在に港湾を押上げたところにあると考えている。

倉庫業の電算化に代表されるようにオンラインによって世界中の港が結ばれ、都市もそのネットワーク上の位置による寓意として把握される時代になって、このことはより一層顕著になるとともにその意義もより深くなっている。

その過程と詳細を明らかにするために、本書では戦後の大井埠頭新設とその前史としての明治期東京港湾、一九九〇年代の青海埠頭形成とその前史としての八〇年代臨海部という大きく二本の柱を立てた。さらに、この二本の柱をそれぞれ二章ずつに分けた上で、全四章を築港という一つの基盤に拠って立つ都市の三つの構造として本書を読むことも可能である。

すなわち、第2章の前史としての第1章、第4章の前史としての第3章であると同時に、第1章における築港の問題を共通の基盤とする、第2章のコンテナ、第3章の世界都市、それが一つの埠頭空間モデルに結実する第4章の分節と配布、の三つの都市インフラとして港湾像を描く二重の構造を企図して本書の全四章は構成されている。

＊

その上で、第1章は明治期における築港概念を三つに類型化することから始めた。①都市インフラとして陸海一体となった築港、②言説の中に構えた港湾を体験させる築港、③埠頭の配布概念を基盤とする築港、の三類型は明治期東京築港の歴史の成果とみなされる。その後、主に政治経済の圧力によって東京築港の問題が海港から河川港の範疇へと押しやられていく中で、技師直木倫太郎による三度に渡る隅田川口改良工事の実践はひとえに首都東京の港を築港の理念の下に引き戻そうとした努力に他ならない。

その際には築港の主体をどのレベルの行政が担うのかが常につきまとう問題であった。すなわち、内務省、東京府、東京市の相互関係は工事予算の枠組みに反映されやすく、結果として東京市は自ら主体的に築港を進めるために東京市単独予算で事に当たることを選択した。しかしながら、このことには進めるべき築港の理念を予算削減と費用対効果のための埋立地政策へと貶めていく矛盾があったことは否めない。いわば築港を主導するために築港の本義を捨てざるを得なくなり、東京湾澪浚渫工事、荒川放水路工事、隅田川口改良工事の三河川工事の連続によって東京港は形づくられていった。

直木の実践はこうした中で試みられたものであったが、直木の中にあったであろう河川港と海港のせめぎ合いの葛藤は、そのまま境界線を水際線とみなす戦後の東京港に継承されたことによって一定の実りを果たしたと評価できる。つまり、近代初期の東京港湾は境界線としての水際線をその構成原理とした。そしてその原理は戦後の港湾法に継承され、戦後の東京港はその港湾法を根拠として港湾管理者である東京都独自の東京港港湾計画が策定される現代に接続される。

＊

この境界線としての海岸線の性質と、河川と築港の境界の両方の線引きを取り払う契機となったのがコンテナリゼーションの導入であった。コンテナリゼーションは世界システムであり、自ずと一港湾の中の論理によって自閉し内港に徹してきた東京港をそれまでの束縛から一気に開放する出来事であったと言える。

第2章はその最初の実践であった大井埠頭新設に焦点を絞り、その過程と成果を復元、評価することによって戦後東京港が持つ都市史における近代港湾の特質を詳らかにした。

大井埠頭新設の最大の目的であるコンテナリゼーションの導入のためには、当時の港湾に網をかけていた港湾法の外に埠頭を成立させる根拠法の制定が不可欠であった。それは明治期以来の境界線としての水際線を順守する港湾法の原理が、当時の海運業と港運業の境界を不可侵とする業界間の慣習と化していたことを弊害として、コンテナリゼーションはその業界間の境界を取り払った埠頭の一体的運営によって果たされるものであったためである。

これを主導した運輸省には当時事務次官を務めていた若狭得治がおり、外貿埠頭公団法の制定や「若狭裁定」に代表される強力な牽引が圧力となって大井埠頭は新設された。

そこにはさらに港湾法上の港湾管理者である東京都の企図として、当時の東京都副知事であった鈴木俊一の主導による東京オリンピックのためのインフラ整備計画が重ねられていった。すなわち、埠頭の一貫責任制による運営であるコンテナリゼーションの導入が世界の港と同規格のコンテナ船が航行可能とする東京港第一航路を浚渫させ、これが隅田川口に至ることによって東西に分断される東京港をつなぎとめるものとして大井埠頭の基部を縦貫する湾岸高速道路が建設されるに至った。これによって立体的な十字をなす陸海のインフラを骨格として、東京港の近代はその空間構造とともに大きく更新されたのである。

この立体十字にみる港湾近代化の陸海二つのイデオロギーは、その対象とされた大井埠頭空間における国鉄用地と倉庫用地の立地と運営形態に反映された。そして共に港湾の近代化を目指しつつも、依然として残る陸海の主体をめぐる微差が水と陸の境界にある倉庫群の配布を決定しつつ、同時に背後地にある大井町の街区更新における都市化のヒエラルキーを生んだ。本書はこのことを大井埠頭倉庫群用地の貸付けとそこから始まる空間的展開をみることによって明らかにしている。

その上で、大井埠頭の倉庫配布からコンテナ化以降の近代埠頭空間を読み解く五つの指標を見出し、これらを用いて再度大井埠頭空間形成の歴史を読み直すことによってその普遍性を獲得することを企図した。第2章は、これによってコンテナ・バン・プールを含む倉庫群を海と陸のすき間に設けられた「情報の空地」として新たな「インフラ」とみなせることを結論とすることで、明治期以来の境界線としての海岸線の概念は更新されたとしている。

＊

コンテナ化を経た東京港の次の画期は一九八〇年代に臨海部を席巻した臨海副都心構想の気運であった。それは港湾の都市空間化を目的としたものであり、あくまで港湾機能の近代化による港湾近代化を目指してきた東京港の歴史を大きく転換するものであったとみなされる。

第3章ではその当時の言説を三つに分類した上で、臨海副都心構想が東京論としての都市構造論であったウォーターフロント論を再開発論にすり替えてできた架構の上に立てられたことを明らかにしている。こうして生まれた港湾を都市空間化していく動きは、当時の鈴木都政下にあった東京港の臨海部を舞台にシステムと空間の両輪で展開されていった。その際にキーワードとなったのが「世界都市」という概念である。

当初の世界都市は新土地利用方式による臨海副都心とその建設過程を展示物とする世界都市博覧会によって接続さ

れることで成り立つ概念であり、それは従来のメトロポリス像の範疇から逸脱するものではなかった。そのことは港湾を都市空間化することを最大の目的とした以上必然の結果でもあり、経済が右肩上がりの時代においてはその推進力を高めることが港湾行政の主流とされた。そのため、一九八〇年代の臨海部はその時代に限ってみるならば画期とはみなされない。

しかしながら、バブル経済の崩壊とともに臨海副都心構想が頓挫し、世界都市博覧会の中止が決定されたことによって状況は違ってくる。商港区の指定を行わず、臨港地区の分区指定を行わなかった青海埠頭に代表されるかつての都市空間化の候補地は、臨海副都心構想を展開する口実とされたテレポート構想の見直しによってその埋立地の持つ港湾空間モデルとしての可能性を示すに至るためである。

テレポート構想の見直しは、情報基地としての港湾に本来はその基幹施設が集中する必要がなかった初心を取り戻させ、ネットワーク状に成立する都市の概念を世界都市のあり方に見出す契機となった。

そのとき、臨海部の八〇年代は更新された世界都市を空間モデル化していく一九九〇年代の前史とみなすことができ、また、一港湾を跨ぐ世界的ネットワークによって分節された都市像を港湾から生み出したことを示すことによって初めて画期とみなすことができる。

＊

臨海部に臨海副都心構想と旧態依然とした世界都市概念が展開していく一方で、コンテナ時代の東京港からは在来船事業における近代化の道も辿ることができる。

その過程を復元することから始まる第4章は、第2章におけるコンテナ化とは異なる港湾の近代化方法が第3章で示した港湾の都市空間化が頓挫した歴史と出会うことによって、伝統性をともなう分節されたネットワークが空間として現出するに至った東京港湾空間の特質を明らかにする。

在来船事業の合理化は艀荷役の廃止と余剰船員の発生をもたらした。このことは同時に港湾空間に残された港湾労働者に複数の荷役業務を兼務させることを促し、職方の多能工への質的変化をもたらした。コンテナ化が運営システムによる埠頭の合理的な風景を作り出したことに対して、在来船業務の近代化は港湾労働者の身体の中に合理化を求め、在来船バースにおける港湾荷役空間の合理的な風景を作り出した。

そしてプラント海貨に代表される国際輸送業務への倉庫業の展開はコンテナ船に積載できない貨物の需要を近代港湾の中に残すと同時に、米国海事法の改正による国際輸送間における二重価格の撤廃をもたらす圧力となった。

いずれにしてもコンテナ化以降の倉庫業においては港湾倉庫を専らその近代化の主流とする一方で、都市倉庫における近代化もそれに並行して行われてきた。その代表的なものがトランクルーム業の展開にともなう自動倉庫化である。流通倉庫と異なり非商品である貨物を対象とし、荷種ではなく顧客ごとに分類、管理するトランクルーム業の発生はその複雑さからオンラインシステムとの接続を必要とした。これによって保管倉庫は港湾のコンテナ化と対となる別の近代化の系統を獲得した。

港湾機能におけるいくつかの近代化の流れを整理するならば、コンテナによる近代化、それ以外の在来船と特殊船業務による近代化、都市倉庫のオンライン化と結びつくことによる近代化の三つの流れがあったとみなすことができる。これらが一体となって東京港の一九八〇年代の都市空間化が頓挫した歴史と出会った場が青海埠頭に他ならない。

その倉庫群空間の構成は、海運業者と港運業者の共同出資による流通センターを軸として西岸をコンテナバース、東岸を在来船バースとし、その北部を商業施設と直結する。

このことは分節された都市像として「世界との関係の中での世界都市」に更新された世界都市が港湾空間に現出したモデルとみなすことができる。すなわち、青海埠頭は国際的な配布ネットワーク空間と在来船荷役空間の複合モデルであり、これは臨港地区に指定されながらも分区指定がされなかったことで、新港湾事業法に定められたオンラインと直結した流通センターの埠頭運営による倉庫業務が最初に展開したモデルでもある。

つまり、この青海埠頭空間には東京港湾近代化の理念の共時態的複合性を見出すことができる。

その埠頭空間が第一航路を挟んで大井埠頭空間の対岸に構えられたことによって東京港の空間的骨格もまた定められた。

臨海副都心構想のための業者車輌の迂回路と想定された東京港臨海道路が東京都の港湾計画の中に都市博中止以降も残されて建設されたことによって港域の南端が規定され、北西から港湾機能を南東へと港湾機能を押しやってきた戦後の東京港の空間構成に歯止めがかけられた。その際の港域の最南端に突き出すかたちで形成された青海埠頭空間が大井埠頭空間のコンテナバースと第一航路を挟み込むことによって、大井埠頭新設時に企図された東京港の骨格はいくつかの変転をみながらもその円環を閉じるのである。

そして第4章でみてきたように、そこには港湾労働者の姿が依然として残されていた。

＊

本書はこのように、東京港の各時代において港湾が都市形成上果たした役割とその詳細を明らかにしながら、その特殊な近代が生んだ港湾の都市構造上の先見性を見出そうと試みたものである。その都度、水と陸の境界にある倉庫群の配布とその空間的展開の変遷が港湾に潜む広義な「インフラ」を見出す媒介として働いていることもまた、システムとして作動しながらも空間を失うことがない都市のインフラストラクチャーとしての港湾の性質を物語っている。

東京と一言で呼ぶとき、それが経済的な影響のある領域なのか、それとも地理的な領域であるかは曖昧である。おそらくその両方なのであろうが、本書では一貫して港湾から「東京」と呼び続けてきた。

その真意はひとえに東京とは何かを考えることで、七〇億人と言われる地球の人口の五〇％以上が暮らすとされる都市のダイナミックなメカニズムを唯物的に捉えることにあった。

埠頭空間は都市の〈みなと〉を港湾という近代言語に置き換えた張本人であり、〈みなと〉に分業をもたらした。埠頭の配布が初期の東京港港湾計画の主要な作業となったのはそのためである。そうして、埠頭空間は自らが都市を形づくるインフラの一つとなりつつ、その胎内に空間を内包する特異な存在として位置づけることができた。

その上で、その埠頭空間のインフラ化の仕組みがシステム論と空間論の二本の車輪によって倉庫の性質と配布のされ方に結実していることを解き明かそうとした。

すると、話の始まりと終わりをとらまえてみれば、東京と呼ぶ領域と埠頭空間、そしてその内部に配される倉庫群の関係であることが浮かんでくる。これを遡行するならば倉庫群の「配布」は都市の領域、すなわち何をもって都市とするかを決める重要な因子とみなされる。

本書はその問題を、解いたのである。

附論 〈みなと〉からみた都市の姿

――「分節港湾」単位系の都市の萌芽

埠頭の類型化について

大井埠頭の新設過程で顕著に現れたように、港湾の構造は埠頭の性質の変化と密接な関係にある。ここでは既成市街地へ連鎖する性質の違いによって埠頭の類型化を試みたい。

このことは、たとえ同一の埠頭であったとしてもその性質の違いによって区別して取扱うことを可能とし、また、現実の港湾が埠頭の集積で形成されていることを鑑みればその市街地形成への影響も埠頭の類型に従って細分化して眺めることができるためである。

一般に埠頭の接岸機構は取扱い貨物による船舶の性質に深くかかわっており、荷役と併せて計画されてきた。そのため明治以降、時代が下るに従って埠頭は次第に特定の取扱貨物ごとに専用埠頭化されて港湾に配布されるようになっていく。

このことは、たとえば一度ガントリークレーンが設置された埠頭ではコンテナバースとしてしか利用はできないことを意味し、そこには一次産品が荷積みされる港湾空間は長期に渡り発生し得ないことから、今後も埠頭の専門分業化はますます進んでいくと推察される。

ただし、そこには荷主ごとに貨物を管理することでその数と埠頭の類型の組み合わせの分だけの細分類が生まれる。同様に金属くず、紙・パルプ、鉄鋼、コークス、電気機械、水産品、野菜、果物といった具合に特定の貨物を外貿、内貿の区別と併せて一港湾内の埠頭群に配布する上でそれらを長短期にストックするための倉庫群もまた東京港全体に配布されていく。これらのことが組み合わさった結果として、最終的にその埠頭空間に所属する倉庫の配布状況に埠頭の性質が表現される。

以上を踏まえながら、倉庫にストックされる「商品の性質」を尺度として埠頭を分類する。すでにみてきたように、都市の海岸線に求められる性質は時代によって変化する。そのため、同様な変化が絶えないであろう未来においても都市を港から眺める際の尺度としての有効性を維持し続けるために、従来の貨物ごとの専用埠頭の枠組みを横断する「商品の性質」を再定義する必要がある。

その際に質量の無いものまでを商品として売買するようになった現代では、従来の保管倉庫と流通倉庫の保管と流通という二項対立的な概念ですべての倉庫を類型することには限界がある。

たとえば、データ形式で売買される楽曲や電子書籍のように質量を伴わない商品のストックの場合においても依然としてそれらを保存管理するコンピュータの倉庫は必要である。そのときには、従来のように倉庫の中身に対する価値にではなく、保管や流通サービスそのものが対価を払うべき商品であり、価値の対象に含まれている。この場合、対価を払うべき情報に還元される対象であることにおいて保管と流通は同義とみなされる。

しかしそれでも私たちが電子メディアを再生する機器を依然として必要とするように、これらをストックするためのいわば「仮設の容器」が存在する限り、商品の売買による資本の交通において質量を伴う倉庫を扱う唯物論は未だ有効であると言える。こうした事態を想定してみれば、従来の保管倉庫と流通倉庫の差異を定義するためには、備蓄して資本となるか、流通してこそ価値のあるものとなるかといった、価値的質量の違いを量るための別の体系の尺度の必要性が生まれる。そして、この尺度を港湾倉庫へ拡張するならば、地理上の位置よりも交通・情報上の位置が重要となる港湾埠頭の現代的性質と結びついていくことが予測される。

そのため、埠頭の類型化には倉庫にストックされる商品の性質に加えて、さらに地理的要素とは異なる類の地勢学を新たに考慮しなければならない。

この二つの尺度を用いて考えるならば、たとえば保管を商品とする倉庫は港湾交通上の位置が重視され、流通を商品とする倉庫は地球スケールでの情報上での位置が重視されると言える。そして倉庫の貨物が質量も軽く不可視なものへと近づいていくほど、依然として港湾に留まり続ける埠頭空間に展開する倉庫群の性質は具象的であると同時に高度に抽象化していく。それにもかかわらず、埠頭の類型化を考える上での尺度は価値の対象が旧来のものから変化してそれに併せて埠頭の物理的性質が変化したとしても有効性を保てるものでなければならない。そして倉庫と埠頭の性質は表裏一体でもある。これらのことに想いをめぐらせてみると、従来のように埠頭をその接岸機構によって分類するのではなく、配される倉庫の資本の実体がどこにみられているかによって分類すべきであろう。

すなわち、①旧来の保存倉庫は一次産品が備蓄されている状態を保つことに価値が置かれているとみなされ、その状態そのものをストックする埠頭とみなされる。次に、②旧来の流通倉庫は二次産品を一時的に仮置きするものであるが、ここから商品が出ていくことに価値が置かれているため、空の状態であることをストックする埠頭とみなす。そして最後に、③対価を払うべき商品自体が質量を失い、それを人間が知覚するための仮設の容器に仮の価値を置くことをストックする埠頭を定義する。

この三つの性質をストックする倉庫として埠頭を再定義し、類型化を行う。

こうして、何を対価を求め得る対象とみた倉庫かという点を尺度としてストック機能を拠り所とした埠頭類型を行うことで、都市の資本をストックし続ける倉庫という機能を埠頭は一貫して保つことができる。

さらに、この三類型を同一の埠頭の中にも重ねてみていくことで、資本のストックとしての倉庫の配布から都市を繙いていくことまでを見据えておきたい。

以上のことから第一類型から第三類型までを次のように定義する。

第一類型　質量備蓄価値型——主にセメント、石炭、鉄鋼、塩、パルプといった原材料、一次産品などが備蓄され倉庫内が満たされた埠頭。空になることを防ぐため、港湾交通上での位置が重視される。

第二類型　空容積価値型——衣類や車などといった二次産品を一時保管し、また国際標準の単位容積である空コンテナを含む、倉庫内が空であることに価値がある埠頭。空であることを維持するため情報上での位置が重視される。

第三類型　仮容器仮価値型——質量のない商品の存在を知覚できるように視覚化した倉庫を含む埠頭。オンラインシステムの拠点として現実空間に建設される施設の価値とネットワーク上での価値は必ずしも一致しない。

原則的には、価値対象の変化によって倉庫の定義が変化し、これに埠頭の類型は連動する。しかしながら、現実の埠頭空間では第一類型から第三類型までのある時点を区切りとして完全に切り替わることはないため、同一の埠頭の中に三類型のうちのいずれか複数が重なっている状態を想定する必要がある。そのため、必ずしも類型の数字順に埠頭が進化するわけではないことを付記しておく。

米国商務省のコンテナリゼーション以降の方針

埠頭の類型から都市の未来を視るにあたって、二〇世紀最後の海の覇権構造となったコンテナリゼーションを生んだ米国のその後について補足しておきたい。

米国の海事法の改正はコンテナリゼーションの普及によって貿易を中心とする世界市場への米国市場の開放を表向きの目的とする一方で、あくまでそれは覇権国としてのアメリカを中心とした世界システムを目指したものであった。これと同様に、同じ一九六〇年代の米国の移民法の改正（一九六五年）は国際的な移民を受け入れる門戸を開きつつも、その実は国内での非合法移民の排除を目的としたことについて、当時の米国政府の施策（とその失敗の原因）は一貫して国際的な問題を国内問題として捉える姿勢にあったことが指摘されている[1]。

その真意は、国際的にある商品（資本）が移動する時、それを扱う人間（労働者）もまた移動していることへの視点の欠如に対する指摘であった。この指摘を世界的な近代交易システムとしてのコンテナリゼーションにも当てはめて考えるならば、国際標準のコンテナにパッキングされた貨物の移動と量に着目しても、これを扱う倉庫業社とその労働者たちの移動がその世界システムの変数とみなされてこなかったことが指摘される。在米船とコンテナ船、そしてトランクルーム業に端を発した自動倉庫の誕生といった異なる複数の港湾近代化の方法が、労働空間の質的変化に至り、青海埠頭空間の両義性と微差を生んだことを第4章で述べた。これはこの指摘を意識したものであった。

わが国の国際輸送業務の開発が、米国を中心とした現地企業との国際的な提携、もしくは現地法人の設立といったことを介して企業およびその人材の国際的な移動を含むものであったことを見逃してはならない。このことは国際輸送業務が現地国あるいは第三国にその集荷／輸送管理システムそのものをわが国の港湾から輸出することを含んでいたことを意味する。つまり、そこにも技術者を中心とした労働者の移動が含まれている。

その一方で、貨物の国際輸送が近代化されて以降も埠頭空間から従来の港湾労働者空間がすべて失われてしまったわけではない。これがテレポートを端緒とする世界都市構想が臨海部に留まり続けた根本でもあり、その後に更新された新たな世界都市モデルが、その痕が刻まれた臨海部で展開された点に着目する価値があるとする由縁でもある。

シーランド社を始めとした米国の当時の国策企業によるコンテナリゼーションの実践には商務省による主導があった。そして海事法の改正によって実質的に国際市場を国内市場に開放した。このことは第二次世界大戦後の朝鮮特需以来、経済市場を米国への輸出入を主軸とすることによって成立させてきたわが国への影響は多大なものであり、首都の港である東京港に北米航路の確立と海運業者と港運業者の業態の融合による埠頭の共同経営を要求する圧力となった。その結果、本書でみてきたように、それまでの貨物種ごとの港湾倉庫の配布構造は荷主と航路ごとに把握する新たな枠によって再編されるに至ったのである。

これによって倉庫業社が倉庫を立地すべき拠点は、理論上は港湾から開放され、地球上での空間的分散化が起きるはずであった。そして、オンライン化が常識となった現代の世界的ロジスティックス下の倉庫業においては、情報端末によって発注された注文を遠隔操作による自動倉庫から発送することが行えるようになり、その無人化がより一層促進されるはずであった。しかし、いずれにおいても現実はそうはならなかった。

確かに倉庫業の合理化によって内陸倉庫用地の多くはその立地の持つ優位性を失って都市再開発事業のターゲットとなり、日雇い労働者に代表された港湾倉庫業の労働者人口は激減した。しかしその一方で残った倉庫の多くは依然として港湾に留まり、そこには複数の荷役を行える能力を持った多能工が発生した。

米国を中心とした世界航路網を作り上げたことは米国内問題としての国策であったコンテナリゼーションの世界的普及の成果であったが、その後の世界の港湾のオートメーション化（無人化）には失敗したとみることもできる。そこには各港湾の地政学上の微差が無くなることはないというトポロジカルな問題があった。そして何よりも、コンテナリゼーションによって荷役その他がいかに機械化されてオンラインシステムによって港湾が監理されたとしても、その対象とした商品に体積と質量があるという前提を覆すまでの想像力を物流業界全体としては持たなかった。取扱貨物が非商品となったトランクルーム業においてもそのこと自体は変わらなかった。

つまり米国の国内問題を解決しようという国内政策においては、資本が移動することは貨物あるいは労働の国際移動までをその概念的範疇とされたのであって、情報化された電子マネーの国際移動を物流の対象とは考えていなかった。米国商務省は海事法の改正時において港湾倉庫にそこまでのことを期待していなかったと言ってよい。

そのため、米国は電子マネーによる資本の交通時代の訪れに併せて国策の対象企業を物流業のシーランド社からシリコンバレーの企業へシフトしていった。その最たるものが現在のグーグル社の世界的台頭である。

しかしながら、米国を中心とした世界経済を担う市場が自動車などの工業・物販産業からいわゆるＩＴサービス産業へと移行した後も、これをストックする表象としての倉庫とそこに携わる港湾労働者の存在はむしろ大きくなっていった(2)。

そして世界の主要大都市ほどその傾向は顕著であった。このとき社会学者のサスキア・サッセンが米国の移民問題を介して指摘した「地理的に広く拡散した経済システムに対して、管理は依然として集中化してゆくという事態(3)」が、港湾倉庫を介して眺める世界都市像においても共有されていたのである。

東京港の場合では、それが最初は大井埠頭であり、その次は青海埠頭であった。

シーランドからグーグルへ、情報と空間の交換

東京港の臨海部にテレポート構想が展開されたのは、この米国のＩＴサービス産業の躍進の影響によるものである。コンテナリゼーションもテレポートもアメリカの傘の下での政策であったことは日本の戦後の宿命でもあり、その責任を東京港の港湾行政のみに帰すことはできない。

テレポート構想は都市開発を旨とした世界都市における情報のポートモデルであった。その源は米国のシリコンバレーのＩＴ産業であり、電子マネーの移動を対象とした金融業をその対象に含んでいた。

ここで、倉庫の概念をより広義なものへ拡張するならば、それは先に定義した埠頭の三類型のうち電子マネーも商品貨物とみなす第三類型による都市への展開が考えられる。これによって倉庫は原理としては地形としての港から開放され、概念上のポートとなる。

そこで米国最大のＩＴサービス企業であるグーグル社の本社社屋の立地をみてみる。

すると、同本社のサーバーコンピュータの巨大な倉庫群が依然としてサンフランシスコ湾を望む港湾空間に近接して建設されている(4)。

すなわち情報の港として空間的には分散化して地形的な港湾から開放されたはずの企業のコンピュータ倉庫群が依然として港湾に立地している。このことは私たちに電子マネーに貨幣としての質量は存在するのかという疑問を抱かせる。

唯物的な貨物の輸送が担ってきた世界的スケールでの資本の交通は、その対象となる商品が高質かつ高度な情報となっていくに従って、その対価としての貨幣もまた情報化が促進されていった。そのとき電子マネーの交通は専ら金融業をその市場（マーケット）の主とした。その時代の新たな米国の国策企業となったグーグル社はインターネットにおける検索機能を商品としつつも、これを全世界に無償で提供し、ネット媒体に掲示する広告収入によってその利益の大半を上げている。これによってスポンサー企業からグーグル社へ支払われる電子マネーはネット市場上にのみ存在する仮想貨幣であり、金本位制である兌換紙幣から解き放たれた今日の経済において、これと現に存する実際貨幣との差額は明らかにされていない。

ネットの検索機能のセンターという情報の港としてのポートサービスを無償で提供し、広告媒体として仮想貨幣の交通による資本の循環構造を作り上げることで現実空間に存在する根拠をなしていることが、空間論としてのグーグル社の今日的価値である。

その企業が現実の港湾にふたたびその立地を求めているという事実は、情報が空間に固執する根拠を私たちに示している。つまり、現実に存在し紙幣として世界に配布されている貨幣の総額よりも、世界都市のセンターに集中する各証券取引所で売り買いされる電子マネーの総額が上回った時、かえってリアルな貨幣の質量が意識される。今日の資本主義世界にあっては、これが富や資本の実態である物資を蓄積する空間、すなわち倉庫への固執を生み出すエネルギー源になっていると考えることができる。

その上で、コンテナリゼーションに端を発した近代ロジスティックスの時代を経ても港湾は港湾労働者の存在によってその身体性を失わず、そこに立地する倉庫群の唯物史観を保持してきた。

確かに港湾倉庫にストックする対象は、鉄やニッケルなどの原材料に代表される原始的な物品から、流通することのない情報端末上の非商品に至るに従って次第に不可視化されてきた。非商品の保管ではコンピュータ上でその存在が記録されていれば現実の倉庫にそれが実際にあることよりも、そこに実際にあるに違いないと信じるに足る信用の方が重要視される。このことはあくまで資本を唯物的な貨物の輸送による体験的な保証によって認知してきた倉庫業において、実態貨幣の存在への信頼が保証する流通貨幣総量の仮想化をもたらした。

しかしながらそれよりも一層意識されたことは、これまでの物流が実態貨幣との兌換を保証された貨物のみを資本として扱ってきたという歴史的事実であり、そのために発生する現実の港湾空間への固執であった。

都市の近代において、倉庫と港湾が海に対する都市のファサードを形成しようとするとき、依然として労働空間に受け継がれてきた身体性が存在し続けることはこの点に由来する。そして、このことは港湾を資本の交通の基盤としての都市インフラとみなすとき、都市の未来において倉庫の配布構造はメトロポリスを空間的に形づくる重要な因子であり続ける事実を予見している。

イデアとしての都市の未来(5)

繰り返し述べてきたように、港湾は世界的な資本のポート概念継承的身体性が表裏一体となった空間である。そのため港湾倉庫群は世界的に貨幣を循環させ続けることで成立する資本主義都市の構造をわかりやすく表現する。

私たちの多くはこの資本の循環構造を滞ることなく回転させ続けなければ維持できない都市という社会の中で生き

ていかねばならないし、おそらくこのことから解放される未来を迎える可能性はほとんどない。

基本的には現在のアメリカ型民主主義と資本によるグローバリズムの延長線上に都市の多くはあり続けるであろう。しかし港湾倉庫を主役とする世界経済はそれを取り巻く社会の政体の形式にかかわらず古来あり続けてきたことをブローデルの『地中海』はすでに明らかにしている。

倉庫の歴史には中世以来の資本構造の背景があり、その近代においてはアメリカ型資本主義社会の背景がある。そしてたとえこの先の世界における社会構造のヘゲモニー（覇権）が米国から中国やインド、南米、さらにはアフリカの諸国などの第三国へ遷るとしても、倉庫群が立地する港湾が残る未来は変わることはなく、そこには依然として身体と空間をともなう都市のイデアが存在していると思われるのである。すると、政体の種類にかかわらず古来から継承されてきた都市のイデアにおいて、倉庫群が依然として立地する港湾以上にその本質を空間的にわかりやすく体験させてくれる場所は見当たらない。

東京港第一航路を浚渫し、その左岸（西側）で大井コンテナ埠頭を供用開始した一九七一年（昭和四六）に、後に「倉庫ビジョン」と呼ばれるものの原案が考案された。それに先立つ一九六九年（昭和四四）に官民合同の倉庫施策研究会が発足しており、倉庫立地の変化やコンテナリゼーションの影響といったテーマと、倉庫業の総合流通業化や情報機器との結びつきを課題とした[6]。その成果が二年後に「物流革新下の倉庫業のあり方――倉庫業におけるビジョン」として纏められたのであった。そしてそれがさらに一九八五年（昭和六〇）になって「倉庫ビジョン」として具体化された。

「倉庫ビジョン」はその作成過程の港湾事情との関連性を知った上で現在から振り返って再読してみると、「経済社会におけるサービス化・情報化・国際化が進む中で物流需要が多様化するのを受けて、物流拠点整備、消費者物流の推進、情報ネットワークの構築、国際複合一貫輸送の開発等[7]」について来るべき都市の未来を記述していたものとして読むことができる。

すなわち、一九六九年は外貿埠頭公団法の制定や一連の港湾改革の骨子が定まった一九六七年の施策が具体化し始めた最初期であり、一九七一年にはその最初の画期である大井埠頭が新設・供用開始された。そして、一九八五年には倉庫業の対象貨物の変化による港湾倉庫の倉庫用地の不動産事業化（投機対象地化）が進み、ウォーターフロント開発論が流行した時期でもあった。この流れは臨海副都心構想まで右肩上がりに進んでいくが、バブル崩壊に代表される経済優先社会の終焉とともに世界都市博覧会の中止を迎え、東京港の埋立地では再度都市港湾としての純粋機能にスポットライトが当てられるようにもなった。青海埠頭が大井埠頭以来の一連の流れの最後の仕上げであると同時に、臨海副都心構想の中心地でありながらその後港湾空間として見直され、コンテナ空間と在来船空間が併存する「世界都市」概念崩壊以降の新たな港湾空間モデルとなった。

このように東京港の港湾空間と倉庫の質的変化の歴史と照らし合わせながらその整合性を確認してみると、「倉庫ビジョン」という一見その生業の技術的、経営的指南と思われる施策が、各時代の港湾への都市からのまなざしの実態を表明したものと一致していたことがわかる。東京港の「倉庫ビジョン」は東京の都市の黙示録でもあった。

その最終形である青海埠頭の物流基地としての完成は、二〇世紀における東京港湾行政最後の直接的施策である。これ以降は中央防波堤以北の湾域には新たに埋め立てる海上も残されておらず、さらに大震災にともなう津波被害を考えれば新埠頭新設も容易には考えられにくい。あとは中央防波堤以南に拡張していく可能性が残るが、陸上の都市機能が海上に延長して物流機能を担う港湾空間を南へ押し出していく形式の都市の未来は、一九八〇年代の臨海副都心構想の世界都市博中止に端を発した一連の思慮の中で古い未来としてすでに差し止められた歴史があることを忘れてはならない。

結果として、中央防波堤より外洋には東京の膨大なゴミの問題を処理するべくゴミ処理施設場とゴミの焼却処分のメタンガスを放出する排気塔が立ち並ぶのみである。二〇一二年に完成した東京ゲートブリッジも含めて、東京港に実現した港湾法による東京港臨港道路はかつての臨海副都心構想の虚しき亡骸でしかない。

それでも尚、都市の未来に寄与する新たな港湾の可能性が依然としてあるとするならば、それは埋立地の新設や湾内航路の新たな浚渫などのハードの問題ではもはやないであろう。

それは古来の港湾施設である倉庫の配布や実際に業務を行う人々の港湾労働空間といったものとの具体的な関係から生まれる港湾本来の物流基地としてのアイデアしかない。しかも抽象化された「港湾」が依然として都市の港空間というトポロジカルな場所性を失うことがない理由は、たとえコンピュータ化がどれほど進もうとも港湾からまったく人間がいなくなることはないためでもある。

その上で現在の東京港に作り上げられた各コンテナ航路のネットワークに所属する倉庫群を、埠頭や港湾ごとではなくその航路ごとに眺めるならば、都市の周縁として捉えられてきた港湾空間はすでに都市という単位とは異なる枠組みによって分節されていることに思い至る。

すると都市を中心としてその周縁に港湾空間および陸と海の接続ラインを位置づけてきたような、都市単位によって世界を把握しようとするモデルもその有効性をもはや維持することはできないということになる。

その様な事態を迎えた都市の現代にあっては、海に面して立ち並ぶ倉庫群は一都市、一港湾を跨ぐ複数のネットワークに別々に属する倉庫の群れが微細なものも含めて時代の異なる複層的な企図が折り重なってできた姿としてある。

「倉庫ビジョン」が都市のヴィジョンの鏡であり、倉庫群の姿がその様なものであるとするならば、その実態により即してそれらが各時代の画期に明滅するときに視える分節構造体の部分的集合を都市と呼ぶべきである。

その意味において、具体的に現代の東京港を分節する主な航路を、おおむね設立順に挙げてみる(8)。

①カリフォルニア州航路
②北米西岸北太平洋航路
③南米航路
④中近東、欧州航路
⑤ニューヨーク航路
⑥地中海航路
⑦ニュージーランド航路
⑧紅海航路
⑨インドネシア航路
⑩海峡地航路
⑪バンコク航路
⑫中国航路

この一二の航路が東京港から世界の各都市へと発している。しかし、これまで一貫してみてきたように、倉庫の配布構造やそれをもたらす一埠頭内の荷捌空間や埠頭運営形式の性質の違いなどにより、一つの港湾は一港湾を超える枠組みによってすでに細かく分節されている。

このことに留意してみれば、航路は地球上の世界中の都市との関係の中で東京港を擦過しているに過ぎず、東京港の各埠頭あるいは各倉庫を含む世界の都市の港湾は分節しつつ、貫通する航路という糸によって紡がれている。つまりこれら一二の航路は東京港から発しているのではなく、東京港はこれらの一二の航路によって分節された上で、同様にいくつかに分節された世界の他の複数の都市の港湾の部分部分とこれらの航路で縫合されていると読むべきである。

さらに、世界の各都市（その大半は東京港と同じく港湾都市として人口の集中するメトロポリスである）の港湾もまた、東京港と同様にそれぞれの倉庫の配布構造およびそれをもたらす埠頭の性質の違いによってすでに分節されている。そしてたとえば東京と私たちが呼ぶとき、それは個別の事情によって結ばれた別々の体系の倉庫が偶然隣り合った総体を呼称しているに等しいのである。

コンテナ化が世界システムの国際標準を世界中の港にもたらすことを目的とした以上、たとえそれが微細なものであれ各港の地政学的与件となにがしかの摩擦を生むことはやむを得ないことであり、その意味では東京港で起きたことは世界の都市にとって決して特殊解ではない。

それにもかかわらず本書がわが国の港湾の中でも東京港を舞台に論じてきた理由は、世界のメトロポリスの港における個々の地政学的差異との微細な摩擦の中に国際標準とは異なる普遍が発見され、そのことの方が実はより主体的に都市の近代を形作ってきたのではないかという期待があったためである。

一つの独立した倉庫とは、それぞれの港湾、埠頭とは個別の事情によって接続されつつも、そのこと自体が配布というさらにもう一つ外の枠組みによって普遍的に語られる。

つまり、かつてのコンテナリゼーションが規格化のための標準化であったとすれば、倉庫はそれ自身は独立した理論によって個別に港湾に立ちつつも、その配布は個別解であり続けることによって成立する普遍なのである。

このことを具体的に立証していくために、本書では港湾の標準化・平準化による近代化と各埠頭の個別に異なる事情との摩擦の中に表現された出来事を空間論として読み解くことを一貫した方法とした。そうして、各倉庫を配布していく分節構造体の部分的集合が都市形成の構造そのものであることを示そうとした。そのとき、コンテナ化だけでなく在来船にかかわる合理化やその他の微細な現象のいずれも含めて共通する事実は、それらが港湾倉庫の性質を書き換えたことであった。そして東京港の地政学的微差に光を当てて従来の都市という単位系を解体し一つ一つの倉庫の性質の類型ごとに倉庫群を縫い合わせてみると、分節された港湾空間の倉庫群を都市の不可視のインフラストラクチャーとみなすことができる。

これはウォーラーステインの言う世界システムとブローデルの言う中世の倉庫の要素を多分に受け継ぎながらも、それらとは異なる都市像を呈示する。

現代の港湾に展開する倉庫群は、それぞれ別個の糸によって紡ぎだされた都市モデルを陸と海の接続ラインで切断した際に、その切断面に現れた分節系都市のファサードと捉えることができる。つまり、従来一つの港湾としてみてきた倉庫群は地理的な距離を超えて紡がれた複数の都市の断面が陳列されているに等しい。その意味では、港湾空間に立ち現れる倉庫群はそれぞれの都市モデルを表現するメディア（媒介）でもある。

この考えに従って、都市という集合体を認識するモデルのマトリックスを、それぞれの単位系を次元ごとに描写することによって示す（図附－1）。

図附－1の上段に示した従来の都市ごとに区切ってみる都市観では、港湾は都市に従属するものとして倉庫が配布されてきた。これを前提としたコンテナ化によって起こる地球スケールのネットワークもまた、覇権都市を中心とした求心性のあるモデルであること自体には変わりないものであった。

その一方で、図附－1の下段に示したのは、一港湾内、一都市内に分節された異なるネットワーク（航路）が同居する都市観によるモデルである。ここでは、倉庫の配布はそれぞれに分節されたネットワーク（航路）を構造とし、これが偶発的に寄り添った瞬間的な集合として都市が航路の周縁に明滅している。そうした都市と都市の関係は、時間距離とは異なる体系、つまり資本の距離によって表記される航路に付随するように記述され、これによって起こる地球のモデルもまた、航路の分節構造の集合となる。

この二次元の都市モデルを帰納的に三次元の地球状の立体モデルに起こしてみると、地球上に各都市がプロットされる地球儀状のモデルはすでに意味をなさず（図附‐1③）、資本の距離を尺度として陸と海が反転した異なる地球を都市一つひとつに対してモデル化するべきである（図附‐1④）。

すなわちそのような世界の構造にあっては、航路による分節構造を構造とした倉庫群が展開する海の周縁に、その倉庫群が配布される都市（図附‐1④の都市D）は形成される。

このように、都市博の中止以降の世界都市モデルの中に青海埠頭空間を位置づけるならば、二〇世紀的な「都市」という単位もまた分節され、複数の分節されたネットワークに所属するものの集合として東京の港湾は再編されているのである。そして、倉庫の配布構造を媒介とすることによって、二〇世紀的な意味での都市が港湾を通じて分節、再編された世界都市のモデルを把握することができる。

その上で、さらにヴァーチャルリアリティやネット上のセカンドライフといったインターネット技術他による位置情報サービスやソーシャル・ネットワーク・サービス（SNS）にその端緒を認めることができるヴァーチャルな世界空間・世界時間と現実の都市空間が溶融した都市の情報時代のインフラストラクチャーを「分節構造を持った倉庫の配布による再編集」というアイデアの先に都市史的な観点から空間論として考察することは今後に期すべき課題としたい。

あいまいな境界の中の都市

本書を編む過程で筆者が次第に意識するようになったことは、都市は境界線のあいまいさによってむしろ自身の存在の強度が高められて都市でいることができる点であった。

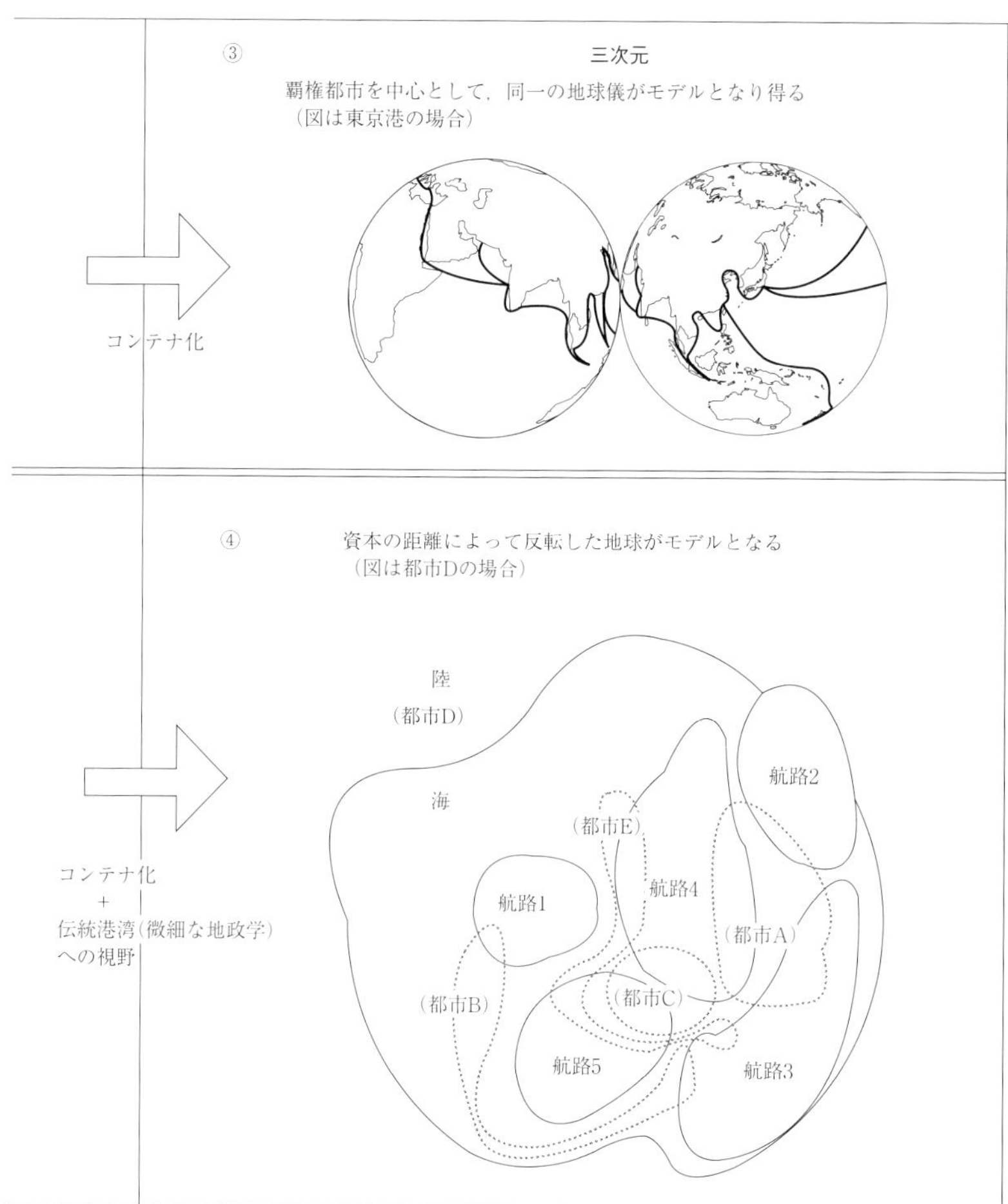

トリックス（著者作成）

れのモデルの海岸線を捉える次元を置いたもの.

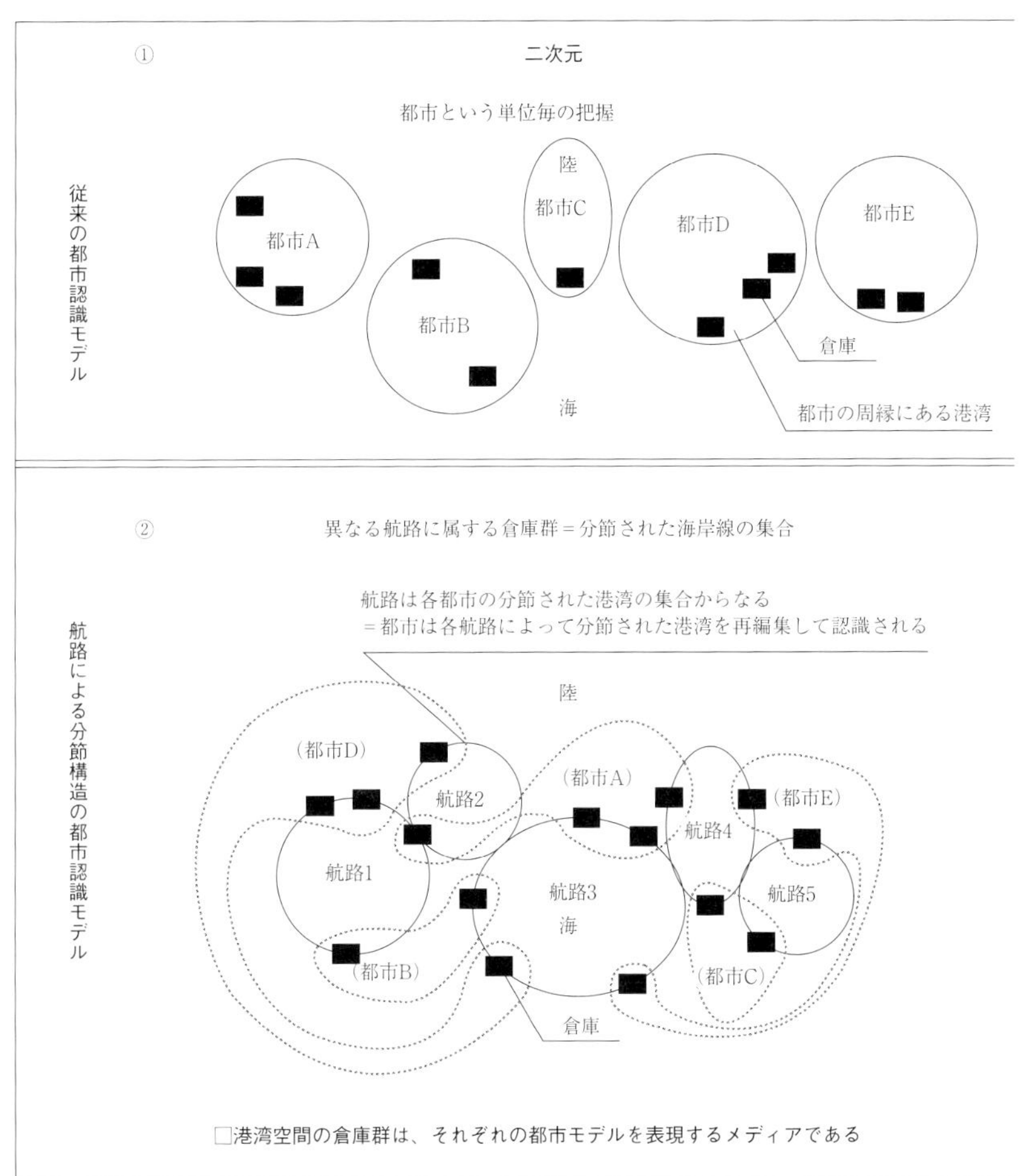

図附－1　都市の把握モデルマ

縦軸に都市を把握する単位系を置き，横軸にそれぞ

一般に、都市を領域とみなしてみれば、たとえば行政区分のように明確な一本の線でその輪郭をなぞることができるように思われるだろう。その境界をどれだけ客観的に明確にしていくか、その取り組みが都市の近代というものだと思われる。

しかしながら、実は時代が近代へと近づくに従って都市の境界線はむしろ益々あいまいなものに抽象化されていったと言える。

そのことが最もよくわかる例が海と陸の境界である。それは潮の満ち引きによって常に蠢いているものであるが、都市にとって港湾はまさにその向こうの世界との関係との満ち引きによって前進と後退を繰り返している。また、港湾は都市にとってはその物理的領域を拡張可能な唯一のフロンティアでもある。

そのため、港湾が港湾であるためにはその「あいまいさ」が重要であり、それをどれだけ高度な次元で担保できるかが都市の近代史の変遷であったと言っても過言ではないと考えるに至った。

本書で扱った明治期の隅田川口における河港と海港のせめぎ合いから、戦後の海運と港運、そして都市空間と港湾空間まで、港湾は常に何かがせめぎ合う舞台であり、振り返ってみればそれらの境界が技術の進歩によって二次元から三次元的なものとなるのに対応した「あいまいさ」の強度をめぐる歴史であった。

そして、それが現在に至る東京の都市史の根幹に大きく横たわる空間が東京港であった。

(1) サッセン、サスキア『労働と資本の国際移動――世界都市と移民労働者』(岩波書店、一九九二年)。

(2) この点について前掲注1サッセン『労働と資本の国際移動』(一七九頁)において、「工業立地」の移動を経済活動の空間的分散化の一側面と捉え次のように述べている。すなわち、その「分散化および生産過程の技術的変化の結果、高度工業国では経済基盤の新しい中核部門が発展してきた。この新しい中核は、高度に専門的なサービス、企業中枢機能の複合体、そして高度技術産業［ハイテク産業］からなっており、それはさしあたり高水準の専門的な仕事という印象を与える。しかし、この印象は、実際の状況のある一部分をとらえているにすぎない。上記のような新しい経済は、同時に大量の低賃金職種をも創り出してきたのである」と述べ、［工業産業］から［ハイテク産業］への移行とともにこれによって発生する低賃金労働者の存在を指摘している。

（3）前掲注1サッセン『労働と資本の国際移動』（一八〇頁）より引用。

（4）ヴァイアス、D『Google 誕生——ガレージで生まれたサーチ・モンスター』（イースト・プレス、二〇〇六年、二六二頁）を参照。

（5）都市のイデアという概念は伊藤毅の提唱した「都市という空間構造がかたちづくられるとき、個々の人間や社会の意識・行動様式などが、都市空間を規定する場合に、それぞれの要素を微小のものを含めて「都市イデア」と総称」する考えに依っている。吉田伸之・伊藤毅編『伝統都市①　イデア』「序　方法としての都市イデア」（東京大学出版会、二〇一〇年、vi頁）。

（6）住友倉庫編『住友倉庫百年史』（住友倉庫、二〇〇〇年、三五三頁）を論拠とする。

（7）前掲注1サッセン『労働と資本の国際移動』（三五三頁）より引用。

（8）東京都港湾振興協会編『東京港ハンドブック二〇〇九』（東京都港湾振興協会、二〇〇九年）、住友倉庫編『住友倉庫百年史』（住友倉庫、二〇〇〇年）、三菱倉庫編『三菱倉庫百年史』（三菱倉庫、一九八八年）、三井倉庫編『三井倉庫八十年史』（三井倉庫、二〇〇〇年）、安田倉庫編『安田倉庫七十五年史』（安田倉庫、一九九四年）、澁澤倉庫編『澁澤倉庫百年史』（澁澤倉庫、一九九九年）より、筆者作成。

あとがき

アイザック・ニュートンの一六八七年の著作『自然哲学の数学的諸原理』によると、潮の満ち引きは月の見えない引力によって海水が引き寄せられることによって生まれるという。

そのため原理的には月が存在する限り地球上の水と陸の境界線は絶えず揺れ動き、一本の線として定まることはない。近代都市の大きなテーマの一つに、この水際線をどう仮想的な一本の線として定義して監理するかという問題があった。その構造を広義な意味での都市のインフラストラクチャーとみなして「見えない都市」を海から視ることが筆者の都市への所信であった。その背景には都市史の総合性の深淵へと測鉛を降ろし続けておられる伊藤毅先生の仕事への畏敬の念がある。

その上で、本書には港湾や倉庫というキーワードが繰り返し登場する。それらは〈みなと〉を巡る政治史、港湾運営の制度設計、水際空間の国家的利用戦略、物流の持つ唯物的な経済網、社会的欲望、といった大小の不可視の圧力が総じて都市を再編集する過程に常に現れる。

その一方で、これらの所与は都市の近代において普遍的な圧力でもあり、それらと〈みなと〉における倉庫の配布との差異化が必要であった。

その説明には今日の都市と建築をめぐる社会状況に対する私見も少々述べなければならない。

筆者の主戦場は専ら建築のデザインにある。しかし、周知の通り二〇一六年現在、建築は人類史上稀な危機の中にある。特にここ数年の日本の状況は、「日本の建築」という明治以来の言葉の矛盾を改めて浮き彫りにし、建築家やそのような呼称で呼ばれる人々のデザインの社会的バリューはもちろんのこと、産業としての建築の社会におけるポジションを凋落させてしまったと言える（日本の近代にはもともとそのようなものはなかったという理解もあるのだが）。

その状況は、建築デザインを以前に比して余りにも狭義な世界を指す言語とさせ、たとえば「建築や都市のデザインを通じた社会活動」といった説明を付さねば一般の人々にその真意を理解されにくい基調を作り出している。さらに言えば、こうした表現を用いようとすること自体が現在の社会一般の建築へのまなざしに対する建築に従事する者の一種の防御本能の裏返しでもあるだろう。

しかしながら、同時にそのことは都市デザインや建築デザインが金銭的価値やましてや文化的価値などといったものを超えて、建築を専門としない圧倒的大多数の人々に対しての倫理や道徳としての総合を目指すものであることを改めて反芻させる動機ともなっている。日本の高度経済成長期には右肩上がりの中で見えづらかった都市や建築の根本を再度検める時期にきたのが私たちの世代が生きる時代でもある。

建築というのは元来、政治、経済、社会不安（俗に言う大衆心理）、技術、といったものと不即不離なものであり、それゆえに建築は文化である以前に文明である。そのため、いつの時代も建築を人類史と切り離して考えることは不可能に近い。中庸という言葉があるが、建築は常にその時代の社会のバランスの具合を表現する中庸の芸術であったのであり、強権的な政治制度やそれに代わる経済至上主義の時代の建築がたまたま建築を専門としない大多数の人々にわかりやすい形態を持って表現されてきたに過ぎない。デザインする者の手は何者かによってデザインされているの真理がある。

本書における空間をともなう倉庫の配布に至る東京港を舞台とした広義なインフラの歴史は、筆者にとってはたとえばこうした単体の建築デザインを社会に生み出してきた背後に伏在するシステムの姿を可視化していく作業でもあった。そこには恩師である建築家・石山修武先生の「開放系技術論」という素人に開かれた技術体系として建築やその集合体である都市をみなす思想への随行が意識されてもいる。

日本の建築学や都市史学の発生が明治維新によって西洋からもたらされたことへの深い葛藤と哀切が、これまでの一五〇年の近代日本における建築家や建築学者の共通するモチベーションであったであろう。

その事実は依然として次の世代の私たちにも深く刻まれてもいるが、少なくとも一般の人々にとって建築は古い寺院から現代建築までを含めて有名無名を問わず、今眼の前に建っている物理でしかないのも又、事実である。それ以上でもそれ以下でもない。

伊藤毅先生が筆者に都市史の魅力をお話しくださったときに最初に仰ったことは、建築史が有名な建築の歴史であることに対して、都市史は無数の無名な建築の歴史であるということであった。本書は、その教えに従い無名の建築を含めた都市という、一般の人々の眼の前にただ在る物としての建築の集合体を生み出す機構の一端を明らかにすることを意図したつもりである。そして、そのただ在る無名の建築を、有名の建築も含めた根源として「倉庫」にみようとした。

当然ながらこの作業は本来余りにも膨大なものであって、到底本書一冊で賄い得るものではない。そのため、都市イデアという人為を超えた存在を認めつつも、人々の眼の前にドキュメントとして存在している倉庫群の配布という現象学的視点を含むという矛盾を併呑したままとなっている。

このように本書は本来見据えた「全ての建築群としての都市を生み出す不可視の構造」という大命題に対して余りにも不十分であり、自身の力不足を感じざるを得ない。

しかしながら、広義な都市インフラと無名の建築を含めたあらゆる建築デザインは必ずどこかで出会うのではないか、そのとき一種のスパーク状に「新しい建築」のありようが現れる可能性があるのではないか。

「新しい建築」のありようを考えるためには、それが成立するフィールドそれ自体をまずはデザインしなければならない。言い換えれば、明治以降、先人たちが作り上げてくれた「フィールド」は更新を余儀なくされている。そのとき、広義なインフラは建築と都市を主従なく横断する存在であろう。

この考えが人類史上稀な建築の危機の時代の一つであるこの次の一五〇年くらいの一部を生きる筆者の建築を続けていくモチベーションと今は考えている。そして決して傲慢になってはいけないが、それは必ずしも筆者の個人的な命題に留まるものではないであろうの想いもある。

今はその期待を胸に一歩一歩、着実に歩を進めて行く以外にない。

このような筆者の考えに理解を示して同行して下さった編集者の神部政文さんへの感謝を記してひとまずの筆を置きたいと思う。

二〇一七年一月

渡邊　大志

関連年表

西暦	年号	世界のうごき	日本・東京のうごき	港湾関係の出来事
一八六八	明治元		明治維新	
一八八〇	明治一三			松田道之東京府知事諮問案「東京築港計画」提出
一八八二	明治一五		松田道之東京府知事現職のまま死去	
一八八三	明治一六			東京港澪浚渫工事開始
一八八五	明治一八		太政大臣制から内閣総理大臣制へ移行	品海築港計画廃案 東京市区改正委員会発足
一九八九	明治二二		東京市誕生	横浜築港工事着手許可 東京港デレーケ案（東京湾築港計画上申書）提出
一八九〇	明治二三			田口卯吉、東京築港を提唱
一八九五	明治二八	日清戦争終戦	鉄管事件	
一八九六	明治二九		河川法施行	
一八九八	明治三一		東京市役所設置	
一九〇〇	明治三三			松田秀雄東京市長「東京築港の儀」・「東京築港計画書」 星亨「品海築港計画」
一九〇一	明治三四		星亨刺殺事件	技師・直木倫太郎欧米視察派遣
一九〇二	明治三五			東京市「東京築港計画追加報告」
一九〇三	明治三六			直木倫太郎帰国

一九〇四	明治三七	日露戦争勃発		直木倫太郎「東京築港に関する意見書」
一九〇六	明治三九			**第一期隅田川口改良工事**
一九一〇	明治四三		隅田川氾濫	
一九一一	明治四四		品川駅拡張工事	直木倫太郎「東京築港新計画」 荒川放水路工事 第二期隅田川口改良工事
一九一四	大正三	第一次世界大戦勃発		
一九一八	大正七	第一次世界大戦終戦		田村与吉「東京港新計画」
一九二〇	大正九			東京市「東京築港計画」
一九二二	大正一一			第三期隅田川口改良工事
一九三〇	昭和五			東京港修築工事着工
一九三九	昭和一四	第二次世界大戦勃発		
一九四〇	昭和一五		御前会議で参戦を決定	東京港修築工事竣工
一九四一	昭和一六		真珠湾攻撃	東京港開港
一九四五	昭和二〇	**第二次世界大戦終戦**		
一九四八	昭和二三			東京港修築五ヶ年計画
一九五〇	昭和二五	朝鮮戦争勃発	住宅金融公庫設立	港湾法制定
一九五一	昭和二六	サンフランシスコ講和条約		
一九五二	昭和二七		ＧＨＱ占領解除、日本の主権回復	
一九五四	昭和二九			東京港修港第二次五ヶ年計画
一九五五	昭和三〇	ベトナム戦争勃発		

一九五六	昭和三一		首都圏整備法制定	東京港港湾計画
一九五七	昭和三二			**米国・シーランド社世界初の海上コンテナ輸送を実施** 三井倉庫（株）大手町トランクルーム開業
一九五八	昭和三三		首都圏市街地開発区域整備法制定	
一九六〇	昭和三五		池田勇人内閣「所得倍増計画」発表 丹下健三「東京計画一九六〇」発表	
一九六一	昭和三六			東京港改訂港湾計画
一九六四	昭和三九		東京五輪開催	**三・三答申**
一九六五	昭和四〇			港湾労働法改正 米国・マトソン社極東地域とのコンテナ計画を発表
一九六六	昭和四一			東京港第二次改訂港湾計画 海運造船合理化審議会「わが国の海上コンテナ輸送体制の整備について」 港湾運送事業法改正
一九六七	昭和四二		**若狭得治・運輸省事務次官退任** **鈴木俊一・東京都副知事任期満了、日本万国博覧会協会事務総長就任**	東京港のすべて漁業権放棄 新三・三答申 **外貿埠頭公団法制定** 品川コンテナ埠頭完成 米国・マトソン社「ハワイアン・プランター」入港 大井埠頭建設
一九六八	昭和四三			港湾近代化促進協議会発足
一九六九	昭和四四		**倉庫施策研究会発足**	**日本港運協会「わが国海上コンテナ埠頭の運営体制」** **「コンテナ埠頭の運営に関する確認書」（若狭裁定）**

一九七〇	昭和四五	国際ステベ会議がニューヨークで発足		三菱倉庫（株）江戸橋倉庫の全館トランクルーム化
一九七一	昭和四六			大井コンテナ埠頭供用開始
一九七二	昭和四七		田中角栄内閣「日本列島改造論」発表 沖縄返還	三菱倉庫（株）芝浦ビルオンライン即時処理システム導入
一九七三	昭和四八	第一次石油ショック		
一九七五	昭和五〇	ベトナム戦争終結		
一九七六	昭和五一			東京港第三次改訂港湾計画 三菱倉庫（株）「輸出乙仲業務実施要領」
一九七七	昭和五二		「行政改革の推進について」閣議決定	
一九七八				東京都埋立地開発規則を施行
一九七九	昭和五四	第二次石油ショック		「外貿埠頭公団のコンテナ・ターミナル運営に関する確認書」 三菱倉庫（株）「港湾運送業務実施要領」
一九八一	昭和五六			東京港第四次改訂港湾計画
一九八二	昭和五七			京浜外貿埠頭公団解散
一九八三	昭和五八			東京港港湾施設用地の長期貸付に関する規則を制定 「コンテナ・ターミナル運営に関する確認書」
一九八四	昭和五九	米国・海事法の改定		最初の立体自動倉庫（ラック倉庫）の誕生
一九八五	昭和六〇		「倉庫ビジョン」	青海コンテナ埠頭供用開始
一九八六	昭和六一		第四次首都圏基本計画 第二次東京都長期計画 東京臨海部開発推進協議会の設置	

			金丸信・東京湾洋上視察	
一九八七	昭和六二		第四次全国総合開発計画（四全総）	
一九八八	昭和六三			**臨海部副都心開発基本計画** **「東京世界都市博覧会」開催の提唱** 東京港第五次改訂港湾計画 港湾労働法改正 「建築雑誌」にウォーターフロントの記事が初めて掲載される
一九八九	平成元	ベルリンの壁崩壊		日経新聞に世界都市博覧会の記事が初めて掲載される
一九九〇	平成二		**鈴木俊一「世界都市」を提唱**	東京湾岸知事シンポジウム開催 「東京フロンティア基本計画」策定
一九九一	平成三	ソビエト連邦共和国崩壊・湾岸戦争勃発	バブル崩壊	
一九九四	平成六			世界都市博覧会（東京フロンティア）当初開催予定年
一九九五	平成七		阪神淡路大震災・地下鉄サリン事件	**世界都市博覧会中止決定**
一九九六	平成八			世界都市博覧会（東京フロンティア）開催延期予定年
一九九七	平成九			東京港第六次改訂港湾計画 臨海副都心まちづくり推進計画 豊洲・晴海開発整備計画（改定）
二〇〇一	平成一三	アメリカ同時多発テロ		
二〇〇六	平成一八			東京港第七次改訂港湾計画
二〇一二	平成二四			東京ゲートブリッジ完成
二〇一三	平成二五		二〇二〇年東京五輪開催地決定	

事項索引

人名索引

渡邊大志（わたなべ・たいし）

1980年生まれ．早稲田大学創造理工学部建築学科准教授．

2005年早稲田大学理工学術院建築学専攻修了（石山修武研究室）．同年，石山修武研究室個人助手．2012年，東京大学大学院工学系研究科博士課程修了（伊藤毅研究室）．博士（工学）．2016年より現職．

専門は，建築デザイン・都市史．

株式会社渡邊大志研究室一級建築士事務所主宰．世田谷まちなか観光交流協会委員．

東京臨海論
港からみた都市構造史

2017年 2月23日　初　版

［検印廃止］

著　者　渡邊大志（わたなべたいし）

発行所　一般財団法人　東京大学出版会
代表者　吉見俊哉
153-0041 東京都目黒区駒場4-5-29
http://www.utp.or.jp/
電話 03-6407-1069　Fax 03-6407-1991
振替 00160-6-59964

組　版　有限会社プログレス
印刷所　株式会社ヒライ
製本所　牧製本印刷株式会社

©2017 Taishi Watanabe
ISBN 978-4-13-061134-3　Printed in Japan

JCOPY〈㈳出版者著作権管理機構 委託出版物〉
本書の無断複写は著作権法上での例外を除き禁じられています．複写される場合は，そのつど事前に，㈳出版者著作権管理機構（電話 03-3513-6969，FAX 03-3513-6979，e-mail: info@jcopy.or.jp）の許諾を得てください．

鈴木博之著　庭師　小川治兵衛とその時代　四六　二八〇〇円

鈴木博之他編　近代建築論講義　A5　二八〇〇円

松山恵著　江戸・東京の都市史　近代移行期の都市・建築・社会　A5　七四〇〇円

川本智史著　オスマン朝宮殿の建築史　A5　六六〇〇円

吉田伸之　伊藤毅編　伝統都市（全四巻）　A5　各巻四八〇〇円

本田晃子著　天体建築論　レオニドフとソ連邦の紙上建築時代　A5　五八〇〇円

ここに表示された価格は本体価格です．御購入の際には消費税が加算されますので御了承下さい．